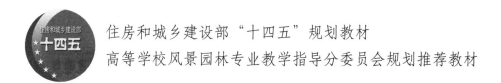

住房和城乡建设部"十四五"规划教材

高等学校风景园林专业教学指导分委员会规划推荐教材

景观环境行为学
（第二版）

Landscape Environmental Behavior

陈 烨 著

U0202437

中国建筑工业出版社

图书在版编目（CIP）数据

景观环境行为学 = Landscape Environmental
Behavior / 陈烨著 . —2 版 . —北京：中国建筑工业
出版社，2022.9
住房和城乡建设部"十四五"规划教材　高等学校风
景园林专业教学指导分委员会规划推荐教材
ISBN 978-7-112-27918-0

Ⅰ . ①景…　Ⅱ . ①陈…　Ⅲ . ①景观—环境设计—行为
科学—高等学校—教材　Ⅳ . ① TU-856

中国版本图书馆 CIP 数据核字（2022）第 167657 号

为了更好地支持相应课程的教学，我们向采用本书作为教材的教师提
供课件，有需要者可与出版社联系。
建工书院：http://edu.cabplink.com
邮箱：jckj@cabp.com.cn　电话：(010) 58337285

责任编辑：杨　琪　陈　桦
责任校对：董　楠

住房和城乡建设部"十四五"规划教材
高等学校风景园林专业教学指导分委员会规划推荐教材
景 观 环 境 行 为 学
（第二版）
Landscape Environmental Behavior
陈　烨　著

*

中国建筑工业出版社出版、发行（北京海淀三里河路9号）
各地新华书店、建筑书店经销
北京雅盈中佳图文设计公司制版
天津翔远印刷有限公司印刷

*

开本：787毫米×1092毫米　1/16　印张：16　字数：322千字
2023年2月第二版　　2023年2月第一次印刷
定价：59.00元（赠教师课件）
ISBN 978-7-112-27918-0
（39949）

序

但凡设计都是为人服务的，离开了人，则无所谓设计，风景园林也是如此。景园设计除了解决生态、空间营造、文化彰显等问题之外，更多地还是要服务于人，离不开人这个主体。因此设计的前提在于对人的理解与认知，风景园林环境更离不开对外部空间中人的行为与心理的研究与判断。

18世纪工业革命之后人本意识的觉醒，公园的出现将园林的营造面向公众，由此推崇人性化的设计，这标志着景园设计的转型。人们不再为了上帝、君权，抑或不再为了某个人营造风景园林环境，与此同时，风景园林环境也不再是表达个人意愿和情绪的场所，转而服务大众，为城市中的人去营造舒适宜居的环境。因此，对人行为的研究应运而生，聚焦外部空间中的行为、变化，研究人对外部空间的感知、感受以及审美体验，已经逐渐从哲学的层面过渡到具有实证意义的行为心理层面，科学认知景观环境中人的行为规律，据此引导风景园林的设计，增强景园设计对于行为的适应性，彰显设计的人性化，这已然成为当代风景园林设计发展的一个基本方向。

环境与行为这一对范畴内在作用机制复杂而有趣，一方面环境引导人的行为发生，另一方面行为又可以积极适应于环境；通常景观环境中行为依据频度可分为高频行为与偶发行为；不同年龄、性别、活动的行为规律各异……客观上看设计离不对了人行为的研究，因此需要研究人的行为规律以及审美感知过程，从而有可能更系统地掌握人在外部空间中的行为规律和感受，不仅能够有助于更加科学精准地设计景观环境，也有利于提升风景园林设计的品质，切实营造宜人舒适的风景园林环境。

陈烨老师长期致力于景观建筑和风景园林设计与研究，同时聚焦于景观环境行为学的研究，集实践、教学与科研于一体，系统地梳理了人与环境的关系，以及人在风景园林环境中特殊的行为心理的变化与规律，探索不同的空间与人的行为之间的耦合关联，从而将人的行为研究与气候条件、空间环境等物理要素紧密关联，为风景园林设计提供来人行为与心理的科学佐证，从而将风景园林设计引向人性化和科学化。

我有幸在该书付梓之前了解阅读，集读后感受是以为序。

国务院学科评议组成员

东南大学建筑学院教授

江苏省设计大师

前　言

　　《景观环境行为学》是一本针对风景园林学科教育、教学使用的环境行为学教材，主要面向风景园林、景观设计、景观建筑设计、园林设计、环境设计等与环境设计相关的专业。

　　环境行为学是研究人的行为和经验与"人—环境"之间关系的整体科学，既研究人与环境之间的相互影响，也关注人的行为及其社会意义。研究对象既包括人在环境中的外显行为与环境之间的关联，也包括外显行为之下的内在心理，以及心理发生机制与环境之间的关联。景观环境具有以外部环境空间为主、内外空间交互，以及范围广、尺度大、跨度大的特点。针对景观环境的行为学研究及教学，是风景园林学科的重要内容之一，也是风景园林设计及其他相关课程的重要辅助。

　　目前，大多数环境行为学或环境心理学的教材是针对建筑学的课程设置而编著的。本教材则主要针对风景园林学，旨在通过深入浅出、浅显易懂的理论解析与运用，帮助学生了解环境行为学科的发展脉络，能够熟练掌握并运用于专业领域，实现人与环境之间的和谐互动、相辅相融。此外，也希望借助此书与专业领域内的专家、学者进行探讨，并针对本书不足之处进行交流和指导。

　　本教材作为风景园林学科的教学参考，适合三、四年级的学生使用。授课时间为一学期，16~32课时。建议设置在春季学期，方便安排学生外出调研。环境行为学是一门应用学科，其理论价值应体现在具体的设计实践之中。因此，环境行为学的课程宜作为研讨课程，与设计课程相结合，在学生进行理论学习、实地调研的同时辅之以设计实践运用，能够更好地巩固知识、强化创新能力的培养。

　　全书共分为6个章节，从导论开始，每个章节偏重"人—环境"整体关联中的一个方面。

　　第1章是导论，主要从研究环境行为的必要性、学科发展的背景脉络及专业领域内的教学框架三个方面对环境行为学进行介绍。大幅度缩减了纯理论的内容，突出理解基础上的运用，便于没有心理学基础的学生从应用角度入手，在短时间内快速掌握风景园林设计中需要运用到的环境行为学的相关理论与知识。

第 2 章针对景观环境的特点展开，通过景观感知的原理与过程，解决什么是景观、怎样感知景观、如何理解和评价景观等基本问题，系统介绍了景观审美、景观偏好、景观评价等在行为与心理方面研究的相关性及内在价值。

第 3 章从环境认知的视角，通过分析人对外部环境刺激的接收、处理与反应等作用原理及环境知觉特征，解析人对环境的感应机制，从生理和心理角度阐释人与环境间的相互作用关系。

第 4 章从环境中的行为出发，重点讲述环境空间的四个层面，分别探讨个人空间与群体空间、空间私密性与领域、不同空间密度下的行为特征以及空间组织与行为间的作用关系，阐述不同空间环境下的行为规律。

第 5 章从环境对行为的影响入手，将影响行为的环境因素划分为气候、风、光照、色彩和声音等，结合风景园林设计案例及原理，对环境影响要素展开探讨，为设计实践提供行为与心理角度的理解与支撑。

第 6 章以景观环境中行为的调查、研究、评价为主线索展开讨论，突出理论知识与实际操作相结合，系统介绍了景观环境中的行为体系与评价体系。指导初学者学会从景观环境中获取有用的行为信息，并对收集到的行为信息进行合理评价分析等。

目 录

第1章

环境行为学导论

1.1　为什么要研究环境中的行为

1.1.1　历史中的环境变迁

"城里一道河，东水关到西水关，足有十里，便是秦淮河。水满的时候，画船箫鼓，昼夜不绝。城里城外，琳宫梵宇，碧瓦朱。……到晚来，两边酒楼上明角灯，每条街上足有数千盏，照耀如同白日，走路人并不带灯笼。那秦淮到了有月色的时候，越是夜色已深，更有那细吹细唱的船来，凄清委婉，动人心魄。"[①]——清乾隆十四年（1749 年）

"50 年代淘米洗菜，60 年代洗衣灌溉，70 年代水质变坏，80 年代鱼虾绝代（图 1-1），90 年代身心受害，现在成了风光带……"说起外秦淮河的历史，在外秦淮河边上住了 50 多年的张学军感受颇深，"作为一个老南京，在外秦淮河边上住了这么多年，亲眼看着它变迁，现在的外秦淮河经过整治之后有了翻天覆地的变化，政府是做了一件利国利民的大好事！""小时候外秦淮河的水质很好，我们一群伙伴经常去河边游泳、钓鱼，从 70 年代开始各种工业、生活污水都往河里排，外秦淮河的水就渐渐不行了，变得又黑又臭！""以前外秦淮河周围到处都是违章建筑、杂草、垃圾，根本就谈不上什么景观，现在外秦淮河是碧波荡漾，绿柳成荫，草木葱茏，一年四季都是青山绿水，连水里的游鱼都能看到了。"[②]——南京日报 2006 年 9 月 28 日

家住凤凰东街的赵女士有一只可爱的拉布拉多犬，每天晚上她都会前往石头城公园遛狗，从家到石头城公园，一路上外秦淮河的风光尽收眼底。——东方卫报 2017 年 12 月 25 日

上述三段文摘描述的是南京内外秦淮河的历史变迁。秦淮河，古称"龙藏浦"，又名淮水，正所谓"金陵之水，以淮为经"[③]。秦淮河属于长江下游的一条支流，全长 103km，从南唐建都时至今，逐渐成为南京市的"母亲河"。在民国年间，秦淮风景已成名胜区（图 1-2），但两岸居民向河内频繁倾倒垃圾"致名胜之区，渐就湮没"[④]。中华人民共和国成立以后，秦淮河的水利疏浚一直是各届政府的关注重点。从 1949 年起，一直在分期分段疏浚河道，到 1960 年，在秦淮河武定门段兴建了武定门闸站枢纽。只是在 20 世纪 70 年代，大量知青和下放户返程回乡，于内秦淮河沿线搭棚形成临水棚户区，加重了河水污染。到 20 世纪 80 年代中期，秦淮河污染日益加重，水质严重恶化，甚至出现了一

---

① 吴敬梓. 儒林外史 [M]. 天津：天津人民出版社，2016：195.
② 通讯员宁建新，见习记者谭兰飞，南京日报记者陈守慧."外秦淮河的水更清，树更绿了！"老南京张学军感受外秦淮河变迁 [N]. 南京日报 . 2006.9.28：第 A02 版 .
③ 吴应箕. 留都见闻录、金陵待征录——南京稀见文献丛刊 [M]. 南京：南京出版社，2009.
④ 《实行疏浚秦淮河》，《首都市政公报》第 24 期，1928 年 11 月 30 日。

天内黑、黄、蓝、绿四种水色，臭气熏天，两岸居民门窗紧闭，过往行人掩鼻而行。之后，南京市政府采取"排涝与治污并重"的方针，全面整治内秦淮河，至 1990 年，沿岸 420 家单位完成废水治理，占全流域污染源的 93.8%，水质和沿河风貌得到显著改善，秦淮风光带也因此入选为中国旅游胜地四十佳之列。但外秦淮河，仍然是全市主要的排污河道。到了 2005 年，秦淮河水质依然难以保证，水里有死鱼漂浮。于是从 2005 年起的三年期间，"引江换水"工程正式启动，引长江水置换稀释秦淮河水，极大地改善了秦淮河水质，使得秦淮河水质达到 III 类水标准，实现景观用水条件。2010 年，南京夫子庙—秦淮河风光带景区晋升为国家 5A 级旅游景区。

对应着文摘中的时序，透过深厚的历史人文积淀，我们看到秦淮河沿线环境条件的变化之大，仿佛沧海桑田。作为城市的母亲河，秦淮河一直伴随着人们生活方式的更替，引导了人们的行为。对应于国际环境，20 世纪 60 年代也正是人类开始关注环境问题的重要转折点，1972 年联合国召开"人类环境会议"，提出"人类环境"的概念，并通过人类环境宣言成立了环境规划署。进入 20 世纪 80 年代以来，具有全球性影响的环境问题日益突出。不仅发生了区域性的环境污染和大规模的生态破坏，而且出现了全球性环境危机，严重威胁着全人类的生存和发展。1987 年 4 月 27 日，世界环境与发展委员会共同发表了一份题为《我们共同的未来》的报告，提出了"可持续发展"的战略思想。

1.1.2 环境中的生活行为

生存环境的变化往往影响着人们的生活方式，我们的生活方式及行为在传承中发展，社会环境、文化环境和物质环境，共同构成了完整的社会生态环境，承载着我们的每日生活。对环境中行为的研究，既是社会文化传承的需要，也是健康生活的需要，更是科学的"环境—行为"交互作用的需要。

美国历史人文学家芒福德（L. Mumford, 1937）[1] 关注城市中的人的活动，他认为"城市是社会活动的剧场"，所有的要素——艺术、政策、商业都是为

---

① L.Mumford. What is a City[J].Architectural Record，1937，82.

了这个"社会戏剧"服务 ①。芝加哥学派的沃斯（Wirth，1938）② 强调充满意义和逻辑的社会学定义的城市生活，超越了城市的物理结构以及文化习俗的特征。1947 年，古德曼兄弟俩（Paul Goodman 和 Percival Goodman）出版了《生活圈的意义与生活的方式》（*Communitas：Means of Livelihood and Ways of Life*）一书，延续了战前关注社会生活的思想。他们把大都市看作一个大的百货商店，关注很多城市生活细节对城市规划建设的影响，同时也关注了人的生活行为方式对城市建设的重要性。简·雅各布斯（Jacobs，1961）③ 在阐述她的"城市生态学"观念时，提出"街道芭蕾（Street Ballet）"的生活模式：孩子们在公共空间中嬉戏玩耍、邻居们在街边店铺前散步聊天、街坊们在上班途中会意地点头问候等等。她认为设计应该保持街道上广泛的使用目的和各种各样的人，赋予公共生活以活力和趣味。

美国景观建筑师杰克森（Jackson，1952）④ 对小城镇奥普提莫的生活有着生动的描述，"这些人以各种原因来到奥普提莫中心：交际、新闻、花钱和赚钱；放松、娱乐、访友、交易；而且几乎所有的交易都发生在这广场上……在广场周围，最古老但最有效的服务设施建立起来……特别是对于周围地区。楼上是律师、医生、牙医、保险公司、公共速记员、农庄管理局。楼下是银行、药店、报社，当然还有商店和咖啡"⑤。这不是简单地对生活进行描述，我们从中看到了历史文化，看到了生活业态，看到了广场周边的环境，生活的行为正是在这样的背景下发生、运转着。

每年的南京夫子庙灯会中能让我们看到更多的生活激情（图 1-3）。这里是内秦淮河的核心段，每年元宵节，以夫子庙广场为中心，在方圆一公里的夫子庙传统文化区的范围内，都挤满了各式的人群，人数达到几十万。民间杂耍、小商品交易及传统美食等活动交织其间，还有水上的龙舟游船。无论是在广场、秦淮河，还是在广场周边的建筑群中，以及环绕在矗立广场中央的"天下文枢坊"周边，人群的活动构成了密不可分的城市景观，在这里，场所本身和人文活动，都已成为城市不可分割的组成部分，起到了文化的传承与提高社会空间稳定性的作用。

景观环境是本书的研究范围，景观环境中的行为是本书的研究对象。景观环境的范围很宽泛，包括建成环境和风景环境两大板块。上述的两个广场都属于建成环境。广场是非常典型的城市空间，在欧美有很多具有浓郁生活气息的教堂广场，随着生活的发展逐渐成为各地著名的周末市场，浓缩了社会、经济

① Richard T.LeGates，F.Stout Edit.The City Reader [M]. London and New York：Routledge，1996，183.
② Louis Wirth.Urbanism as a Way of Life [J]. American Journal of Sociology，1938.
③ Jane Jacobs.The Death and Life of Great American Cities [M]. New York：The Modern Library，1961.
④ John Brinckerhoff Jackson.The Almost Perfect Town [J]. Landscape 1952，2（1）：2-8.
⑤ Richard T.LeGates，F.Stout Edit.The City Reader [M]. London：Routledge，2011：82.

图1-3　南京夫子庙灯会

与文化的内涵。

当代城市景观环境如同赫克特（Brian Hackett，University of Newcastle，1983）所认为的那样，不仅包括城市中的树木、草地和地形变化，建筑与道路铺装也成为城市景观的组成部分（Grove & Cresswell，1983）[1]。当代城市景观的概念已经明确地将城市中的各种视觉对象看作一个整体来研究。瓦尔德海姆提出了景观都市主义概念，描绘了景观正替代建筑成为现代都市主义中的基本建造单元。这意味着景观已经成为现代城市的象征和构成媒介。景观的独特之处在于可以对时间变化、转换、适应和连续作出反应，景观成为对无边界开放、不定的、当代城市条件的变化需求的适应媒介[2]。

对环境的关注具有两个层面的意义，一是作为行为背景的环境，二是人的行为与环境的相互影响。我国学者成玉宁认为："不论景观设计呈现出怎样缤纷的态势，一个亘古不变的主线是景观设计的本质在于探索人与环境的关系"[3]。刘滨谊认为"现代景观规划设计包括视觉景观形象、环境生态绿化、大众行为心理三个方面的内容"[4]。明确指出了两者关系作为风景园林学的核心主线，且将针对行为心理的研究作为景观环境设计的重要组成部分。

与南京秦淮河相比，美国圣安东尼奥河（图1-4）也是城市中的重要河流，全长约384km的圣安东尼奥河曾经是一条宽度仅2m的小河，现在已经成为世界上著名的城市河流改造成功案例。历史上圣安东尼奥河发生过洪水决堤，造成了巨大的损失。建筑师罗伯特·休格曼（Robert H. Hugman，1938—1939）在1929年提出了滨水区整治及开发的策略，打造为旧西班牙风情的"阿拉贡

① A.B.Grove，R.W.Cresswell，City Landscape [M]. UK：Construction Industry Conference Centre，1983：1.

② Charles Waldheim，The Landscape Urbanism Reader [M]. New York：Princeton Architectural，2006：39.

③ 成玉宁. 现代景观设计理论与方法 [M]. 南京：东南大学出版社，2010：1.

④ 刘滨谊，现代景观规划设计 [M]. 2 版 . 南京：东南大学出版社，2005：1.

图1-4　圣安东尼奥河的
滨水步道（左）
图1-5　当代游船在圣安
东尼奥河上（中）
图1-6　荷兰乌德勒支的
老城中心改造（右）

与罗马拉风情购物街（The Shops of Aragon and Romula）"模式，也可称为"Paseo Del Rio"滨水步行带模式，将类似威尼斯水城的商业模式与奥姆斯特德倡导的公园环境模式整合，这也是滨水商业模式的早期形态，奠定了滨水商业模式的雏形。也正是这样的模式，带动了两岸的商业发展，从而促成了市民参与以及热闹的滨水商业氛围（图1-5）。在欧洲同样的案例还有不少，例如荷兰乌德勒支，老城中心的河流同样如此，这里曾经是水上交通要道，两岸特别做成跌落状，用于仓库存储。如今，这里成为水边的双层露天咖啡座，在节假日这里人群如织，热闹非凡（图1-6）。

研究环境中的行为，是针对人们的公共行为展开研究，大到城市整体生态环境的稳定，小到健康生活的幸福与安全保障都涉及其中的活动主体——人的行为。人的行为与环境的互动，既包含了公共生活的组织，也包含了物质空间的梳理。同时，也使得针对建成环境的设计，包括城乡规划设计、建筑设计、风景园林设计等在内的不同尺度的设计专业在基础层面得以提升，不仅能够解决各方面的矛盾与问题，构建良好的生态环境，还能从专业的角度塑造理想的视觉环境，将公众生活及其行为紧密结合起来。

1.1.3　生活中的行为心理

1. 需要的层次

莎士比亚有句名言，"城市即人（What is the city but the people）"，是人们每一天的生活赋予了城市以活力。城市的物质形态反射出的是城市社会文化，我们应该认识到要更多地结合心理和感觉去设计城市的物质环境。简·雅各布斯曾以波士顿一个称为 North End 的街区的为例[①]，这里是一个被正统设计理论公认为是靠近工业区的波士顿最糟糕的贫民区，被认为是城市的负面因素。而实际上这里却是一个具有轻松、友好、健康氛围和感染力的街区。由此，她阐述了"城市生态学"和"街道芭蕾"的观念，使得专家们认识到从规划理论出发的城市美的原则和形式，与人们生活的实际感受可能存在巨大差异。

与之对应的是，美国圣刘易斯密苏里州的 Pruitt-Igoe 住宅的更新计划，

---

① Jane Jacobs. The Death and Life of Great American Cities [M]. New York : The Modern Library，1961.

图 1-7 爆破拆除 Pruitt-Igoe 住宅

成为著名的现代建筑失败案例，特兰西克（Trancik，1986）[1] 认为："不适当的设计、对社会需要的错误理解以及拙劣的公共空间的构想，使得在 17 年以后，炸毁它成为唯一的解决办法"（图 1-7）。Pruitt -Igoe 的建造背景是美国政府在 1949 年发起的"住房运动"，政府提供资金进行城市更新，解决贫民窟问题。1951 年，山琦实（Yamasaki）考虑到社区交流空间的需要，设计了宽阔的楼道回廊，方便居民在此喝咖啡聊家常。Pruitt-Igoe 在当年获得了美国建筑师论坛杂志"年度最佳高层建筑奖"。不过由于该片住宅区主要以黑人低收入家庭为主，加上马丁·路德·金在 1955 年的抵制种族隔离运动，导致白人陆续迁出。社会环境由此发生了巨大变化，精心设计的回廊成为抢劫犯罪及毒品交易的理想场所，住宅区也很快变成了令人绝望的高犯罪率危险街区。

人本主义心理学家马斯洛（Abraham Harold Maslow）的层级理论指出，人的需求由低到高分为 5 个层级，包括生理需要、安全需要、归属需要、尊重需要和自我实现的需要。根据层级理论去审视 Pruitt-Igoe 的住宅更新计划的失败原因，我们会发现 Pruitt-Igoe 街区除了满足居住的基本功能需求外，安全需要、归属需要、尊重需要都难以实现。山崎实虽然因此成为最冤枉的设计师，但社会大环境的变动导致人们生活需求难以满足才是导致炸毁事件的根本原因。

---

① Roger Trancik. Finding Lost Space [M]. USA：Van Nostrand Reinhold Company Inc，1986：15.

2. 需求的力量

公园作为城市生活的主要场所之一，其提供的情境满足了人们休闲放松的需求。1988 年，美国社会学家威廉姆·维特（Whyte，1988）[1] 完成了一个非常有意义的人性化调查。他受纽约规划委员会委托，研究纽约的公园和广场的使用情况，以便于进一步制定城市规划的草案。调查的结果出乎很多专业工作者的预料，广场的位置、规模、形状和质量等都没有直接影响广场使用人群的数量，真正吸引人群的关键因素是广场的可坐性以及可坐的方式。虽然这是一个与公园设计相关的调研，但调研结果和生活的需求息息相关，反映了公园设计中最容易忽略的部分——生活需求以及生活方式。

人们对公园的需求源自生活，也源自人们生理和心理的需求。我们在南京和平公园的调研，同样印证了威廉姆·维特的研究成果。位于市中心与市政府门前的和平公园被称为"南京最小的公园"，建成于 1956 年，面积仅 1.84hm²。和平公园建造时期正值第一批留洋归来的精英人士将西方现代理论带回国并应用于实践的时期，设计风格体现了东西方交融的特点。在对市民活动情况的调研中，我们注意到一个有趣的现象：和平公园中存在着许多形式各异的座椅，有固定的从属于原场地的石凳、石块，还有着数量众多的各色各样的座椅，如马扎、木椅、塑料椅，甚至某些明显不属于室外空间的类似于躺椅、转椅、坐垫等也出现在了场地内部。在这些椅子中（图 1-8），原场地的椅子只占四分

图 1-8 和平公园居民自发性群体活动

① William whyte. The design of Spaces. City：Rediscovering the Center [M]. New York：Doubleday，1988.

之一左右，其余的均为活动居民自行带入公园。无论是哪种座椅类型，它们都促进了在和平公园中居民的活动交流，也满足了人们的生理和心理需求。这些社会活动和交流是心理学研究基础，因为社会心理现象只存在于人际互动的话语交流中，离开了社会互动和话语，就不存在什么心理现象。

和平公园中主要聚集人群以中老年人为主，他们需求的空间就是可以打牌、下棋和跳广场舞的空间。这些各种式样的座椅在和平公园的各种活动中扮演着重要的角色。对于参与广场舞的市民来说，座椅可以为他们提供长时间活动后休息聊天的场所；对于打牌或者下棋的市民来说，座椅则是他们活动的必需品之一；对于休憩聊天的市民来说，选择坐下来休息也是必要的需求；对于一些小众的活动类型，比如钓鱼等活动来说座椅也是必需的。座椅的日常管理有场地原位（不可移动）、自带、场地存放和管理三种方式，其中场地存放为这些自带座椅提供了可能和便利。

不同的活动类型对座椅的需求量也有不同。像打牌、下棋这类的活动除了本身的活动者，还会有大量的围观群众，他们或站或坐，并且可能随时更换互动场地，这种群体性行为方式带来了对活动座椅的需求。自带座椅的出现，是设计师无法预知的，它允许使用者控制自己的座椅，满足了各自的偏好。结合公园本身的其他座椅设施，大幅度提高了公园的公众认同。

1.2 环境行为学的发展

1.2.1 心理学背景

西方心理学的产生经历了一个漫长的发展过程（图 1-9）。古人将人类的言行归于神灵主宰下的表现，当人类逐渐开始从哲学探讨中思考人类本质的时候，人的心理成为一个重要的研究对象。最早的心理学一词出现于 1590 年，词根由希腊文中 Psyche 与 logos 两字演变而成，前者意为"灵魂"，后者意为"讲述"，结合在一起可以理解为"阐释灵魂的学科"。尽管人们研究心理学已经存在相当漫长的一段时间，但在 19 世纪中叶之前，心理学的研究都是在哲学体系下进行。

随着自然科学的不断发展，直到 19 世纪末的 1879 年，德国生理学家、哲学家冯特（Wilhelm Wundt，1832—1920）在大量实验研究的基础上建立世界第一所真正意义上的心理学实验室，标志着心理学正式从哲学范畴分离出来，并逐渐发展成为一门独立的学科。1879 年也成为标志性的"心理学独立年"。随着学科研究的进展，各类问题的不断涌现，心理学开始产生不同的分支，先后出现了不同的心理学学派。

心理学研究的是人们行为背后的心理问题，人们的行为又分为有意识与无意识两种可能。从 19 世纪下半叶开始，冯特以"意识"为主要研究对象以来，意识心理学成为心理学初期的基础研究方向。冯特提出"意识"的概念，强调感觉的主观性，但弗洛伊德（Sigmund Freud，1856—1939）则认为人们的行为并不全是通过意识支配的，他更加关注"无意识"。基于"意识"与"无意识"的争论，美国心理学家约翰·华生（John Broadus Watson，1878—1958）于 1913 年正式创立行为主义心理学。因为将行为作为研究对象，就无须区分意识与无意识。华生的行为主义心理学认为人们的行为来自对外界刺激的反应，忽略了大多数人类行为是具有主观能动性的事实。心理学史上的行为主义心理学大致可以分为三代：早期行为主义心理学（1913—1930）、新行为主义心理学（1930—1960）以及新的新行为主义心理学（1960 年以后）。

20 世纪 50 年代，心理学界认为心理学必须以人的需求为前提，研究真正属于人性各个层面的问题。于是美国心理学家马斯洛（Abraham Harold Maslow，1908—1970）、罗杰斯（Carl Ransom Rogers，1902—1987）等人又倡导形成了人本主义心理学，着重研究人的生存和发展的需要。马斯洛提出心理学的"人本主义科学"方法论，使心理学的方法论产生根本性的转变。人本主义心理学既反对行为主义（心理学第一势力）机械的环境决定论，又反对精神分析学（心理学第二势力）本能的生物还原论，因此又被称为西方心理学的第三势力。心理学由此逐渐分化为这三个具有代表性的主要分支，即弗洛伊德的精神分析心理学和华生的行为心理学、马斯洛的人本主义心理学。

1912 年，德国心理学家韦特海墨、苛勒、考夫卡等人提出格式塔心理学，最初以反对冯特的元素主义和铁钦纳的构造主义起家。这种心理学始于视觉领域的研究并最终覆盖整个心理学范围。格式塔心理学强调整体作用大于部分之和，更强调经验和行为的整体性，侧重对接受外部事物刺激的研究。由此形成了广义的认知心理学，泛指一切具有认知倾向的心理学理论和流派。包括格式塔心理学、拓扑心理学、认知心理学等。

心理学是研究行为和心理活动的学科，由于人们对意识形成的复杂性的认知，经过了几十年的争鸣，心理学的研究对象与理论体系，形成了各种不同的理论流派。一般而言，从研究内容与方向来说，心理学又可以分为基础与应用

图 1-9　心理学发展背景一览表

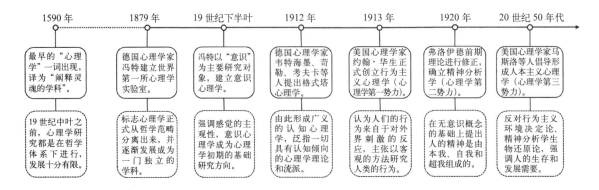

两部分。基础心理学关注人们认知世界的过程，包括生理心理学、认知心理学、发展心理学等，应用心理学包括的范围更广，如临床心理学、运动心理学、工业心理学、社会心理学、犯罪心理学、教育心理学等。

1.2.2 环境心理学与环境行为学

1.区别与研究领域

环境心理学与环境行为学，在很多学者看来，这是同一个研究方向的两种不同的名称。由于"环境心理学是研究人与周边环境之间关系的科学"[①]，而当时建成环境的主要支撑性学科为建筑学，城乡规划学和风景园林学均为建筑学下的二级学科。因此，还有学者称其为建筑环境心理学[②]。无论是环境心理学、环境行为学还是建筑心理学，早期主要的授课对象为建筑院系的学生。

摩尔（Gary T.Moore，1987，图1-10）总结了20世纪40年代出现的环境与行为之间关联的研究，包括环境认知、行为地图和城市社会学，他将这些归纳为环境行为学。保罗·贝尔（Paul A.Bell）看到了摩尔总结的关于环境与行为关系的科学研究，认为这些都属于环境心理学的起源[③]，"是研究人的行为和经验与人工和自然环境之间关系的整体科学"[④]。事实上，按照斯托克斯（Stokols）和摩尔（Gary T.Moore）的主张：环境心理学应是环境行为学所属的下一级的研究领域，因为环境心理学关注对个人的内在心理过程所产生的影响，即知觉、认知、学习等。除了这些方面以外，环境行为学还需要研究群体行为、社会价值、文化观念等与环境有关的广泛问题，是一个内涵宽广、多学科交叉的研究领域[⑤]。

图1-10 摩尔
(Gary T.Moore)

综上所述，科学研究不应过于关注学科名称的演替，而应当关注其研究内容和方法。考虑到研究的领域和应用的方向，借鉴摩尔（Gary T.Moore，1987）的总结，本文还是统一称为：环境行为学。学科的发展包含了理论与应用两个方面的内容，同时也在不断地研究与实践中演变升华。无论名称如何定义，这门学科都能够为研究环境与人之间的系统作用关系提供更加全面、科学的理论基础（图1-11）。

环境行为学重点研究人在环境中的外显行为与环境之间的关联，可以借助行为的特征、规律、频率等进行捕捉和分析；环境心理学更加注重人的外显行为之下的内在心理，以及心理发生的机制与环境之间的关联。强调人的主体性和群体个性特征，往往需要通过大量的外部行为表现特征分析内在心理变化。环境行为学与环境心理学二者既分且合，互为表里（图1-12）。

① 乾正雄．环境心理学 [C]．日本建筑学会秋季大会建筑计划研究协议会资料，1983．
② 常怀生．建筑环境心理学 [M]．北京：中国建筑工业出版社，1990：1．
③ 保罗·贝尔等．环境心理学 [M]．5版．北京：中国人民大学出版社，2009：8．
④ 保罗·贝尔等．环境心理学 [M]．5版．北京：中国人民大学出版社，2009：5．
⑤ 李斌．环境行为理论和设计方法论 [J]．西部人居环境学刊，2017，32（03）：1-6．

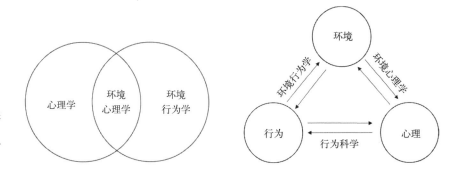

图 1-11 环境行为学关系图（左）
图 1-12 环境 - 行为 - 心理作用关系图（右）

环境行为学，将"人类的行为（包括经验、行动）与其相应的环境（包括物质的、社会的和文化的）两者之间的相互关系与相互作用结合起来加以分析"[1]。其中对主体行为的研究更加关注具有社会意义的行为，也包含了主体之间相互作用后与环境之间的相互影响。

环境行为学更多地在实际情境中进行研究，在区域性社会组织和文化水平上考虑人与环境的互动关系，强调不同情境下影响人行为的内在因素和作用条件。其次，环境行为学注重多学科间的合作，广泛重视文化意义上的跨学科开放性研究，使心理学研究方法更为科学、完善。在研究方法上，近年来除了在原有基础上的实验、观测、问卷调查外，拍照、视频、网络、大数据等多种科技手段的运用弥补了传统记录方式的不足，提高了研究数据的采集量、保障了更高的效率和准确度。

当代环境行为学的研究与社会各行各业有更多方面的交叉融合，能够辅助政府决策、加强环境保护意识，不断提高人的生活品质和健康的生活方式。

2. 理论背景与融合

随着工业革命的推进，城市化在世界范围内不断扩张，20 世纪 30~40 年代开始逐渐出现与建成环境相关的行为学研究，这一时期的研究主要有行为地图、环境认知地图和城市社会学（图 1-13）。在建筑学和城乡规划学领域，也先后出现"环境决定论""建筑决定论"和"规划决定论"等相关理论研究[2]。德国 Bauhaus 建筑院校于 1930 年开始增设心理学课程，第一次尝试"行为科学与建筑师之间的对话"。1947 年美国心理学家巴克（R.Barker）和赖特（H.Wright）将心理学的领域拓展到城市居民日常生活的研究，开始了解人们日常所处的环境对人类行为的影响和作用。

20 世纪 50~60 年代，勒温（Lewin，1951）[3] 把社会环境定义为决定行为的一个关键因素，他把行为、人和环境的关系概括为 B=F（P，E）公式；心理

---

① 李道增. 环境行为学概论 [M]. 北京：清华大学出版社，1999：1.
② 李道增. 环境行为学概论 [M]. 北京：清华大学出版社，1999：1-4.
③ Lewin，K. Formalization and progress in psychology. In D. Cartwright（Ed.），Field theory in social science[M]. New York：Harper，1951.

学家巴克（R. Barker）也针对儿童做了一系列关于环境和行为关系的系统研究；人类学家爱德华·霍尔（Hall，1959，1966）[1] 提出的空间关系学研究如何使用空间，以及私人空间的概念，并将空间划分为四种距离；此外还有对拥挤效应的研究（Calhoun,1962. 1964）[2]。后来又有更多来自不同研究领域的学者开始关注并拓展环境心理学研究方向，如伊特尔森（W.H.Ittelson）、普罗尚斯基（H.M.Proshansky）、萨摩（R.Sommer）[3] 等。

从 20 世纪 60 年代后期开始，欧美地区涌现了大量对城市建设具有划时代意义的理论。C·亚历山大、舒尔茨、凯文·林奇等人建构了人与城市、人与建筑之间的初步认知，将空间行为研究引入城市规划设计领域。如凯文·林奇（Lynch，1960）的经典著作《城市意象》的出版，成为城市设计学方面的奠基著作之一；亚历山大（Alexander，1965）出版《城市不是树》一书，对传统规划理论提出了全新的思考；文丘里（Venturi，1966）出版《建筑的复杂性与矛盾性》，提出了对建筑文脉的关注；意大利著名建筑师罗西（Aldo Rossi，1966）出版了著作 *L'Architectura della Citta*，后来这本书被翻译成英文 *The Architecture of the City*（《城市中的建筑》），成为世界范围内研究建成环境的经典著作。

在这个时代的其他领域，重要的基础理论也如泉涌般喷发出来。罗马俱乐部麦道斯（D.L.Meadows，1968）的《增长的极限》，从全球和长远的角度，把经济、技术、社会和环境问题结合起来考虑，以系统动力学的理论方法，建立了一个世界模型，通过定量分析指出：人口增长、工业发展、粮食生产、资源耗尽和环境污染的指数增长，最终将导致全世界物尽财绝的困境；麦克哈格（IanLennox McHarg，1969）的《设计结合自然》，从科学的角度审视自然环境，成为风景园林学的重要基础著作以及学科研究思想。

自组织理论是 20 世纪 60 年代末期开始建立发展出来的一种系统理论，研究对象主要是复杂自组织系统的形成和发展机制问题，组织是指系统内的有序结构或这种有序结构的形成过程。自组织性是复杂系统基本属性之一，由此为人们重新审视人类及环境问题提供了全新的理论视角。

20 世纪 70 年代，环境心理学已经在世界范围内形成了高潮（如拥挤、认知发展理论），环境心理学正式成为一些高校心理学系的课程。相应的心理学期刊、专著相继出版。1973 年环境心理学奠基人之一克雷克（Kenneth Craik）

[1] Hall，E. T. The hiddern dimension[M]. New York：Doubleday，1969.
　　Hall，E. T. The silent language[M]. New York：Anchor；Reissue，1973.
[2] Calhoun，J.B.：The social use of space. In Mayer，W. and Van Gelder，eds. Physiological Mammalogy[M]. New York：Vol.1. Academic Press，1964.
　　Calhoun，J.B. Population density and social pathology[J]. Scientific American. 1970，113（5）：54.
[3] Sommer，R. Personal Space：The Behavioral Basis of Design[M]. Englewood Cliffs：NJ：Prentice-Hall，1969.

在《心理学年鉴》中以"环境心理学"为标题撰写了有关的综述，标志着环境心理学已经成为心理学的一个分支[①]。1978 年沃尔曼（Wolman）将"环境心理学"一词正式编入《大百科全书》，各大心理学会研究组织在世界范围内纷纷建立起来。

其后，环境心理学在 20 世纪 80 年代进入了蓬勃发展的时代。经过多年的研究发展和完善，环境心理学融合构造心理学、行为主义心理学、格式塔心理学、认知心理学等多种观点，将人在环境中的内在心理与外在行为相统一，共同作为研究环境中人的行为心理学的主要内容。普罗尚斯基（H.M.Proshansky，1990）提出定义："环境心理学是一门研究人和他们所处环境之间的相互作用和关系的学科"[②]，环境心理学更多地强调物理环境，其中的"相互性"是指：一方面强调人们怎样受环境影响，另一方面也关注人类对环境的影响和反应。

摩尔（Moore，1987，1989，1991，1997）、楚贝（Ervin H. Zube）等人在 20 世纪末连续出了系列专著，《北美的环境与行为研究：历史、发展和未解决的问题》[③]《环境，行为和设计前沿 1，2》[④、⑤]《走向完整的理论、方法、研究与运用》[⑥]。摩尔在第一辑中系统筛选并总结了三个基础研究方向的成果：实践、社会问题和环境介入，包括场所、人群和社会行为，以及理论等专题研究。第二辑、第三辑中，用专题的形式呈现了生态学、建筑设计、环境行为设计中的结构主义等理论前沿，以及特定区域与场所如城市森林、不同国家地区、工作场所、美国乡土建筑等研究，还包括特定人、社会学研究、研究方法和实践运用等。

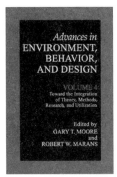

图 1-13 Advances in Environment，Behavior，and Design 封面

第四辑（1997）（图 1-13）系统总结了过去 15 年环境行为学的研究成果，该系列专辑内容主要源自 EDRA（Environmental Design Research Association）和 IAPS（International Association for People-Environment Studies）等国际性学术会议。此时已经有来自澳大利亚、欧洲、北美等地区的建筑学、地理学、环境心理学、环境学、风景园林、社会人类学、社会生态学和城市规划、城市设计等方面的研究成果和实践。从学科跨度看，鲜明地反映了环境行为学的研究

① Kenneth Craik. Environmental Psychology [J]. Annual Reviews of Psychology，1973.

② Proshansky，H. M. The pursuit of understanding：An Intellectual History. In I. Altman & K. Christensen（Eds.），Environment and behavior studies：Emergence of Intellectual Traditions [J]. New York：Plenum，1990.

③ Moore G T，Stokols D，Altman I. Environment and behavior research in North America：History，developments，and unresolved issues[M]. Handbook of environmental psychology. New York：John Wiley and Sons，1987：1359-1410.

④ Zube，Ervin H，Gary T. Moore Advance in Environment，Behavior，and Design Volume 2 [M]. New York：Plenum Press，1989.

⑤ Zube，Ervin H，Gary T. Moore. Advances in Environment，Behavior [M]. New York：Plenum Press，1991.

⑥ Gary T. Moore，Robert W. Marans. Toward the Integration of Theory，Methods，Research，and Utilization（Advances in Environment，Behavior and Design Book 4）[M]. New York：Springer，1997.

| 研究范围超出心理学范畴，主要针对"环境与行为"的关系展开 | 涵盖不同的尺度空间，且研究以户外场所的实地调研为主，已经在研究内容、研究方法和技术方面形成了自身的特征。 | 21世纪 |

图 1-14 理论发展示意图

范围已远远超出了心理学的范畴,其研究内容针对"环境—行为"的关系展开,注重对实际问题、实践环节的反馈,注重针对建成环境的诸多设计领域,特别是建筑设计、景观设计、城市规划及设计、室内设计等,涵盖了各种不同的尺度空间,且研究以户外场所的实地调研为主,已经在研究内容、研究方法和技术方面形成了自身的特征(图 1-14)。

3. 国际相关组织

环境行为学源于环境心理学,因此其相关的国际协会及组织机构始终具有紧密的关联。环境行为学于 20 世纪 60 年代在北美兴起,1968 年,萨诺夫(Henry Sanoff) 在美国成立了环境设计研究协会 EDRA (Environmental Design and Research Associatio),并逐渐成为世界性的学术研究组织。1969 年在美国举办了第一届环境设计研究会议。并于同年创办 Environment and Behavior《环境与行为》期刊。首次参加 EDRA 的成员有来自心理学、建筑学、室内设计、计划、环境美化、地理学、社会学、生态学、都市设计、人类学等学科的专家学者。

在欧洲,1970 年在坎特(David Canter)等人的提议和领导下,在英国举办了首届国际建筑心理学会议 IAPC (International Architectural Psychology Conference)。之后曾变更为"心理学与构筑环境会议""环境心理学会议"等,1982 年定名为"人与环境研究国际学会",IAPS (International Association for People-Environment Studies,IAPC 是其前身),同时创办了《环境心理学杂志》

(*Journal of Environmental Psychology*)。

在亚洲，日本的环境—行为研究起步于 1972 年的日本建筑学会的心理·生理分会。1980 年举办了第 1 届日美双边会议，之后到 1995 年共举办了 4 届日美双边会议。1982 年"人间—环境学会"（Man-Environment Research Association，简称缩写 MERA）成立。1992 年首期学会杂志 *JOUMAL* 创刊号刊出，1995 年首届大会召开，2006 年为 13 届大会。MERA 除日美双边会议外，1997 年在东京举办了首届国际会议 MERA97，2000 年在福冈举办了亚太地区国际会议，成为影响亚洲地区的学术组织。

1980 年澳大利亚举办了第一届国际会议，定名为"人与物理环境研究学"（People and Physical Environment Research Association，简称缩写 PAPER）。PAPER 至 1998 年共举办了 11 届会议，2005 年宣布解体。

整个 20 世纪 70 年代，是环境行为学或环境心理学飞速发展的时期。1970 年，纽约市立大学的普罗尚斯基（H.M.Proshansky）和亚利桑那大学的伊特尔森（W.H.Ittelson）等人合编了第一本环境心理学教科书 *Environmental Psychology*：*Man and His Physical Setting*；1974 年，又出版了第一版环境心理学教科书 *An Introduction to Environmental Psychology*。

1973 年心理学年度评论《Annual review of Psychology》上首次出现了环境心理学这个主题，环境心理学才真正奠定在学术机构所认可的研究领域里的合法地位。1978 年美国心理学会 American Psychological Association（APA）也正式成立了人口与环境心理学分会。国际应用心理学联合会也成立了环境心理学分部。1978 年环境心理学编入沃尔曼（Wolman）大百科全书的词条。

1981 年国际建筑师联合会第 14 届会议通过的《华沙宣言》确立了"建筑—人—环境"作为一个整体的概念，并以此来使人们关注人、建筑和环境之间的密切关系。《华沙宣言》强调一切的发展和建设都应当考虑人的发展，"经济计划、城市规划、城市设计和建筑设计的共同目标，应当是探索并满足人们的各种需求"。

1.2.3　环境行为学在国内的发展

1. 起始

国内"环境行为学"的研究始于 20 世纪 80 年代，总体研究深度与国外相比尚有不足。此外，研究人群多集中于建筑学、心理学、地理学，缺乏更广泛的跨学科背景，与人类学、社会学等学科的交流与融合有待进一步加强。

1984 年，清华大学李道增教授开设了"环境行为学概论"的课程。这个课程代表了环境行为学在国内的起步。

1993 年 6 月，哈尔滨建筑工程学院常怀生教授等人联名发表《关于促进建筑环境心理学学科发展的倡议书》，呼吁社会促进建筑环境心理学学科的发展。同年4月，英国著名环境心理学家坎特（David Canter）来中国讲学，先后在清华大学、同济大学和华东师范大学为学生授课。同年7月，《建筑师》杂志前主编杨永生先生和常怀生教授在吉林市共同推进首届"全国建筑与环境心理学学术会议"，此次会议有包括哈尔滨建筑工程学院、东南大学、同济大学、天津大学等在内的国内七所院校任课教师参与，包括常怀生、蒋梦厚、朱敬业、杨公侠、杨永生等，大会顺利成立建筑环境心理学筹备工作小组。1993年12月《建筑师》杂志社专门为本次会议出版了一期专刊《建筑师》（总第55期）。

1995年，中国环境行为学会（Environment-Behavior Research Association）正式成立，并在大连召开了第二次"建筑学与心理学"学术研讨会。此后，多所高校纷纷开设环境行为学或环境心理学的课程，环境行为学的影响日益扩大，逐渐渗透到建筑学、城市规划学和风景园林等相关学科的研究和实践中。至今已出版多种教科书，多以"环境心理学"定名。在我国环境行为学领域，主要经典理论书籍有李道增教授的《环境行为学概论》（1993）、徐磊青、杨公侠编写的《环境心理学》（2002）、徐磊青教授编著的《人体工程学与环境行为学》（2006）、张玉明等编著的《环境行为与人体工程学》（2011）以及胡正凡、林玉莲教授编著的《环境心理学》（2000）等。此外，还有保罗·贝尔等著的《环境心理学（第五版）》中译本（2009）（图1-15）。

图1-15 已出版相关教材

2. 建筑学领域的影响

在建筑学领域，德国人沃尔芬（H.Wolffin）在 1886 年就发表了《建筑心理学绪论》[①]，试图探索通过人类形体的移情反应来表现建筑的形式基础。由于20 世纪 50 年代初，建筑师和心理科学家们一同展开了针对建筑使用者的心理和行为方面的诸多研究，建筑心理学成为欧洲的环境心理学名称。从另一方面看，我们面临的建成环境本就是建筑师、规划师的主要涉及范围，环境心理学被称为建筑（环境）心理学也有其合理性和必然性。

20 世纪 60 年代，凯文·林奇的《城市意象》成为建筑学领域运用环境心理学方法研究的经典著作，他将认知地图[②]的概念及其研究方法运用到城市空间的研究之中，由此提出了城市环境的五要素：路径、边缘、区块、节点、标志物，这五要素成为城市设计的基本概念。

瑞典建筑学专业的库勒（Kuller，1975）[③]博士采用语义分析法，选择了200 个词汇测试实验者针对建筑空间的色彩、景观审美偏好、多样特征的环境等评价标度选择，归纳出了用于建筑评价的八个语义因素：舒适性、复杂性、同一性、围护性、潜能性、社会性、年代性、新颖性等，成功地将建筑评价与人们的心理感受联系在一起。

1981 年 14 届国际建筑协会"华沙宣言指"出："建筑学是人类建立生活环境的综合艺术和科学。"提出并肯定了建筑学与环境之间的紧密关联。

随着环境行为学理论传入中国，国内的工科院校率先开设了建筑心理学或环境心理学课程。1986 年相马一郎、佐古顺彦编著（周畅、李曼曼翻译），由中国建筑工业出版社出版的《环境心理学》是国内第一本介绍环境心理学的书籍。这一时期，各大高校开设的课程尚未统一，成为辅助建筑设计的一门设计理论课程，多以心理学的观点来对建筑或城市形态进行视觉上的分析。直到20 世纪 90 年代后期，随着各种译著及我国专业著作陆续出版，环境行为学的课程设置才逐步规范起来。

环境行为学在教学中，结合建筑学本身的特点，拓展了原有的观念、思维方式、知识范围和设计方法，使得建筑被置身于更大的环境中去审视，从而进一步从建成环境的整体出发提出设计思路。行为学的研究成果从理论与经验两个方面丰富了设计过程，提升了设计师的理性思维，具体表现出五个关键特性：

（1）整体性：将"环境—行为"看作一个整体来研究，注重两者之间的整体关联。

---

① Heinrich Wölfflin. Prolegomena zu einer Psychologie der Architektur [EB/OL]. University of Munich，1886，https : //en.wikipedia.org/wiki/Heinrich_Wölfflin

② 托尔曼（Tolman）根据勒温（Lewin）的拓扑心理学以及白鼠迷津实验，提出了认知地图（cognitive map）的概念

③ Kuller R. Semantic description of environment[M]. Stockholm : Byggforskningsradet，1975.

（2）交互性：强调环境与行为之间的互动关系，即环境影响行为，行为也影响环境，表现在将行为的可能转换为功能空间，进而影响建筑设计过程。

（3）真实性：由于城市环境及建筑环境的真实性，研究摆脱了传统实验室内进行的模式，以现场研究、实地调研为主。

（4）综合性：建筑学科本身就是综合性极强的学科，不仅要考虑真实的环境，还要考虑建筑材料、建筑物理、建筑技术，以及社会、经济、文化等方方面面。

（5）实践性：结合工程实践中的具体问题，提出科学的解决办法。

建筑学科的环境行为学研究主要涉及建筑内外部空间的使用、建筑空间环境的舒适度等。特别是住宅小区的规划、住宅设计、医院建筑设计、中小学建筑、幼儿园、养老设施、宾馆等具有特定使用人群，以及特定行为模式的建筑设计过程中能起到非常重要的辅助作用。设计中要求针对特定的人群，分析其行为特点、活动模式、心理状态、应激反应等，结合具体的场所、时间，能够提供更加科学的决策。

近年来建筑心理学主要在建筑声学、光学、热环境学、色彩学、视觉学、形态学等领域开展深入研究，以使得建筑功能和建筑空间更好地满足人们的需求。除了在设计之初采用系统性综合分析、评价来采集数据并进行决策外，还采取了使用后评价（POE）的方法去研究分析建成效果。为建筑投入使用的优化调整提供支撑。

3. 风景园林学领域的影响

风景园林学是研究人类居住的户外空间环境、协调人和自然之间关系的一门复合型学科，研究内容涉及户外自然和人工境域，是综合考虑气候、地形、水系、植物、场地容积、视景、交通、构筑物和居所等因素在内的景观区域的规划、设计、建设、保护和管理。

风景园林学科对应于国外的 Landscape Architecture 学科，彼此内涵外延接近但不尽相同。"Landscape Architecture"一词是美国风景园林师奥姆斯特德于 1858 年提出，代表风景园林作为一种新兴行业正式出现。1899 年，美国景观设计师协会（ASLA）成立，1900 年，小奥姆斯特德在哈佛大学开设 Landscape Architecture 专业课程，标志着区别于传统园艺的现代风景园林学科的诞生。之后挪威、英国和德国相继开设景观设计专业，各类组织协会在世界范围内迅速形成[①]。

我国作为三大园林古国之一，拥有悠久的造园历史，区别于西方园林的造园手法，中国古典园林以儒家及道家造园思想为指导，追求"虽由人作，宛自天开"的意境，强调人在其中的互动关系，形成了独具特色的园林景观。1951

---

① 鲁敏，刘振芳. 风景园林发展的现状与未来 [J]. 山东建筑大学学报，2010（6）：25.

年北京农学院首次设立了园林学科。目前我国拥有高职高专风景园林类专业点
470 个，本科风景园林类专业点约 182 个。

风景园林学科的定义为"研究人类居住的户外空间环境、协调人和自然之
间关系的一门复合型学科"，这个定义从侧面反映了环境行为学和风景园林学
科的密切关联性。原有针对建筑学的环境行为学教学体系缺乏宏观、大尺度下
的景观环境与行为活动的研究。作为一门涉及植物学、园林学、生态学、人类学、
城市学等多种学科的交叉学科，风景园林专业与建筑学科存在本质区别。随着
人类对生活环境品质追求的日益增加，环境行为学在风景园林专业中的应用更
加广泛，除了满足基本的使用需求和美学功能外，在研究人的活动规律与场所
性特征方面也开始获得越来越多的研究成果。通过大量的场地调研得出的数据
分析对活动其中的使用者进行行为预判，进而反馈于方案设计，利用场所营造
进行行为引导，从本质上解决环境与行为之间的矛盾，这也是风景园林专业发
展的一个重要趋势和使命。

风景园林学科的环境行为研究领域包括：行为对环境的主动作用，如环境
认知、空间行为以及行为对环境生态的影响；环境对行为的影响作用，如环境
评估以及物质环境对行为的影响。

4. 风景园林本科的指导性专业规范要求

环境行为学作为研究环境和人的行为、心理之间相互作用的一门学科，在
风景园林等设计领域内发挥着越来越重要的作用。具体表现为设计与行为主
体——人的需求与行为规律相结合，在改善人类生存环境的同时，强调环境对
行为的暗示与引导作用，使空间设计更为合理、舒适。

环境行为学在《高等学校风景园林本科指导性专业规范（2013 年版）》中
的要求主要有以下几点：首先要熟悉和掌握环境行为学中的研究对象，即了解
人的要素和环境要素在不同时间、不同空间下的相互作用规律，通常会基于景
观环境调研数据，对不同类型的使用人群、活动时间、活动空间分别进行分析
统计。其次要熟悉和掌握环境行为学中常用的观察方法、研究方法，使用科学、
系统的技术路径结合实际的现场调研，为风景园林设计提供前期分析的理论依
据、设计过程中的辅助思维，最终实现充分理解风景园林环境中的行为规律，
为设计提供灵感以及完成使用后评价等目标。

1.3 环境行为学的教学架构

1.3.1 教学目标

在 1968 年，以亨利·沙诺夫（Henry Sanoff）为首的一群关注社会的设计
师成立了 EDRA，他们有一个重要的理念：设计职业可以在人和环境的内在关

系上发挥更大的作用。可以创造人与环境之间更好的联系以及更新的社会科学知识，可以创造有活力的、健康的环境以及更好的人与环境之间的价值和意义[①]。到今天，各方面的专业人士为这个目标努力奋斗了50年。

如今在全球关注生态环境的大前提下，我们更加关注人与环境之间的关系。环境行为学的理论和方法能够帮助我们正视人与环境之间的相互作用，了解环境行为学的理论与方法，把握与学科相关的原则与知识，并结合风景园林专业特点，培养以人为本、从环境行为入手进行设计的意识，从知识点出发的研究性设计理念和多学科、多角度进行风景园林的规划与设计的方法。

基于此，"环境行为学"课程的教学目标主要为通过了解"人—环境"之间的相互作用关系，学会依托环境行为心理的调查研究方法，分析、掌握特定环境中人的活动规律，并利用这些规律解决设计中面临的复杂多样的环境问题，将心理学与专业知识相结合，营造更加合理、舒适、人性化的景观环境。

1.3.2　研究框架

1. 研究思路

环境行为学的研究方向包含四个方面：人与环境关系的基础理论、环境研究、环境认知研究以及环境—行为关系研究。即首先通过研究人与环境关系的基础理论获得两者之间的相互作用的概念与知识，其次对外部环境进行深入、系统的了解和掌握，在此基础上进一步分析感知和行为的内在联系，最终获得一整套完善、科学的环境行为研究方法。前三个研究方面是基础，最后一个是确保研究顺利进行的有力保障，同时也是学习环境行为学这门课程的最终目的与价值所在。

摩尔（Gary T. Moore）以使用者、场所与社会行为现象为研究对象，并引入时间因素，建立了"环境行为学"的研究框架和理论模型：场所（Places）、使用者（User Groups）、社会行为现象（Socio behavioral Phenomena）、时间（Time）。

环境行为学主要针对特定的行为场所、使用人群和两者互动产生的社会行为现象进行研究。其中不同的使用者对相同场所会表现出各具差异的社会行为现象，同时场所也会因物质设施、景观元素、空间界定以及周边作用因素的不同，间接对使用者发挥作用。最终两者的相互作用结果以外在的社会行为现象表现出来。通过第四个要素——时间的作用结合大量实验数据统计分析，可以找出内在联系规律，最终将研究成果应用于学科的相关领域。整个过程如图1-16所示。

图1-16　环境行为学研究框架示意图

---

① The Environmental Design Research Association. EDRA fact sheet 2016 [EB/OL]. https://c.ymcdn.com/sites/www.edra.org/resource/resmgr/docs/EDRA_fact_sheet_2016.pdf

2. 研究方法

传统的研究方法是以理论为引领的实验。与心理学有关的实验逐渐从室内实验拓展到社会空间的现场实验。与建设环境有关的研究，通常涉及建筑学、城乡规划学和风景园林学，由于建筑学、城乡规划学和风景园林学三大学科涉及具体的建成环境、风景环境、自然环境等以外部空间为特征的环境空间，因此，逐渐发展出四大研究方法，这四大方法既可以独立展开，也可以相互结合：

（1）基于现场认知的实证研究

以科学实验为背景，以现场调研为基础展开的定性与定量的分析研究。将学科本体的科学问题结合行为学的调研方法，在实证中得到征询与检验，通过具体案例的解析找到行为—环境的关联规律。

（2）基于文字分析的整合研究

以文献调研为主整合档案、历史、理论等方面的资料，基于历史资料的分析，展开解释性文字分析。从整体角度出发，关注环境心理学、社会学、哲学等研究过程中出现的各种观点不一的心理学理论、假设，综合判断，兼容并蓄。

（3）基于信息技术的交互研究

基于相关信息技术领域的数据和软件技术，如虚拟现实、交互式体验等。将方法与原理相结合，采用模拟与原型交互性实证研究。关注环境与心理变化的相互依存关系，基于或营造特定的情境展开研究。

（4）基于学科交叉的合作研究

开展跨文化、跨领域、跨学科之间交叉联合、多重复合信息的叠加研究。需要统筹各个学科的理论背景，在研究的过程中，将复杂的问题按学科领域分解并探讨每个部分的内在规律，最后整合在一起形成对事物的整体描述，强调整体大于部分之和。

1.3.3 理论基础

由于环境行为学的研究学者来自建筑学、地理学、心理学、风景园林学、社会学和城乡规划学等相关的学科群，因此相关的思想、观点、理论，包括研究方法在不断地更新，这里仅从环境行为学的本质及其研究对象出发，坚持以人为本的原则，将针对学科、针对设计的相关理论做个简单梳理。

1. 心理学相关基础理论

1）认知理论

以人为本，从人的角度去思考如何认知环境。这方面的经典理论有格式塔知觉理论、生态知觉理论和概率知觉理论。格式塔知觉理论强调视觉的直觉作用，通过研究视知觉的特点和现象，发现与图形有关的规律；生态知觉理论强调机体先天的本能和环境所提供信息的准确性，强调从环境而来的信息源及其可供性；概率知觉理论更重视在真实环境中实验所得出的结论，以及后天

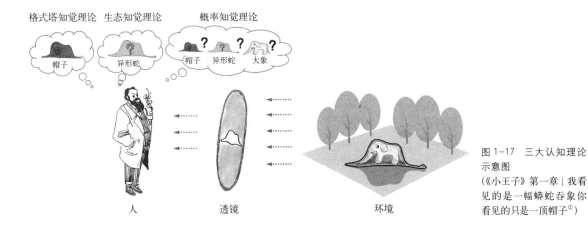

图 1-17 三大认知理论示意图
(《小王子》第一章｜我看见的是一幅蟒蛇吞象你看见的只是一顶帽子①)

知识、经验和学习的作用，强调透镜理论以及人们的认知局限。这三大理论（图 1-17）会在第 3 章中具体阐述，这里不再展开。

此外，还有统觉和统觉理论，是将对事物的兴趣提升到认知的重要高度。统觉（Apperception）是德国哲学家莱布尼茨和康德的哲学理念中关于认识论的重要概念，指知觉内容和倾向蕴含着人们已有的经验、知识、兴趣、态度，因而不再限于对事物个别属性的感知。统觉理论，一般是指赫尔巴特教育思想中的一个最基本的心理学理论，强调兴趣是观念的积极活动状态，是一种好奇心和智力活动的警觉状态，当观念活动对事物的特性产生兴趣，意识阈上的观念就处于高度的活跃状态，因而更易唤起原有的观念，并争取到新的观念。

从这些认知理论角度分析，我们能看出心理学家的研究思路，关注点在于环境信息的获取途径、信息流动的主动性和被动性、环境信息获取的概率、环境信息获取中人的态度和兴趣。其中兴趣和偏好相关，也是理解景观感知和景观价值的研究方向。

2）马斯洛的需要层级论

马斯洛（A.H. Maslow）在他的成长动机论中提出了"需要的层次"理论，这个理论源自人本主义心理学（图 1-18）。他认为需要是产生动机的基础，当需要得到满足时，人会产生愉快的情绪。换个角度看，就是统觉理论中谈到的态度或兴趣产生的动机，而这个动机就是人的需要。

马斯洛把人的基本需要分为若干层级，从低级的需要开始到高级的需要，排成 5 个梯级。人的基本动机就是以其最有效和最完整的方式表现他的潜力，即：自我实现的需要。

（1）生理的需要（physiological needs），这是人们生存的最基本需求，如：饥、渴、寒、暖等。

（2）安全的需要（security needs），包括生命、财产等的安全，在心理学

---

① 安东尼·德·圣-埃克苏佩里 . 小王子 [M]. 周克希，译 . 上海：上海译文出版社，2001：2.

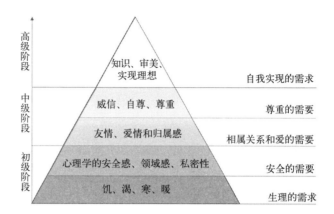

图 1-18　马斯洛需求层级图

上涉及安全感、领域感、私密性等概念。

（3）相属关系和爱的需要（affiliation needs），人们需要友情、爱情和归属感，如：情感、归属某小团体、家庭、亲属、好朋友等。

（4）尊重的需要（esteem needs），得到别人的肯定、信任、赞同等，如：威信、自尊、受到人们的尊重等。

（5）自我实现的需求（actualization needs），包括知识、审美、实现理想等。

马斯洛认为需要并不是按部就班依次发展的，在不同的时间段，总有一种需要为主导。需要是行为发生的根本原因之一。

2. 环境影响行为的理论

科学研究的目的是发现自然界的规律，并预测其发展的结果。环境行为学研究的目的是找到行为发生的规律及其可能的结果。相对而言，人的心理活动无法观察，基于真实合理的数据采集的需要，由隐性的心理活动研究转向显性的行为研究是科学研究规律的必然，研究人在外部环境中的可观察行为，是实证主义即现象学研究的思路。

基于对科学规律的探究，环境行为学家们致力于探索行为发生的潜在决定因素，以及其中隐含的因果规律。由规律的研究上升到理论，在成果上标志着一系列概念的生成。

在环境行为的研究中，通过各种环境刺激探索人的反应和由此发生的行为，是环境行为研究中的主要途径。贝尔（Bell，2001）[1]总结了该领域中环境对行为影响的 6 个理论，虽然只是 6 个理论，但其实包括了不同学者从 6 个研究角度的系列研究成果，特别是包含了生理研究与心理研究两大类（图 1-19）。这些理论分别是唤醒论（arousal approach）、环境负荷论（environmental load approach）、不足刺激论（under stimulation approach）、适应水平理论

① Bell, P., Greene, T., Fischer, J. & Baum, A.. Environmental Psychology [M]. Orlando : Harcourt College Publishers，2001.

(adaptation level theory)、行为约束论（behavior constraint approach）、环境应激论（environmental stress approach），以及把环境和行为关系看作双向通道，具有生态相互依赖性的生态心理学（Barker's Ecology Psychology）。

从生理角度来讲，唤醒理论中的唤醒是指在刺激作用下引发脑干网状结构提高大脑皮层的兴奋度，造成肌肉紧张的状态。在心理学中唤醒理论认为外界环境通过各种刺激唤醒处于"休眠"状态下的生理活动，进一步影响人的行为。由于唤醒是应激的一个必然反应，因而这一理论与应激理论有相似之处。唤醒模型可以解释诸多环境因素带来的行为结果。考虑到环境因素，如温度、噪声、风、色彩等因素，与环境负荷理论也有相通之处。

环境负荷理论指的是当受到来自环境的刺激时，环境刺激作为持续性的压力，考验我们的加工能力以及适应性反应。梅拉比安（Mehrabian，1976[①]）把针对人们在环境中感受的刺激，以单位时间内感受到的环境刺激量细化为环境负荷的衡量标准。环境负荷包含了高与低、新与旧、熟悉与陌生等一系列相对应的标准，从描述上定性研究了环境负荷对于人的行为的影响。高负荷的环境就是传递大量感觉信息的环境；低负荷的环境就是刺激信息量较少的环境。梅拉比安认为环境信息从三个方面影响环境负荷：强度、新奇性和复杂性。强度决定了信息量，新奇性决定了信息对人的刺激程度和持久性，复杂性决定了人们认知及适应环境负荷的过程。环境负荷描述的是环境中的客观信息带来的刺激的类型、强度和复杂程度[②]。

刺激不足理论与环境负荷理论，尤其是与超负荷理论相反，刺激不足理论认为，当环境刺激不足或过少时，也会引起行为障碍等问题。比如感觉剥夺的研究，会导致个体发生焦虑或异常反应；比如环境刺激过于单调，刺激模式重复，会导致厌倦并进而产生问题。另一方面，减少刺激能够改善个体的反应。

适应水平理论主张个体在环境中适应于某一水平的刺激。只有当刺激与其个人适应水平不同时，才会有感觉和行为发生。换句话说，刺激存在着最佳刺激水平的问题。比如对于老人，他们接受刺激的变化幅度不能太大，存在一个合适的量度问题。

行为约束理论环境中的某些因素干扰了主体的行为，超出了主体的可控范围，使得行为不再自由，进而产生了一种不愉快的感觉。行为约束理论提出了三个基本过程：控制感丧失、阻抗和习得性无助。

环境应激理论，考虑环境刺激的强度能否对主体构成威胁与干扰，以及主体的认知评价与承受力。应激面对的是环境中的挑战，应激（stress）是一种调节或中介变量，包括生理、情绪和行为反应等。目前，应激理论已被用于对

① Mehrabian，A. Public Places and Private Spaces：The Psychology of Work，Play，and Living Environments [M]. New York：Basic Books，1976.
② 林玉莲，胡正凡. 环境心理学 [M]. 3 版 . 北京：中国建筑工业出版社，2000：74.

环境应激物如噪声、拥挤、环境压力等的整体研究，并被用来解释当环境刺激超过个体适应能力限度时对健康造成的影响①。

生态心理学理论的代表是巴克（Roger Barker），他认为人的行为受环境影响较大，两者紧密联系，从而构建一个持久的有机动态结构。个体行为与环境处在一个相互作用的生态系统中。个体的所有行为都有一个空间和时间背景，由此构成的立体的生态系统是研究环境的一个很适合的分析层面，应该从行为背景与行为者之间的交叉互动理解行为的意义。为了修正传统心理学研究的不足，生态心理学将交互作用原则作为首要原则运用于相关研究之中。这是生态心理学突破传统心理学发展的最重要原则之一，也是生态心理学的核心原则。

值得一提的是，巴克（Roger Barker）还提出了行为场景理论，与生态心理学理论类似，是探讨非个体行为与环境之间的相互作用规律。他认为，人与环境之间的作用是双向的，环境具备的物质特征支持某些固定的行为模式，不会轻易随使用者的改变发生改变，这种提供非个体行为的场景称为场所，与活动在其中的人的行为共同构成行为场景。

3. 其他综合理论及发展趋势

理论的作用是概括、凝练思想，通过理论模型，改变思维方式和角度去指导实践，并能够预测可能发生的行为及其发生的机制。理论思潮离不开科学研究的整体趋势，每一个理论都有自身的出发点，环境—行为的相关理论始终围绕着环境与人之间的关联展开研究。从物质决定论出发，强调环境的复杂性和对行为的制约性，就是环境决定论的立场。包括地理环境、社会环境、文化环境等相关的环境变化决定了行为的发展方向，这是机械唯物论的产物。换个角度，当立场转向、物质环境不能起决定作用时，就出现了环境可能论、环境或然论等。

图1-19 贝尔·环境对行为影响理论模型

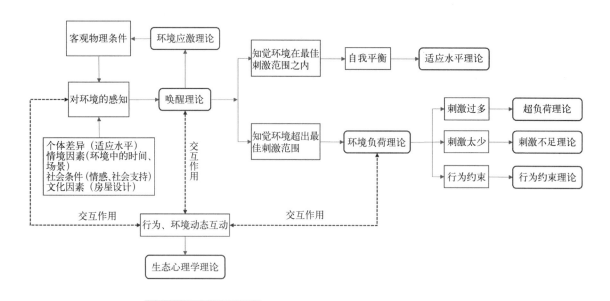

① 姜少凯, 梁进龙. 环境心理学的学科发展与研究现状 [J]. 心理技术与应用, 2014（01）:7-10.

任何理论都离不开大的科学研究背景。20 世纪上半叶是哲学成果不断推陈出新的历史阶段，当注重整体的系统思维带来的研究方法逐渐取代传统思维时，环境与人的行为从分立逐渐融合，理论观点逐渐认为在环境和行为之间存在着必然的联系和规律，物质条件包括地理、气候及生理等，有决定作用，但并不能决定一切，环境具有可供性，人也有选择和控制环境的能力，环境—行为之间存在着更多的可能，应当是在整体的持久关系的基础上共同发展。人对任何一种场景的行为选择可能性都存在一种带有规律性的概率，这种概率的大小与物质因素和社会文化因素有关。

相互作用论和相互渗透论正是在整体的系统思维背景下的两大理论。相互作用论是从互动的角度独立地客观定义环境和人；相互渗透论则立足整体，认为人与环境不是独立的两极，而是定义和意义相互依存的不可分割的一个整体。环境和人在任何一方面的变化都存在关联性，整体决定环境及行为的发展趋势。

相互作用论中，行为的结果是由内在有机体的因素和外在社会环境的因素之间的相互作用所引起；人和环境是客观独立的两极[1]。变化是由分离的环境和人之间的相互作用引起的。变化按照恒常性的规律结构产生、变化，时间不是现象的本质[2]。人的某个方面能改变环境影响的性质，物理刺激并不导致某种普遍的结果，其结果的性质因人而异[3]。人不仅能够消极地适应环境，也能够能动地选择、利用环境所提供的要素，更能够主动地改变自己周围的环境，达到对生活的满足。这是相互作用论比环境决定论进一步有所发展的地方[4]。

相互渗透论的代表人物奥尔特曼（I.Altman）在 1975 年提出了维度理论，他认为拥挤和孤独是同一维度的两个极端：独处的空间太小会造成拥挤，独处的空间太大则会出现孤独，因此空间行为是调节独处或使其最优化的一种主要机制。根据这一理论，奥尔特曼试图解释个体的空间行为、领域性和拥有感。在 1987 年，他正是从这种动态的角度提出了相互渗透论的特征："相互渗透论关注组成整体的各方面的变化关联性。它认为一个系统的各方面，即人和脉络，相互依存相互定义，决定整个事件的意义和性质。整体的不同方面作为整体的本质、不可分割的性质而共存"[5]。

---

① MOORE G T. Environment and behavior research in North America：History，developments，and unresolved issues[M]. STOKOLS D，ALTMAN I. Handbook of environmental psychology. New York：John Wiley and Sons，1987：1359–1410.

② ALTMAN I, ROGOFF B．World views in psychology: trait, interactional, organismic, and transactional perspectives[M]. STOKOLS D, ALTMAN I. Handbook of environmental psychology. New York：John Wiley & Sons, 1987：7–40.

③ CANTER D. Applying psychology[R]. Augural lecture at the University of Surrey，1985.

④ 李斌 . 环境行为理论和设计方法论 [J]. 西部人居环境学刊，2017，32（3）：1–6.

⑤ ALTMAN I，ROGOFF B．World views in psychology：trait，interactional，organismic，and transactional perspectives[M]. STOKOLS D，ALTMAN I. Handbook of environmental psychology. New York：John Wiley & Sons，1987：7–40.

除了以上所提到的各种理论外，还有许多其他相关的理论观点，比如说斯图克尔斯[①]和福瑞[②]讨论的"人—环境交互作用模型"，坎特[③]的交互行为主义和交互行为场概念，这些观点一定程度丰富了心理学有关环境与人之间的相互作用影响的研究发展，同时也为建筑、风景园林等相关设计行业提供了大量的参考资料，使设计与人、与环境联系更为紧密。风景园林作为人与环境结合最为紧密的学科之一将会受到越来越多的关注。

1.3.4 建筑学科的教学特点

如前文所述，环境行为学的教学最初是在工科院校展开的，城乡规划学、风景园林学曾经都是建筑学下的二级学科，因此在建筑学背景下的环境行为学的教学，最初是以建筑场景为主要研究对象的。

建筑学领域的研究主要针对建筑环境与行为之间的影响关系，包括室内空间体验、外部环境要素利用，和使用者个性需求的满足，同时对建筑功能使用、造型美学及使用后评价也发挥着重要的指导作用。在设计层面，除满足建筑功能分区合理、交通流线通畅等基本的要求外，对室内空间的流动和色彩采光的选择，以及室内家具尺寸及其设计等都有要求。

1. 建筑设计阶段

任何类型的建筑设计，首先要了解使用对象的需求、生活方式、使用习惯、文化背景。而且由于建筑设计具有一定的前瞻及引导性，所以在使用对象的需求上，还包括可能的改变程度与接收新生事物的程度，这些都需要从使用对象不同层次的需求出发。

例如根据不同类型的使用功能，决定不同的采光量大小、采光形式、立面造型以及相对应的色彩材质。不同的光照舒适度、环境温度、朝向等会产生不同的环境氛围，并直接影响使用者的生理和心理。

此外，建筑颜色往往也会形成不同的心理作用结果。实验表明，人处于暖色系的环境下更易产生兴奋，如快餐店多采用红色、橙色等颜色鲜艳的室内装修风格，营造热闹的氛围同时有助于顾客潜移默化地加快进餐速度，提高餐厅上座率。冷色系的室内环境则有助于帮助人们平静心情，降低情绪波动幅度，因而医院病房多采用白色或米白色作为背景色。

其他相关使用要素如空间尺度、室内家具设计等均离不开人体工程学的内

---

① Stokols, D. Environmental Psychology. Annual Review of Psychology[J]. 1978，29：253-259. http：//dx.doi.org/10.1146/annurev.ps.29.020178.001345

② P.S.FRY. The person-environment congruence model：Implications and applications for adjustment counselling with older adults[J]. International Journal for the Advancement of Counselling 1990（13）：87-106.

③ J.R.Kantor, The origin and evolution of interbehavioral psychology[SW]. Mexican Journal of Behavior Analysis，1976，2：120-136.

在要求，因而在建筑设计中处处都能体现环境对人和行为、心理的相互作用关系。

2. 建筑使用阶段

建筑建成后，才是使用者正式发生使用行为的开始，通过对建成建筑进行使用后评价，有助于了解建筑使用者的需求、建筑的设计成败和建成后建筑的性能反馈。一般采用观察、问卷、访问等形式，对建筑后期使用进行追踪，及时发现设计中存在的问题，帮助设计师了解社会需求，改善空间的功能。对使用者满意度的调查通常由观察、标准问卷、行进间访谈或入户访谈等方式相结合，收集用户对建筑直观的意见反馈，同时调查者可以分别与设计师、管理者和使用者展开小型座谈会，获得他们对建筑系统的、经过深入思考的看法。心理学实验技术是另外一种较为常用的方法，使用者在室内通过幻灯展示建筑图片，收集对建筑的意象性评价。随着物联网的覆盖和普及，大数据将会进一步支持建筑使用后评价，提高设计反馈的准确性。

1.3.5　风景园林学科的教学拓展

1. 与建筑学的区别

相对于传统建筑学，风景园林学同样研究环境行为，在研究范围、对象等方面存在一定的区别：

（1）研究范围广，环境尺度变化多样

风景园林学涉及的空间范围更加广泛，包含了建成环境与风景环境，尺度大、跨度也大。风景园林学的研究对象以外部空间为主，从小尺度庭园、中尺度的城市广场、城市公园，到大尺度的风景区、国家公园等。人们在这样的环境中的行为更加丰富，面临的人与环境之间的问题更加多样。

（2）内外空间结合，以外部环境空间为主

与建筑学科相比，风景园林学主要通过户外空间的营造协调人与环境之间的关系。风景园林学科也有建筑内部的空间组织问题，比如景观环境中的风景建筑。但研究对象主要是外部空间环境，以及内外空间环境和谐统一等问题。人—建筑—环境在此成为一个整体，空间环境中的行为梳理更为连贯。

（3）对环境作用上，交互作用更为直接

在建筑学范围内，不同的建筑类型对建筑功能均有较强的制约，功能性空间占据主导地位。景观环境中的功能性相比建筑领域要弱很多，在景观环境中，人们的行为具有更高的自主性，行为与环境之间的互动更加直接，影响也更加明显。

不过，相关行业内针对建筑学的环境行为学领域研究起步较早，多数已初步形成完整的理论体系。近年来随着全球范围内环境问题日益频发，对生态保护和环境设计的关注才逐渐受到重视，但针对风景园林学科的研究直到近几年才逐渐开展，其研究方法和理论框架有待进一步补充完善。

2. 研究的空间范围

如果说建筑学关注的空间类型为建筑内外空间的话，风景园林学科针对的研究范围要更加宽泛，几乎包含了所有能产生行为的空间。由于景观环境中有些特定类型的建筑，如展陈建筑、服务建筑、亭廊建筑等，因此，同样存在建筑内部空间的问题。

环境行为学研究的空间范围分类，表面上是环境空间分类问题，本质上还是人的行为与环境之间关系的问题。本文试着从场所类型与常规设计范围结合的角度分类：

（1）开放性的场地环境

这类场所通常会有大规模人流聚集，以风景环境、建成环境中的景区、公园、绿地、广场等开放空间为主，使用人群类型丰富（图1-20）。

（2）封闭与半封闭性公共环境

这类场所通常人群类别相对单一，行为类型也容易找到规律，是采用封闭与半封闭的办法管理的空间环境，如居住区、大学校园、园区、办公庭院等（图1-21）。

（3）流动性强的场所环境

这类环境通常空间呈有节奏的带状分布，流动性强，人们在此既有交通的需要，也有景观的需求，如街道空间、滨水景观带、水上环境等（图1-22）。这也是近年来城市建设的重点方向之一，因为这一类空间直接影响到城市外部空间的整体效能和城市形象。

（4）以景观特色为主的场所环境

实际上这个分类有些模糊，但确实是一个特殊的类型。比如历史遗存型场所空间、季节性强的植物观赏场所、为市民熟知的特殊场所、城市森林、特殊人群常去的场所、主题性场所等（图1-23）。

图1-20 开放性的场地环境示意（左）
图1-21 封闭与半封闭性公共环境示意（中）
图1-22 流动性强的场所环境示意（右）

（5）与景观环境中的建筑相关的场所

景观环境中的建筑，有些类似城市建筑具有明确的功能，有些却具有传统园林建筑开放性的使用特色（图1-24）。这类场所发生的行为与环境之间的关联性极高，还具有地域特色及文化特色。

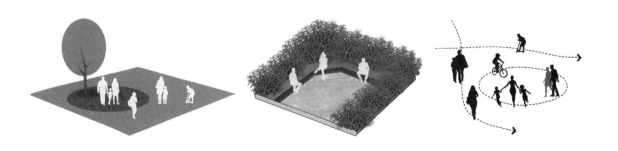

图 1-23 以景观特色为主的场所环境示意（左）
图 1-24 与景观环境中的建筑相关的场所示意（右）

3. 结合环境行为学的设计教学

风景园林课程设计教学是在长期的教学实践中发展起来的，有成熟的理论和方法的支撑体系。在长期的教学中，也凸显了一些体系性的教学空白。环境行为学的相关理论能够对课程设计起到基础性的支撑作用，能够帮助学生形成更加合理的调研方法和全新思维方式，从而避免以下在课程设计中常见的问题：

（1）重结果、轻过程的思维方式

在当今课程设计教学中，对前期的调研分析的设计在教学过程日益受到重视，不过依然存在前期调研分析与后期成果之间难以搭建桥梁、路径难以打通的现象，其核心问题就在于缺乏理论指导，思维方式没有更新，前期分析流于形式，仅仅走走过程。学习环境行为学有助于引导学生形成更加全面的思维方式，学会从更多的角度研究设计对象，总结并积累设计经验，在发现问题、研究问题和解决问题的过程中，形成成熟的思维方式。

（2）重概念、轻理解的设计策略

在课程设计中，通常概念作为设计的起点以及创造性来源起到重要的引导作用。只是更多时候，一个好的具有创造性的概念并非唾手可得，甚至无从寻觅。也正因如此，许多设计往往照搬概念、不求甚解，对概念背后的思想内涵缺乏深刻的理解。这些直接带来两个可能的结果，一个是在错误的理解上走上崎岖的道路、一个是照搬全收形成一个缺少追求的表面形式。学习环境行为学，有助于通过对人的行为的最基础的理解，找到支撑点，形成务实的设计思想，有助于完善因地制宜、因人而异、因事起意的合理化概念。

（3）重形式、轻理论的设计方法

在课程设计中，形式作为设计基础、美学的一部分，在设计中有着重要的启蒙性作用，很多好的设计就是从一个有趣的形式开始的。但系统完善的理论体系有助于从设计评价的角度帮助形成更加合理和科学的价值观，从而在设计过程中主动地审视、判断形式的生成逻辑及其发展方向。此外，理论思维还能帮助学生看到形式之外的更多要素，如尺度、颜色、样式和材质等，以及场地文化背景、自然条件等其他相关要素，从而做到形式与内容相结合，实现景观效果最优化设计。

（4）重效果、轻体验的空间营造

行为是功能的表象，空间是功能的容器，两者互为表里、相互作用。环境行为学强调关注场地建成前后的空间体验和使用感受，而不是局限于图纸表达的平面形式和追求纯粹的空间造型变化。行为的实现需要空间作为物质载体，同时空间在行为的作用下才拥有场所认同的可能。空间不仅仅是具有形式，空间的体验包括空间所处的位置、空间与空间之间的关联、空间界定的材质选择、空间使用者的需求以及满足程度等，这些才是评价空间质量的标准。

1.3.6 研究领域的发展方向

景观环境行为学的研究始终围绕环境与人两大关注焦点展开。21世纪以来全球生态环境持续恶化，新冠肺炎疫情引发了人们对身心健康的高度关注。历次公共卫生事件的发生都会促进对人居环境的研究与思考。构建安全健康的人居景观环境，满足并提高人们的生理、心理的健康需求，将健康福祉和时代大背景下的生态环境发展相融合，保障人居环境向着健康、生态、友好的方向发展，始终是人居环境高质量发展的核心内容。

围绕两大关注焦点：一方面在当前城市存量空间发展模式下，建成环境中蓝绿空间结构的统筹规划和生态系统提质增效成为新范式，成为城市人居环境高质量发展的关键；另一方面，老年友好城市、青年友好城市、儿童友好城市等相关发展理念的提出也凸显了以人为本的根本遵循。《"健康中国2030"规划纲要》明确提出了"健康老龄化"战略，《中国儿童发展纲要（2021~2030年）》也对儿童友好城市和社区建设提出了具体目标和策略措施。

以自然属性的本源角度，在探求人与环境健康关联的基础上，景观环境涉及对全龄段人群的关怀。景观环境中的行为研究应体现环境的包容性和公平性，以追求环境与人的共同体可持续发展。

第 2 章

景观与景观环境

2.1 景观环境

2.1.1 景观

1. 景观概念缘起

景观是个非常有意思的概念，与人的心理及行为关系紧密。景观在古英语中的词源与风景或景色无关，而与土地、地区或区域有关。从词源变化上看，英文景观（Landscape）有个特殊的词源"Landscipe（12 世纪之前的英语）"，与德国地理学家用的"Landschaft"成为同义词，而在现代英语中的用法又指向荷兰词汇"Landschap"，代表内陆自然风景绘画。这要追溯到 16 世纪中后期到 17 世纪，尼德兰地区特别是其所属的荷兰地区出现了一大批风景画家，形成了写实的风景画派。其后荷兰语"Landschap"[1] 演变成为区别于海景画和肖像画等画种的陆地自然风景画，并作为描述自然景色特别是田园景色的绘画术语引入英语，是指理想的大地景观（图 2-1）。

无论是何种语言含义，大致都和地理形态、区域有关，因此，景观概念的运用最早是在地理学界。索尔（Sauer, 1963）[2] 在 1920 年将地理学定义为"景观形态学"，将景观定义为"一个由自然形式和文化形式的突出结合所构成的区域"。由于传统地理学"未能抓住在景观中存在的或对景观进行体验的根本性的东西"[3]，景观的概念后来又被人文地理学所采纳并修正（Tuan, 1976）[4]。

人文地理学在很大程度上对传统地理学在理解文化景观上的不足作出了回应。科斯格罗夫（Cosgrove, 1984）[5] 认为："在地理学的用法中，景观是一个不严密的和模糊的概念。""现代景观的概念是与从封建到资本主义的土地所有制形式的发展同时发展起来的。由于土地与它的使用者之间的紧密联系被资本主义的发展切断了，因此出现了景观概念。"这句话体现了人文地

图 2-1 景观是什么

---

① 荷兰语的 Landschap 本意是指坐在船的甲板上眺望陆地。

② Sauer, C.O. The morphology of landscape in J. Leighly, Ed., Land and life : a selection from the writings of Carl Ortwin Sauer [M]. university of California Press, Berkeley, 1963 : 321.

③ 史蒂文·布拉萨. 景观美学 [M]. 彭锋, 译. 北京：北京大学出版社, 2008 : 3.

④ Tuan, Y. -F., 1976, Review of The experience of landscape [J]. Jay Appleton, in Professional Geographer, 28（1）: 104-5.

⑤ Cosgrove, D., Social formation and symbolic landscape [M]. Barnes and Noble, Totowa, NJ, 1984 : 13.

理学对景观体验的关注，只是依然不易让人理解。不过，如果换作谢泼德（Shepard，1967）[①]所指出的那样，就容易理解了："人从图画中撤出去转而去打量图画。"当代地理学家的定义进一步突出了观察者对于对象的体验和感受，认为景观是指某一特定区域能够带给观察者较强的视觉感知、视觉印象的地理实体（Daniel，2001[②]；Fry，2009[③]；Palmer et al，2001[④]；Tveit，2006[⑤]）。

在强调观察者的感知体验的基础上，景观的内涵不断丰富。2000 年《欧洲景观公约》（The European landscape convertion，简称 ELC）给出了这样的定义，"（景观是）人们感知到的，以自然因素和（或）人为因素作用及相互作用结果为特征的场所"（Ode et al，2008）[⑥]。

2. 内涵的丰富

当前对"景观"的研究来自风景园林学（Landscape architecture）、地理学、生态学、美学、文化遗产等多个学科视角，也各自有不同的侧重和表述。越来越多的学者指出，景观不仅包括可被视觉识别的自然要素和人工要素，还包括非视觉的生态功能、历史文化价值、娱乐功能，以及嗅觉、味觉等（Panagopou-los，2009）[⑦]。

在国内外学科交融发展的今天，景观在中文语境中的含义与"Landscape"也没有太大的差异。景观在汉语中的意思指某地区或某种类型的自然景色，也指人工创造的景色，接近的词汇有"风景""景物""景象""景色""景致"等，只是在中国传统文化中，"风景"是更常用的词汇。"风景"最早出现在陶渊明（约 365—427 年）诗歌《和郭主簿二首（其二）》中，"露凝无游氛，天高风景澈"。这种对山水的偏好结合道家天人合一的思想、寄情山水的意境，产生了"山水风景"的概念，成为中国景观意识的渊源，体现在三位一体的"山水诗、山水画、山水园"之中。景观意识在现代文学作品中也有表现，体现了贯穿审美历史的山水情结：

---

① Shepard，P.，Man in the landscape : a historic view of the esthetics of nature [M]. Knopf，New York，1967 : 124.

② Daniel T C. Whither scenic beauty? Visual landscape quality assessment in the 21st century [J]. Landscape and Ur-ban Planning，54（1-4）: 267-281.

③ Fry G，Tveit M S，Ode Å，et al. The ecology of visual landscapes : Exploring the conceptual common ground of visual and ecological landscape indicators [J]. Ecological Indicators. 9（5）: 933-947.

④ Palmer J F，Hoffman R E. Rating reliability and representation validity in scenic landscape assessments[J]. Landscape and Urban Planning，54（1-4）: 149-161.

⑤ Tveit M，Ode Å，Fry G. Key concepts in a framework for analysing visual landscape character[J]. Landscape Research，31（3）: 229-255.

⑥ Ode Å，Tveit M S，Fry G. Capturing landscape visual character using indicators : Touching base with landscape aesthetic theory[J]. Landscape Research，33（1）: 89-117.

⑦ Panagopoulos T. Linking forestry，sustainability and aesthetics[J]. Ecological Economics，68（10）: 2485-2489.

灵隐也去了。四十多年前头一回到灵隐就觉得那里可爱，以后每到一回杭州总得去灵隐，一直保持着对那里的好感。

一进山门就望见对面的飞来峰，走到峰下向右拐弯，通过春淙亭，佳境就在眼前展开。左边是飞来峰的侧面，不说那些就山石雕成的佛像，就连那山石的凹凸、俯仰、向背，也似乎全是名手雕出来的。石缝里长出些高高矮矮的树木，苍翠、茂密、姿态不一，又给山石添上点缀。

沿峰脚是一道泉流，从西往东，水大时候急急忙忙，水小时候从从容容，泉声就有宏细疾徐的分别。道跟泉流平行。道左边先是壑雷亭，后是冷泉亭，在亭子里坐，抬头可以看飞来峰，低头可以看冷泉。道右边是灵隐寺的围墙，淡黄颜色。道上多的是大树，又大又高，说"参天"当然嫌夸张，可真做到了"荫天蔽日"。

暑天到那里，不用说，顿觉清凉，就是旁的时候去，也会感觉"身在画图中"，自己跟周围的环境融和一气，挺心旷神怡的。（叶圣陶，游了三个湖）

细细想来，若论水，西湖不及太湖，不及洱海；若论山，双峰不及雁荡，更不及黄山。为什么西湖的声名特高，吸引着特多的游人？是因为湖山掩映，相得益彰么？是因为阴晴明晦，湖山的变化四时无穷么？

后来游灵隐，我才想通了这个问题。这里峰峦挺秀，树木参天，流水潺媛，正是"泉声咽危石，日色冷青松"。山名飞峰（图 2-2），下有许多石洞，最大的曰"龙弘"其中倒悬着许多冰柱一般的石钟乳。石壁上有千年以来历代的石刻佛像，其中不少艺术珍品。在洞的深处，有自然形成的裂隙，仰首窥视，可以看见一线苍天，所以名曰"一线天"。这么清幽的地方，谁见了能不惊叹！（于敏，西湖即景）

两大文学家都去了灵隐这样的山水环境，叶圣陶感觉"身在画图中"，观山、听水，体会清凉快感；于敏则更加关注具有历史文化价值的"千年以来历代的石刻佛像"形成的清幽之处，"一线天"之名更是有感而发之后的历史文化积淀。这体现了不同时代的文人视角。

景观就是来自于这样的观景过程，景观在作为认知的客体存在的同时，还有一个作为认知主体的人的存在，这使得景观的概念具有了主客二分色彩，是认知的主体和客体的统一，即作为认知主体的人与作为客体的物质对象的统一。

现代哲学的主要发展就是反对二元分立，强调心物结合，要求将两者之间的联系看作是一个统一不可分割的过程。而景观正是心物合一的产物，

图 2-2　灵隐飞来峰石刻

心物之间相互依存，对人自身的研究和变化会影响景观的存在方式。从本体论看待景观中的人，是具有时间性的，同样一个人在不同的时间段，由于认知水平的不同，看待景观的角度也不同。所以，只有和人发生关系，研究人的行为与心理，才能构成整体的景观。

2.1.2　景观环境

1. 景观与环境

我们谈论景观对象，总是包含了其所拥有的背景环境。因此，"景观环境"的说法，在风景园林学内是个很常见的词汇，"景观"与"环境"总是连在一起的，"景观环境"已经成为表达风景园林学科研究范围的常用指向性词汇。

在地理学上，"景观"与"环境"曾经有过争议。我们需要依赖某种规则去区分环境与景观，或者说是景观环境。

一些地理学家和美学家更喜欢用环境一词来替代景观一词，斯帕肖特（Sparshott，1972）[①]认为环境是一个更可取的术语，因为"从环境上考虑某种东西，主要是就'自我对背景的位置'的关系来考虑它，而不是就'主体对客体'或者'旅游者对风景'的关系来考虑它"。但玛西亚（Macia，1979）[②]在谈到环境与景观之间的关系和区别时指出："直到人们感知它（环境），环境才成为景观。"

阿普尔顿（Appleton，1980）[③]持有同样的观点，并强调了视觉感知："它是被'感知的环境'，尤其是视觉上的感知。"这一点和风景园林学科的观点接近。

博特斯（Porteous，1982）[④]进一步指出，需要扩大景观的观念，使之包括环境经验中的听觉、嗅觉和触觉方面，而不仅仅是视觉。这样的观点应当说吸收了环境心理学的相关成果，使得景观及景观环境的定义更加全面。在我国传统园林中，无锡寄畅园中的八音涧就是景观环境中声景观与视觉景观相结合的典型代表，因引惠山泉水，水声淙淙，如金、石、丝、竹、匏、土、革、木八音悦耳，故以"八音涧"名之。八音涧原名悬淙，是黄石垒砌的石涧，民国初年翻修时更名为八音涧。

---

①　Sparshott，F.E.，Figuring the ground：notes on some theoretical problems of the aesthetic environment[J]. Journal of Aesthetic Education，6（3）：11-23.

②　Macia，A. Visual perception of landscape：sex and personality defferences[J]. G.H. Elsner and R.C. Smardon，eds.，Proceedings of Our National Landscape：a conference on applied techniques for analysis and management of the visual resource，USDA Forest Service Technical Report PSW-35，Pacific Southwest Forest and Range experiment Station，Berkeley，Ca. 1979：279.

③　Appleton，J. Landscape in the arts and the sciences[M]. University of Hull，Uk，1980：14.

④　Porteous，J.D. Urban environmental aesthetics, in B. Sadler and A. Carlson, eds., Environmental aesthetics: essays in interpretation[M]. Western Geographical Series Vol. 20, Department of Geography, University of Victoria, Victoria, BC.

图 2-3　多伦多桥下公园

　　美国学者布拉萨（Bourassa, 1991）[①] 则进一步从感知的角度辨析了环境与景观在感知上的意义，并指出了景观的范围及其类型："在景观暗含着感知的程度上来说,它是一个比环境更适合我们的目的的词汇。环境的概念太宽泛了,因为它包括了不被感知甚或没有必要感知的东西。……城市景观、街道景观和类似的术语,指的是景观的特殊种类。"

　　布拉萨指出的"不被感知甚或没有必要感知"的观点,凸显了人们在感知、体验景观对象时的主动性。在加拿大多伦多桥下空间改造项目中,这里曾经一直是多伦多市中心一段高速高架桥下的城市灰色地带,是属于"不被感知或者没有必要感知"的环境。改造前的场地因为普通民众的视而不见而充斥着违章停车的现象与非法活动,潜在的安全隐患让场地越来越被片区边缘化。2016 年,PFS Studio 设计团队通过塑造开放的公共活动场地,包括篮球、滑板等街头常见活动在内,激发了公园潜在空间的活力,曾经无人关注的荒废土地如今成为活力十足的公共空间,为周边市民的休闲娱乐和社会交往提供了空间,也就此成为一道亮丽的城市景观（图 2-3）。

　　这个案例说明人对景观的感知具有自主性,而景观之所以能成为景观,就需要加强景观对象能够被人们感知的可能性,这时候,设计的作用就凸显出来。

　　2. 被设计的环境

　　景观环境的概念比较特殊,柏林特（Arnold Berleant, 1997）[②] 认为景观环境是有生命力的："景观环境是一个独特的环境,既包含了构成环境的要素,更强调人类要作为知觉个体参与到环境中去。这个区别可以表述为:景观是一个有生命的环境……环境体验则是通过建造园林、公园、小路和露营地,为景区建造优美的景观来完成的。""景观体验也会通过不同的方式侵犯我们:破坏某一场所的特性,破坏建筑的和谐,制造出噪声和难闻的气味,让我们的生活环境变得不适于居住。"这种不好的景观体验会持续伤害景观的整体。这与詹姆士·威尔逊（James Q. Wilson）及乔治·凯林（George L. Kelling）提出的"破

　　① 史蒂文·布拉萨. 景观美学 [M]. 彭锋,译. 北京:北京大学出版社,2008:12.
　　② 阿诺德·伯林特. 生活在景观中:走向一种环境美学 [M]. 湖南:湖南科学技术出版社,2006:10-11.

窗理论"① 具有类似的内在驱动原理。

正如柏林特（Arnold Berleant）所言，景观环境的体验有好的一面，也有不好的一面。我们要减少不好的景观体验，才能持续改善整体的景观环境。视觉感知只是基础，融入其中的包含着听觉、嗅觉等多方面全身心的知觉体验，并将这种体验与我们的态度、观念结合起来，才是全方位的定义。

从多学科交叉的角度去看待景观环境概念的内涵及其外延的发展过程，能够发现大多是关于景观环境是什么以及人们如何感知景观环境的讨论。但如何定义景观环境的属性及其类型，"一直以来都有着悠久的传统，特别是在风景园林（Landscape architecture）学科中尤为突出"，景观环境可以看作是"被设计的环境"②。这样的景观可以称为"设计者的景观"。经过设计的景观，能够加强人们需要的景观体验，从而提高景观品质，改善景观环境。纽约高线公园改造项目（图 2-4）的改造对象，原来是 1930 年修建的一条连接肉类加工区和三十四街的哈德逊港口的铁路货运专用线，后面临拆迁。在纽约 FHL 组织的大力倡议下，通过巧妙而精心的设计终于存活了下来，并建成了独具特色的线型空中花园走廊，为纽约赢得了巨大的社会经济效益，这就是典型的经过设计的"被设计的环境"，改造对象原本就存在，但不能算作是景观。经过设计后，该环境也就此成为景观环境，并成为国际设计和旧物重建的典范。

实际上这样理解"被设计的环境"是片面的，在生活中，存在着不少由于人们不经意的日常生活中的交互作用而成为景观的案例。不过，本书的目的恰恰也是针对这样的可以设计的景观，目的是在风景园林学科内辅助景观设计的全过程，以使得设计过程及其结果更加科学，更加符合人类的需要，更人性化。

景观可以被设计，就更容易深入探讨人的行为对景观环境多层面的影响，景观环境及其中人的活动行为的相关性，就得以更好地呈现出来。杰弗里（Geffrey）与苏珊·杰尼克（Susan Jellicoe）在其经典著作《人之景观：从史前到当代的环境塑造》（The landscape of man：shaping the environment from

图 2-4 高线公园

---

① 美国斯坦福大学心理学家菲利普·津巴多（Philip Zimbardo）于 1969 年进行了一项实验，他把一辆车停在加州帕洛阿尔托的中产阶级社区，一个星期也无人理睬。后来，辛巴杜用锤子把那辆车的玻璃敲了个大洞。结果呢，仅仅过了几个小时，它就不见了。而他同时将另一辆车车牌摘掉，把顶棚打开，并且停在相对杂乱的纽约布朗克斯区，结果当天就被偷走了。

② 艾伦·卡尔松.自然与景观 [M].陈李波，译.湖南：湖南科学技术出版社，2006：56.

prehistory to the present day）中，"……对过去以及现在那些被设计的景观进行一个概括性的论述，包括所有的环境类型，从花园到城市和区域景观"。[①] 事实上，我们周边生活的环境与我们之间没有明显的分界线，以景观的视角看待我们的周边环境，景观环境大致可以分为建成环境和风景环境，风景环境又包括自然风景环境和人工风景环境。

美国设计师协会（American Society of Landscape architects，简写为ASLA）对景观设计范围是这样定义的：景观设计包括自然及建成环境的分析、规划、设计、管理和维护。

综上，景观环境是能够被人们以知觉系统感知的环境对象，具有一定的形态或生态特征，具有一定社会文化内涵及审美价值的景物，并能够引发人的情感、联想、移情等心理反应。景观环境能够被设计，目的是在满足人们生活功能、生理健康的基础上，提高人们的生活品质，丰富人的心理体验和精神追求。以风景园林学科的视角看待我们周边的景观，更关注在学科范围内的行为与心理，及其在设计范围内能够起到的作用。风景园林的主要设计范围是城市开放空间，包括公园、广场、街道、庭院及滨水地带等。

2.2　景观感知

2.2.1　景观美学

1. 景观的审美

景观设计者关注景观美学。因为景观一词包含了主体的感受，包含了观与被观的过程和体验，包含了主体的行为与心理，因此，谈到景观就必然涉及审美和美学。汤姆林逊（Tomlinson，1988）[②] 曾指出："在整个西方世界的历史上，园林（景观）设计的精髓表现在对同时期艺术、哲学和美学的理解。"例如，意大利台地式园林（图2-5）承继了古罗马花园的特点，将建筑美学常用的中轴对称、均衡稳定、开合统一、比例协调等古典主义的美学手法用于台地花园的整体布局之中，体现了古典主义的哲学思想。整体布局规则有序，顺地形延展，在台地上按中轴线对称布置几何形的水池和成花纹图案的植坛。重视水的处理，借地形修渠道将山泉水引下，层层下跌，叮咚作响。法国勒诺特式园林设计同样突出轴线，强调对称，注重比例，讲究数学关系，均体现了景观美学与景观设计的密不可分。至于中国传统园林"山水诗、山水画、山水园"三位一体的关系，更体现了这种体系的完整。所以说，景观美学能够引领景观设计

---

① Geffrey and Susan Jellicoe.The landscape of man : shaping the environment from prehistory to the present day [M]. London : Thames and Hudson，1987 : 8.

② 汤姆林逊，汪洋.二十世纪的园林设计：始于艺术 [J]. 中国园林，1988（2）：48-49.

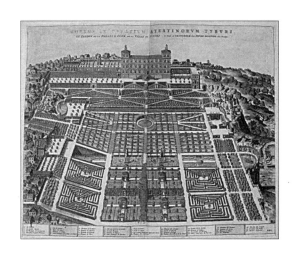

图 2-5　埃斯特庄园鸟瞰图

的方向，景观设计能从同期的艺术、美学中吸收营养。

阿普尔顿（Appleton，1980）强调景观环境是被"感知的环境"，尤其是来自视觉上的感知。最初的视觉感知效果是"如画"，即如画般的景观或风景。更进一步说，景观首先来自审美体验。而只要有审美体验，就有人的存在，"人的作用必须被强调，因为他们的在场和缺席经常是至关重要的"[1]。

人们获得审美体验的过程就是审美过程，景观的审美过程就是人对景观的感知过程。审美过程中的心理阶段包括感知、情感、理解、联想、想象等，整个审美过程是一个连续的、层层深入的过程。景观环境被人们的知觉系统感知的过程，具有感觉上的综合性，即各种感觉相互贯通形成一种共同的知觉——"联觉"，又称"通感"；情感产生于审美的倾向性和趣味性；理解来自审美主体的主观性的理性思维活动；联想则是激发了原有的记忆和经验；想象是旧有的记忆被唤醒并形成新的创造性目标形象（图 2-6）。

在美学界，景观美学又称为环境美学、自然美学。吴家骅认为"景观美学的研究途径有二。第一是研究人对景观的客观反应从而理解人与景观之间的关系；这一途径来源于心理学或者环境心理学。另一途径是重新审视人类景观观念的变迁以期发现人们欣赏和处理景观的原因及方法；这一途径通常以哲学和历史文化为基础"[2]。从这两个途径的技术层面看，第一个途径针对人的本体，

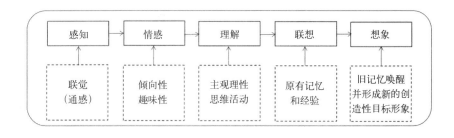

图 2-6　景观审美流程图

---

① 史蒂文·布拉萨.景观美学 [M].彭锋，译.北京：北京大学出版社，2008：23.
② 吴家骅.景观形态学：景观美学比较研究 [M].北京：中国建筑工业出版社，1999：6.

因此心理活动是关键；第二途径扩展到相关文化背景，也因此具有了社会学意义。

2. 审美模式

加拿大学者艾伦·卡尔松对环境审美模式进行了梳理：包括自然环境模式（Natural environment model）、参与模式（Engagement model）、神秘模式（Mystel model）、唤醒模式（Arousal model）等多种欣赏模式[1]。其中，景观模式（Landscape model）是最具有景观意义的审美范式，他将自然环境通化成风景，从特定视点和距离所看到的景色通常是一处盛大的风景，风景画经常对景色如此描绘[2]：包含与色彩和整体构图相关的视觉属性，并且注重整体的画面结构关系。中国古典园林中的框景手法，虽然从景象规模上比西方风景画要小很多，但以小中见大的手法同样运用了整体构图的视觉结构，利用门窗洞、柱间、廊下挂落、乔木枝干等组成边框，将园内景色有选择地收入其中，有如一幅画框嵌就的风景画，因此又有"尺幅窗""无心画"之说。园中众多景物在取舍中组成了风景画面，平淡景物因特殊的审美模式产生了主体突出、构图完整的独特艺术效果。也有基于这种审美意趣，特意完成的"尺幅窗"。如图2-7所示，是苏州艺圃响月廊中的尺幅窗，夹缝中生长的竹子成为画面，背景的白墙仿佛就是陈迹斑驳的宣纸。

图2-7 艺圃响月廊的"尺幅窗"

景观模式在欣赏自然的审美过程中有其重要意义[3]。在西方美术界，画家克洛德·洛兰（Claude Lorrain，1600—1682）曾设计了一个黑色的凸面玻璃，托马斯·韦斯特（Thomas West）在介绍湖泊地区的一本旅游指南（1778年第一版）中这样评述道：

在对象过于逼近或巨大之处，这种琉璃可将它们置于合适的距离，以柔和的自然的色彩且非常规则的透视图来呈现它们，以此吻合我们眼睛的感知，艺术的赋予，或者科学的例证……这个琉璃就是通过极端的赋色还有正确的透视来完成一幅画[4]。

图2-8 洛兰玻璃 Claude Lorrain

这种玻璃透镜被命名为"洛兰玻璃"（图2-8），透过这种玻璃，能够看到取景之后的风景画，同时能够将自然环境分割成单个的场景，特别是风景画模式。这种18世纪"如画性"地欣赏自然风景的模式，直接派生出了景观审美模式。

中国传统的景观美学建立在自然山水环境带来的山水之美的基础上。"山川之美，古来共谈"[5]，山水游赏已经成为具有中国特色的审美方式。这个"游赏"

---

① 艾伦·卡尔松. 自然与景观 [M]. 陈李波，译. 长沙：湖南科学技术出版社，2006：9.

② Yi-Fu Tuan, Topophilia. A study of environmental perception, attitudes, and values[J]. Englewood Cliffs：Prentice Hall，1974：132-133.

③ R.Rces. The scenery cult, changing landscape tastes over three centuries, Landscape[J]. 1975, volume 19.

④ Thomas West. Guide to the lakes 1778. 1974, 34：66-67.

⑤ 陶弘景. 答谢中书书，第46卷.

图 2-9 五代南唐董源
《潇湘图》

的概念，与西方审美方式有很大区别，西方的审美模式是人在画外，以框景的
方式欣赏风景。我国的审美模式是人在画内，融入风景之中游赏。西晋诗人左
思有云："非必丝与竹，山水有清音。何事待啸歌，灌木自悲吟。"[1] 从晋人对
山水之美的发现开始，至唐宋成熟，迄今山水画风行于世。中国山水画自唐朝
以来在美术领域占有极其重要的地位，并且从根本上影响了整个东方的景观艺
术。山水画的艺术观念还为中国园林的设计奠定了哲学基础，"山水诗、山水画、
山水园"三位一体，影响了整个东方的景观设计观念。我们从五代南唐董源的
《潇湘图》（图 2-9）中，可窥其一二。该画以江南的平远山水为题材，描绘出
一片湖光山色、平缓连绵的景象，画面具有强烈的空间感，无形中使人产生代
入视角，融于画中。山水之间渔舟泛水，林森幽静，无限生机，人物动态、构
图前后呼应，画面横向铺成，当我们的视线于画面中游走不定时，就仿佛游赏
于天地之间。

3. 生态美学

景观视觉审美的品质被认为是维护人们心理健康的重要资源，以及保护生
物多样性、文化遗产景观潜力的重要因素。过去几十年中的环境危机引导了人
们对环境生态关注的目光，环境的生态质量逐渐成为景观审美的一个方向，纳
索尔（Nassauer，1997）[2] 认为我们可以充分利用文化在风景美且景观偏好上所
体现出来的必然性，从而将生态健康与某些类似法则的美学传统联系起来，这
对应的就是环境生态美学。

生态美学是将景观的审美价值和生态价值紧密联系在一起。生态美学关注
景观环境对人们心理及生理健康的维护与促进作用，从人与环境相互之间的交
互作用的角度来看，具有更加重要的意义。比如说有多种形式的湿地，包括沼
泽地、湿原、泥炭地或滩涂等。湿地是自然界生物多样性丰富的生态系统，但
曾经人们并没有认识到其生态美学价值，湿地也没有得到很好的保护。1971
年在伊朗的拉姆萨通过的《关于特别是作为水禽栖息地的国际重要湿地公约》

---

① 梁萧统 . 昭明文选纂注评林·第 22 卷 [M]. 杭州：西泠印社出版社，2002.

② Nassauer J.I. ed., Placing Nature：Culture and Landscape Ecology [C]. Washington，DC：
Island Press，1997：65-83.

图 2-10 扎龙自然保护区

（简称《湿地公约》），旨在认证、保护并促进合理使用全球范围内具有重要生态意义的湿地系统。这是在全球范围内对湿地的生态价值的肯定，其生态价值逐渐拓展为生态审美价值，于是，曾经没有美学价值的湿地也成了重要的景观资源。如今，我们都知道湿地在调节气候、涵养水源、蓄洪防旱、控制土壤侵蚀、促淤造陆、净化环境、维持生物多样性和生态平衡等方面均具有十分重要的作用，有"自然之肾"之称[①]。在我国 1976 年开始筹建，1987 年批准的中国首个国家级自然保护区黑龙江扎龙自然保护区（图 2-10）是湿地生态系统类型的自然保护区，也是世界最大的芦苇湿地。2014 年 1 月 13 日，中国把湿地保护工作纳入各级党委、政府的政绩考核，国内湿地的生态价值也被提升到一个很高的地位。

2.2.2 景观意象

1. 什么是意象

审美过程中的心理阶段包括感知、情感、理解、联想、想象等。其中，想象在西方语境中就是"image"，表征外部客体的心理想象的图画或印象，是首先出现在认识论和心理学领域的理论术语。20 世纪 30 年代以来，国内学者朱光潜等曾从美学和诗学的角度来探讨意象问题，提出的意象概念大抵是作为西方"image"一词的移译。

在古汉语中，意象被作为两个词进行释义。"意象"一词是《周易·系辞上》中"立象以尽意"的观点。其中，"意"是一个义域很广的范畴，"意"是"圣人之情见乎辞"，是主体内在的主观意愿，主要指心灵活动的内容或精神。"象"在《周易·系辞下》中是"拟诸其形象，象其物宜，是故谓之象"，是卦象，客观外在的形象。"象"不仅模仿着客观事物或现象，还蕴含着某种意义和情感内容。刘勰的《文心雕龙·神思》是最早将"意"与"象"统一起来的著作，在《文心雕龙·神思》篇中提出："独照之匠，窥意象而运斤；此盖驭文之首术，谋篇之大端。"

---

① Barbier E B, Acreman M C, Knowler D. Economic valuation of wetlands : a guide for policy makers and planners [R]. Switzerland : Rams ar Convention Bureau, Gland, 1997 : 116.

中西文化中两个不同源头的意象概念显示出对审美的心理活动的不同描述，但殊途同归。中文语境下的意象是指心理活动之后在内心的形象升华，而西方的"image"则是在西方心理学语境中，意指心理感知活动之后的想象，想象中有创新意识，也具有升华后的形象意蕴。两者之间的区别，反映了东西方对审美活动过程的不同表达方式，但其本质的差异不大。

2. 意象的表征

此处无意详细辨析中西差别，综上而言，意象是在知觉基础上形成的、表现在心理思维中的一种形象，是当前物体不存在时的一种心理表征。正如亚里士多德提出的："没有心灵意象的相伴，便不可能去思维。"意象性思维是个体对客观事物的感知与过去的记忆、印象的再加工，以此存储信息并成为行为的引导。

景观意象是景观对象或景观环境在个体记忆中的图像或印记，是对记忆、情感、理解、想象的综合加工，是观察者与被观察事物之间双向作用的结果。人们对景观环境的意象承载着我们共同的历史记忆，扩展了我们体验的深度和强度，传承了我们的历史文化与美学体验。

以中国园林叠山的历史演化为例。有说其源于"仁者为山""因善为山"等概念。因"大禹筑山，救民于洪荒猛兽"，于是山的形象逐渐与造福万民的善举相联系，演化为"仁者乐山，知者乐水"的儒家思想①。进而这种因善而美的思想又上升为君子比德于山的高度。因而山之美，就是因善而美，是实用主义的美学精神。传统园林筑山既是自然真山的比拟，又有山水比德、理想栖居之意。园林叠山，从早期秦汉皇家园林的生成期，历经魏晋之转折期、唐宋之发展期，至明清成熟。其根本的景观审美意趣，就是将眼前叠石的物象，与文化传承于文人心中的山的意象相联系，依托景观意象思维，传承"山水比德"的文化意蕴，并再生出入山游赏的景观审美体验。

中国神话传说中神仙居住的三座神山：蓬莱、瀛洲、方丈，因岛上长有食之能长生不老的果实，自古便是秦始皇、汉武帝求仙访药的向往之地。《山海经·海内东经》中就有"蓬莱山在海中"之句；《列子·汤问》亦有"渤海之东有五山焉，一曰岱舆，二曰员峤，三曰方壶，四曰瀛洲，五曰蓬莱"的记载，因此古人常以"蓬莱仙岛"象征神仙居住的极乐仙境。传统园林中"一池三山"的格局与形象就是对"蓬莱仙岛"的意象表征。

3. 内在结构

景观意象代表了一种景观审美的心理活动、一种景观的思维方式，也体现了景观的复杂性、技术性与文化跨度。美国当代风景园林师詹姆斯·科纳（James

---

① 此语出自《论语·雍也》第六，"知者乐水，仁者乐山"。朱熹《论语集注》称"仁者安于义理而厚重不迁，有似于山，故乐山"。又引程颢语，"非体仁知之深者，不能如此形容之"。明确表达了为山之举与儒家的仁义之教之间的直接联系。

Corner）在他编著的《论当代景观建筑学的复兴》中指出："景观和文化意念和意象是不可分割的；认为景观仅是一个风景项目、一个统治性的资源或者一种科学生态系统，都是一种对总体的缩减。仅从视觉、形态、生态或者经济的角度来研究景观，是不可能发现景观复杂的联合关系和内在的社会结构"①。

景观意象有自身的生成背景以及内在的社会文化结构。历史上，由于城市造园的条件所限，传统文人大多以写意叠山的方式，偏重如山水画境的全景式山形构成，但这种"以小见大"的写意叠山的方式在明清之际遭到了以张南垣为代表的匠人的嘲讽，称之"以盈丈之址，五尺之沟"，尤效仿"辄跨数百里"的深山大壑，犹如"市人抟土以欺儿童"。他反对传统以缩减尺度的方式模拟山脉整体走势的方法，强调写意与写实相结合，提出"残山剩水"的叠山理念，采用局部形象与整体山体意象相结合，强调可入可游，从而创造出局部错觉，仿佛园内叠山为园外大山之一角的做法，开创了叠山艺术的新流派。形成所谓"截溪断谷"法，堆筑"曲岸回沙""平岗小坂""陵阜陂陀"等具有艺术联想效果的叠山意象。

应该说，"以小见大"的叠山和张南垣的"截溪断谷"的叠山，在景观意象上是类似或相同的，都是对真实山林的想象与加工，并依托于记忆中的山林体验以及对"山水比德"的文化传承，以获得审美上的精神追求。两者之间的区别，则说明了景观意象的文化意念和内在结构上发生了改变。

中国传统园林在意象上的追求与演绎都是对自然山水的体验之后的取舍与加工，明文震亨在《长物志》中言："一峰则太华千寻，一勺则江湖万里。"就是对自然山水的意象表述。如今重新审视，如果说每一次风景园林的发展传承都是一场重要的文化活动的话，意象也会在每一次文化复兴中悄悄演变。

2.2.3　感知的层次

1. 意象的感知

由于景观的特殊性，对景观对象的感知就是一种审美过程。前文反复提到：审美过程中的心理阶段包括感知、情感、理解、联想、想象等。而意象大致就是想象的升华，或就是想象（Image）本身。

美国心理学家 S·阿瑞提在《创造的秘密》（*Creativity the Magic Synthesis*）一书中提出②："意象仅仅是想象的一种类型，它是产生和体验形象的过程，是一种内心活动的表现、是一种主观的体验、是与外在感官知觉相反的心理过程。意象不是忠实的再现，而是不完全的复现。这种复现可以表达不在场的事物，还能够使人保留住对不在场事物所怀有的感情；意象是创造出非现实的第一个或最初的过程；意象是赋予不在场事物以心理呈现或心理存在的一种方式。"

① 詹姆斯·科纳. 论当代景观建筑学的复兴 [M]. 北京：中国建筑工业出版社，2008：7.
② S·阿瑞提. 创造的秘密 [M]. 钱岗南，译. 沈阳：辽宁人民出版社，1987：48.

从这段话中，我们可以看出两个重要的观点：首先，想象具有创造性，是对唤醒的记忆的再创造过程，因此有着不断深化的层级，意象仅仅是其中一种层级。从感知的过程研究中，我们发现从感知、情感、理解、联想直到想象，之上还有着细微的层次差异。从意象是想象的一种类型的角度看，意象只是一个最初的过程，之后还有其他可以描述的过程。其次，感知发展到意象的这一过程，具有创造性，因此，意象是赋予不在场事物以心理呈现的一种方式。之所以是不在场，是因为这一存在是被创造出来的，因此，我们可以说，感知过程的极致，具有创造性，而这种创造性不止一种层级，可以不断升华。

萨特也曾指出"心理意象的本质特征是对象不在场却有所呈现的某种方式"[①]。他在《影像论》（*L'Imagination*）和《想象心理学》（*The Psychology of Imagination*）两本著作中也分别对意象进行了探讨，提出意象三个方面的性质[②]：第一，意象与构造意象的意识活动是分不开的；第二，意象是作为一个整体展示给直觉的，它不仅能够在瞬间就展示出它是什么，还能够表现出自身的特征；第三，想象性意识的意象对象是被假定为不存在的。

需要指出的是，虽然意象的对象本身具有不在场的特质，但不在场不是不存在。因为意象是被作为主体的人想象出来的对象，就有了在意识中存在的事实。由于是被创造出来的，其被创造出来之前，萨特认为"想象性意识的意象对象是被假定为不存在的"。"在场"与"存在"是非常有意思的哲学思辨，能够帮助我们更好地理解感知的过程与感知的不同层次。我国古代梅兰竹菊"四君子"的意象，正体现了与前文中山的意象完全不同的层次。在古人看来，梅，探波傲雪，高洁志士；兰，深谷幽香，世上贤达；竹，清雅澹泊，谦谦君子；菊，凌霜飘逸，世外隐士。这种梅兰竹菊"四君子"的借物喻人意象中，人从一开始就不在场，是在意象中被创造出来的，但又都存在于意识之中。而且，这里的人并非普通人，而是有着高尚形象的志士、贤达、君子和隐士。

2. 原型意象

前文我们讨论过，因"山水比德"而形成的山水文化及山水意象，从感知的角度上看，就是对山水体验带来的记忆与"山水比德"的文化传承，两者合二为一，形成了某种特殊的感知意象，这个意象在开始的阶段是想象中不存在的，而是被创造出来的心灵投射。从中国传统山水空间而来的景观环境认知，构成了山水文化长期的积淀并在观念中构建了景观想象，并逐渐形成了潜意识层面的心理文化积淀，这样的景观意象具有共识性特征，包括山水形态取象比拟和形态特征，以及感知经验在内，逐渐形成了集体无意识的景观原型意象。荣格提出的集体无意识其实就是一种社会文化积淀，潜藏于人格的最底层，他

① （法）让·保罗·萨特.想象心理学[M].褚朔维，译.北京：光明日报出版社，1988：123.
② （法）让·保罗·萨特.想象心理学[M].褚朔维，译.北京：光明日报出版社，1988：29-35.

认为："艺术创作就是从无意识中激活原型意象，而原型意象以集体无意识为本体，反复出现的原型意象是原型的象征和摹本。"[1]

荣格从客体、历史的积淀以及集体心理经验的角度来研究意象的生成与发展，探索经验与本能、意识与无意识之间的转化关系与转化条件，定义了"原型意象"的概念，包含了广阔社会学意义与历史文化意义。

无论是个人形成的景观意象，还是基于历史传承形成的原型意象，都属于一种心灵映像，存在于人的内心之中。景观设计师就是需要将这种心灵映像投射出去，与客观存在的景观对象相结合，形成物象与意象的统一。德国柏林波茨坦广场在第二次世界大战前曾是繁荣的都市文化及交通中心，是"二战"前柏林最重要的广场之一，在第二次世界大战中遭到严重毁坏，战后作为东柏林和西柏林两条界墙之间的无人地带荒废多年。1990 年两德统一后重新开发，新的开发策略和开发方案是按照希尔默与萨特勒事务所（Hilmer & Sattler）的构思，严格以 1940 年的城市平面（图 2-11）为蓝图重建，并且要与历史上的广场一样具备多元化的功能。新的景观形象（图 2-12）与原有的街区平面的结合，实现了对历史的场所精神的尊重与更新。在这个案例中，原有的街区平面和形成的空间就是一种原型意象，记忆并传承于人们的心中，新的开发方案可以看做是历史传承形成的原型意象的再现，对历史街区的形态和对原有街区活力的记忆，投射并建设成为物象与意象的统一。

3. 结构与层次

古代众多造园大家带着山水意象，将诗情画意融入造园，从自然山水提炼而来的形象意蕴，推动了古代造园的思想与技巧，使得古典园林不仅具有实用功能，而且能够传达出深远微妙、耐人寻味的意趣，也赋予了园中人工山水以充满生气的灵魂。在明清时期，写意山水园日渐成熟，人们追求的山水意境日渐入微，在园中立起数块奇石，便可视若险峻山林，获得游赏山林的意趣。冯纪忠先生曾引用李日华的客体三层次论："身之所容，目之所瞩，意之所游。"他认为人们感知风景的过程，就是在感觉中生成风景的过程，即景色（身之所容）、景象（目之所瞩）、意象（意之所游）。冯纪忠先生还将我国园林发展的

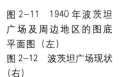

图 2-11 1940 年波茨坦广场及周边地区的图底平面图（左）

图 2-12 波茨坦广场现状（右）

[1] Carl G Jung Jungian. 荣格著作集·第 9 卷 [M]. 北京：国际文化出版公司，1968：384.

图 2-13　苏州博物馆

五个阶段描述为"形、情、理、神、意"①，与审美过程中的心理阶段"感知、情感、理解、联想、想象"相较，竟有异曲同工之妙。

中国传统造园艺术中更加具有代表性的景观感知体验是对景观对象的诗意题名，如西湖十景之"断桥残雪"，通过简洁的命题，将地点、季节、天气、环境甚至声音、气味等融合在一起，既是题名者的景观感知与体验的记录，又是对后来者的感知方式、感知对象、感知时间的提示，形成了潜在的场所精神，具有无意识文化传承的意义。人们甚至都不用身临其境，只需顾名思义，便如入其境。

贝聿铭先生的苏州博物馆（图 2-13）提供了一个新旧结构的意象案例。在这里，拙政园的院墙巧妙地成为博物馆的山水背景，眼前之景将墙后之景在意象中连接在一起，眼前的水面、小桥、竹林、漏窗，无不与拙政园的景观环境构成一个整体结构，物象与意象在内涵上实现了统一，但由于新旧材料的选用，物象与意象巧妙地在外形上实现了分立，这种在视觉与心灵上的双重冲击，也许就是历史与当代文化在意象中构筑的生命与神奇。

这里实际上又引导我们进入了另一个层次的讨论——意境，就是意象之境，意境是意象结构化的整体氛围，是意象层次化的分层表现。简单地说，就是想象的境界，同样是山水意象，但境界会有所不同，层次会有高低，因此意境会有所不同。

2.3　景观环境的价值

2.3.1　用偏好的方式理解景观感知

1. 偏好的方法

我们探讨了景观意象以及意象的类型和层次，不能否认的是即使存在着原型意象的景观感知过程，景观感知及其意象的形成也是因人而异的。人类

---

① 冯纪忠. 人与自然——从比较园林史看建筑发展趋势 [J]. 中国园林，2010，26（11）：25-30.

的感知过程是复杂的，我们感知的景观对象及其呈现出来的内容可以基于先天的反应，也可能是后天习得的。比如城市绿地，这是市民最容易感知的自然元素，最能够满足人们亲近自然的心理需求，因此，许多学者认为人类对于绿色自然具有先天的积极反应。从西方霍华德的田园城市理论，到我国的山水城市、园林城市、公园城市理论，无不反映了绿地在城市建设中的重要性及其扮演的角色。人们喜欢绿色的草地、美丽的花卉，不喜欢草地中可能出现的有害昆虫；在阳光明媚的春天里，人们喜欢躺在草地上享受阳光，但不会喜欢可能会发生的昆虫叮咬，这些虫子包括隐翅虫、螕虫、恙虫、蚂蚁等。这其中，在喜欢与不喜欢之间，就夹杂着先天反应和后天习得之间的判断与偏好。

开普兰夫妇[1]认为人们喜欢他们可以理解的（即容易形成认知地图的）和能够融入其中的景观（即令人着迷的和有更多潜在内容值得进一步探索的景观）[2]。开普兰夫妇研究出一种称为内容识别的方法（图2-14）[3]，通过内容识别的5个步骤，可以知道人们偏好哪一种景观。首先，对景观照片系统化取样，确保类型的多样且需要重复。第二，询问一组（6~12人）参与调查者对每个景观的偏好程度，以及对正在研究的景观中其他问题的态度。第三，进行偏好的统计分析，以揭示偏好测度或模式。第四，对不同参与者的态度进行偏好和程度的分析。最后，在分析的基础上，作出规划设计建议。

用偏好的方法理解景观感知，能够帮助我们理解景观对象及其组成结构。虽然偏好的方法更偏向于研究人们的主观感受，但作为景观环境的主要受众，这一点也无可厚非。针对偏好的研究，同样也可以进一步用于研究各类景观感知的评价，只是当前景观评价的方法是系统评价景观对象，更加偏向于客观地分析与研究。

对偏好的研究可以推导出对风景园林规划设计的具有积极性的建议，进而帮助设计师及决策者判断并创造出更加有益的景观环境。相关研究中一般"视觉偏好""审美偏好"等不同词语均有出现，都可用于指代"景观偏好"[4]。景

图2-14 内容识别方法示意

---

① Kaplan R, Kaplan S. The Experience of Nature[M]. Cambridge：Cambridge University Press，1989B：340.

② 帕特里克·米勒，刘滨谊，唐真. 从视觉偏好研究：一种理解景观感知的方法 [J]. 中国园林，2013，29（5）：22-26.

③ Kaplan S. Concerning the Power of Content-Identifying Methodologies[C]. Daniel T C, Zube E H.（eds.）. Assessment of Amenity Resource Values，U.S.D.A. Forest Service，Rocky Mountain Forest and Range Experiment Station：Fort Collins，Colorado，1979：4-13.

④ Kaplan A, TasKın T, ÖNencç A. Assessing the Visual Quality of Rural and Urban-fringed Landscapes surrounding Livestock Farms[J]. Biosystems Engineering，2006，95（3）：437-448.

观偏好的研究，是能够将个体的心理与生理状态、社会背景因素等综合在一起研究的一种方法，目前被广泛用于地理学、风景园林学等。例如希契莫夫（Hitchmough，2013）[1] 长期结合人的偏好研究自然地被植物设计，提出从生态角度重新定义和定位植物景观种植设计，否则按照传统的设计和管理模式，会在气候变化与可持续做主导的新的发展中越来越边缘化。他还通过调查和访谈了 1411 名英国市民，将种植设计与人的偏好的研究成果反馈到设计当中[2]。

德国心理学家勒温（Lewen，1951）[3] 提出了"人—情境互动论"，他有个著名的公式 B=F(PE)。其中 B(Behavior) 代表人的行为，F 是变量，P(Personality) 和 E(Environment) 的交互作用形成心理场，即情境。人的行为是由人（P）和他的心理生活空间（E）的相互作用决定。他认为人的行为不是随意的，而是受到其个性和所处情境影响的。不同的情境对个体情感的反应以及认知具有不同的影响。这个理论可以看做是偏好研究的基础。需要指出的是，这里的 E 表述的是心理情境。比如说，每年春天樱花盛开的时候，赏樱的人表现出的对樱花的偏好，即使是在没有樱花的季节也不会动摇，因为在人们的心理情境之中，樱花总是盛开的。

洛锡安（Lothian，1999）[4] 将景观美学分为了客观和主观两大方面，他认为既要研究以人的感知作为基础，也要研究景观美学价值的客观属性及其包含的元素。

主观的心理范式：这个层面的认知需要研究使用者的主观感受，景观质量是通过使用者的反馈来进行评定的；通过主观心理学的评估方法评估使用者的主观感受，但评价的方法应当保持客观。偏好的研究，就是以客观的方式研究人的主观感受。如以生物学为基础的阿普尔顿（Appleton，1975）[5] 的瞭望与庇护理论（Prospect and Refuge Theory）认为，人在环境中的愉悦感根植于对景观特征的自发性的感知，不过目前主观感知方面的研究转向了以社会文化为重心的研究，这方面的层次深度类似意象与原型意象之间的区别。

客观的物理范式：景观质量是景观对象本身在物理层面的客观价值；这种价值可以通过景观的应用标准进行客观评估；人们的主观想法能够通过客观的物理表象来进行量化和评估，如开普兰夫妇的内容识别法。

① 詹姆斯·希契莫夫，刘波，杭烨. 城市绿色基础设施中大规模草本植物群落种植设计与管理的生态途径 [J]. 中国园林，2013（3）：16-26.

② Hoyle H，Hitchmough J，Jorgensen A . Attractive，climate-adapted and sustainable? Public perception of non-native planting in the designed urban landscape[J]. Landscape and Urban Planning，2017，164：49-63.

③ Lewin，K. Formalization and progress in psychology [M]. D. Cartwright（Ed.），Field theory in social science. New York：Harper.

④ Lothian，Lothian A. Landscape and the philosophy of aesthetics landscape quality inherent in the landscape or in the eye beholder [J]. Landscape and Urban Planning，1999，31：57-79.

⑤ Appleton，J. The Experience of Landscape. London [M]. Wiley.1996.

2. 影响因素

景观的偏好当然也受到真实物理环境的影响。如同布拉萨所说的那样，景观的概念包含了感知者及其评价并同感知者形成了丰富的意义关联的整体。因此，他强调应立足人文地理学者认为的"存在论上的内在者"的视界，"在这种内在性中，一个地方可以被没有深思熟虑的和自觉的反省但却充满意义地经验。绝大多数人当他们在家里或者在自己居住的城市或地区的时候，当他们熟悉这个地区和它的人民并且他们也被那个地方所熟悉和接受的时候，他们所经历的就是这种内在性"①。

对这种来自内在性的意义的认知，就是对人们偏好的研究。这其实也指出了本地市民和旅游者之间的区别，本地人有着这种内在性，而游客通过充满意义的感知可以去获得这种内在性。在经历这种内在性之前，两者是有区别的，也因此，有研究表明对区域的熟悉程度是不可忽视的影响因素（Junge et al, 2011；Tveit，2009）②，③。

在景观环境中，如果在设计时能够找到某些途径结合使用者的参与性、体验性和交互性，就可能融合这种"内在性"，从而更好地发挥场所的积极性，创造更多的景观使用价值。在苏州山塘老街成为山塘景区的过程中，开发策略的重点是对原建筑尽可能保护，原居民尽可能保留，仅对路面进行了材质替换、修补。这样的策略，原汁原味地保留了山塘老街（图2-15）的空间形态以及人文气息。当游客进入山塘街后，通过与原居民无缝交流的方式，找到融入地方生活之感，达到融合这种"内在性"的目的。在乌镇西栅景区的开发过程中，并没有像山塘街那样将古镇空间形态及原居民全部保留，而是通过大规模的民宿，形成了另一种关于"内在性"的挖掘模式。相对于早期乌镇东栅"观光型"景区的开发模式，乌镇西栅（图2-16）则是一个中国最早的大规模"观光加休闲体验型"江南水乡古镇景区。在开发中，原有古镇环境得以全面保护，同

图2-15 山塘清晨 正在做作业的小朋友（左）
图2-16 乌镇西栅 游客仿佛原住民般生活的休闲方式（右）

① 史蒂文·布拉萨.景观美学 [M].彭峰，译.北京：北京大学出版社，2008：4.
② Junge X, Lindemann-Matthies P, Hunziker M, et al. Aesthetic preferences of non-farmers and farmers for different land-use types and proportions of ecological compensation areas in the Swiss lowlands[J]. Biological Conserva-tion，144（5）：1430-1440.
③ Tveit M S. Indicators of visual scale as predictors of landscape preference：A comparison between groups [J]. Journal of Environmental Management，90（9）：2882-2888.

时仅保留了少量原居民，其中绝大多数原居民作为服务人员完成了角色变更，而游客通过住宿的行为完成角色扮演，真正体验成为"原居民"的感觉，由于大规模的观光人群的控制和消失，游客可以在此安静地体验旧时生活、闲庭信步、坐船出行、听风听雨，从内心深处感知那一份"内在性"的体验。

即使在同样的文化背景下，由于景观的主客二分色彩，决定每一个个体的感受是不一样的。就好比大家都认可的城市公园是一处不错的景观环境，但并不是所有人都喜爱去公园。甚至由于各地区环境条件和文化背景的不同，不同人的认知行为存在差异，大树的遮阴作用也可能被认为是遮挡了阳光[①]。人们的景观偏好受到先天反应与后天习得的双重影响，我们通常谈论的景观，是具有大众审美标准的，具有一定共性的景观。偏好研究的目的正在于此，通过一定的样本采集，找到绝大多数人的偏好规律（图2-17）。

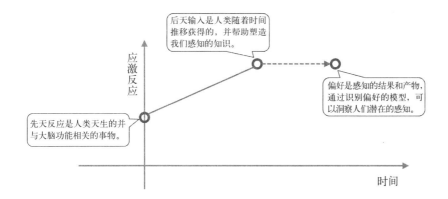

图2-17　人类复杂感知理解示意图

2.3.2　用评价的办法衡量景观价值

1.评价景观

我们所处的环境，能够在美学上愉悦我们自己，才能称之为景观。这种愉悦本身的来由不仅仅是依赖视觉形象，还包含了我们在环境中获得的精神上的满足、愉快的体验，这就是景观的价值。我们用偏好来理解不同的人对景观的感受，理解景观对我们的意义；同时用评价的办法来衡量景观的价值。

在实质层面上，意义是基于我们内心的感受，价值是景观外在的实质，两者是一体两面的不同部分，同时也是相通的。景观价值的大小需要找到合理的方法来评价，而评价的路径或基础就是我们的偏好。当前的景观评价体系涉及了广泛的层面，在不同的学科也有着不同的理解和应用，这其中包括风景园林学、地质学、地形学、土壤学、生态学、考古学、景观历史学、土地利用、建筑学等方面。

①　Fraser E D G, Kenney W A. Cultural Background and Landscape History as Factors Affecting Perceptions of the Urban Forest [J]. Journal of Arboriculture，2000，26，（2）：106-113.

　　昂温（Unwin，1975）[1]总结了景观评价的三个阶段：一是景观测量，景观测量盘点了景观之中存在的主要因素，将这些因素进行定性或定量分析；二是景观价值，将景观各要素进行定量分析其内在价值，各景观要素在视觉景观偏好中所起的作用就可以体现；三是景观评价，在景观价值的基础上根据个体或社会对不同景观类型的偏好来评价视觉景观质量。大约从 20 世纪 60 年代末开始，景观评价的主要发展方向开始更多地采用量化的办法，更加客观地评价景观。

　　从发展轨迹上看，美国农业部林务局 1974 年颁布了《视觉管理系统》（简称 VMS），成为一个重要的历史阶段。这是由美国林务局的景观设计师们首先提出的，针对景观的审美价值，为了说明不断增长而又巨大、复杂的景观设计和管理中的美学问题而建立的。该方法以专家意见为基础，选择的是受过训练的专业人士。景观设计师们要具备必要的知识和技能来认定景观的审美价值，并且要从全体公众的利益出发作出合理判断。VMS 其实主要关心的是视觉质量，提出除了不同等级的多样性之外，陆地还可以按高、中或低敏感度来划分。划分的依据基于如下三个问题：谁看过这块地方，看了多久，从多远的距离看[2]。

　　当前占主要地位的评价方式是基于心理学的"心理—物理"理论的观念和方法[3]。它最初是从 19 世纪 60 年代发展起来的，成为刺激特性如何与知觉反应相关的一种普遍性的理论，被认为是当前风景评价最科学可靠的方法，是一种研究建立环境刺激及人们感知、知觉和判断之间关系的理论。与开普兰夫妇的内容识别法类似，这套方法依然以图片为测试的基本材料，不过辅助以现代视觉、神经系统方面的检测设备，实时采集人们的反应数据并加以分析。

　　心理—物理学评价方法又分成得分值和法、平均法、SBE 法、LCJ 法 4 种。其中美景度评判法（SBE 法）和比较评判法（LCJ 法）被公认为应用最多且有效的方法。美景度评判法（SBE 法）[4]又称为风景美评估方法，是 1976 年由美国环境心理学家丹尼尔（Daniel，T.C.）、博士德（Boster，R.S.）提出的，该方法关注视觉感知，并能够平衡公众偏好的主观性和普遍性。

　　正因为上述的心理—物理评价体系是建立在视觉评估的基础上，因此，当环境危机导致整个人类社会对生态环境日益关注的时候，出现了所谓"审

　　① Unwin K I. The relationship of observer and landscape in landscape evaluation [J]. Transactions of the Institute of British Geographers，1975（66）：130-133.

　　② 保罗·戈比斯特，杭迪. 西方生态美学的进展：从景观感知与评估的视角看 [J]. 学术究，2010（04）：2-14+159.

　　③ Daniel，T.C. Measuring the quality of the natural environment：A psychophysical approach [J]. American Psychologist 45（1990）：633-637.

　　④ Gobster，P.H.，Nassauer，J.I.，Daniel，T.C.，and Fry，G.，The shared landscape：What does aesthetics have to do withecology [J]. Landscape Ecology 22.7（2007）：959-972.

美—生态冲突"①。冲突的实质是因为视觉感知无法判断生态环境的价值，简单地说，我们看着不美的环境却可能由于其具有的生态价值而相应具有了生态美学价值。

对于非视觉性感知维度的景观价值，如依赖听觉和味觉等，以及其他应气候特征带来的变化构成的景观价值，让我们意识到景观的审美价值有时候是无法直接感知的，需要完整认知系统背后的知识与经验的积累。生态环境就具有这样的特点，如某些没有观赏价值的荒地、湿地等，让我们认识到当生态景观的价值日益重要，审美价值与生态价值之间就存在冲突的可能。景观设计师就是要在冲突的矛盾中找到科学、可持续的方法来平衡生态与审美之间的需求。以阿姆斯特丹机场公园建设为例，Buitenschot 大地艺术公园（图 2-18）是一个具有降噪功能的休闲公园，能够降低飞机带来的噪声，同时也为区域提供活动空间与休闲场地。肌理的走向垂直于声波的传播方向，保证最佳的隔音效果。与此同时，流畅的线条以及茂盛生长的植被，勾勒出宏伟的大地肌理，景观细部则由一个个或大或小可用做体育或文化活动场地的空间串联起来，实现审美与生态的最优化组合。

2. 景观价值

除了社会发展的背景外，从研究背景上看，有多个理由使得景观的生态价值得以凸显。首先得益于美国心理学家吉布森（James J. Gibson）提出的生态知觉理论，他认为知觉是一个有机整体过程，人感知到的是环境中有意义的刺激模式，并不是一个个分开的孤立的刺激。这一点能看出早期以视觉审美为基础的景观价值评价是有明显缺陷的。环境提供的物质特征能够向周围需要它的人暗示它的功能意义，也因此，人们自然就会发现环境的生态价值，环境体验并不是指单纯地欣赏外部的风景。例如，在城市环境中，具有自然元素的城市绿地作为一种特定的公共场所，具有社会功能、景观美化功能和心理健康调节功能，使得人们发现了其存在的社会价值、景观价值和生态价值。这方面，国内外有不少研究成果，如通过问卷和访谈的方式了解居民对于城市树木种植、自然开敞空间保留等的态度②；对于绿地

图 2-18 阿姆斯特丹机场公园

① Gobster, P.H., Nassauer, J.I., Daniel, T.C., and Fry, G., The shared landscape: What does aesthetics have to do with ecology [J]. Landscape Ecology 22.7（2007）: 959-972.

② Burgess J, Harrison C M, Limb M. People. Parks and the Urban Green: A Study of Popular Meanings and Value for Open Spaces in the City[J]. Urban Studies, 1988,（25）: 455-473.

景观的偏好与满意度 [①]；通过观察居民行为分析绿地在增强社区凝聚力和认同感方面的作用 [②]；对于绿地服务功能的居民认知度研究等 [③]。

此外，环境行为学、环境心理学在发展的过程中，大量景观设计师的参与使得生态设计元素在景观项目中得到关注，在景观环境设计中的生态需求也同时推动了生态美学的发展。景观设计师和环境心理学家欧文·楚贝（Zube，and Carlozzi，1966 [④]）是最早参与专家景观评估研究的学者，充当了公众偏好研究的先锋 [⑤]，他后来的研究转向以定量的、现象学的方法来理解景观感知和价值 [⑥]。

时代发展到今天，清华大学杨锐教授在"21 世纪需要什么样的风景园林学"的报告会上指出当代风景园林学的发展特征和方向，是从少数人到公众的超越（服务对象），从审美价值到生态价值的超越（价值取向），从美学到科学的超越（方法论），从单一尺度到全尺度的超越（尺度）[⑦]。

事实上，景观的价值是从认知中来，我们的生存环境从自然环境中进化而来，因此我们人类天生就亲近自然，天生就有与自然结合的倾向，因此与自然接触对于我们的健康具有本能的益处 [⑧]，良好的生态环境能够改善我们的心情和感知能力。基于此，存在着满足人的需求进而改善并满足了社会需求的驱动，当代风景园林实践关注对生态环境的保护与修复，也就使得景观具有了社会价值。在这样的实践中，不断被叠加或赋予的人类影响，就是文化。因此，综合而言，从对景观环境的认知到融合人类需求及其影响，凸显了景观环境不仅具有美学价值、生态价值，还具有社会价值和文化价值。

---

① Sanders R A. Estimating Satisfaction Levels for a City's Vegetation [J]. Urban Ecology，1984,（8）：269-283.

② Gobster Paul H. Urban Parks as Green Walls or Green Magnets Interracial Relations in Neighborhood Boundary Parks[J]. Landscape and Urban Planning，1998,（41）：43-55.

③ 陈爽，王丹，王进. 城市绿地服务功能的居民认知度研究 [J]. 人文地理，2010（4）：55-59.

④ Zube，E.H.，and Carlozzi C. Selected Resources of the Island of Nantucket [Z]. Publication 4. Amherst，MA：University of Massachusetts Cooperative Extension Service，1966.

⑤ Zube，E.H.，Study of the visual and cultural environment. North Atlantic Regional Water Resources Study [Z]. Amherst，MA：Research Planning and Design Associates，1970.

⑥ Zube，E. H.，The advance of ecology [J]. Landscape Architecture 76.2（1986）：58-67.

⑦ 杨锐. 风景园林学的机遇与挑战 [J]. 中国园林，2011（5）：18-19.

⑧ Kellert S R，Wilson E O. The Biophilia Hypothesis[M]. Washington，DC：Island Press，1993.

第 3 章

环境知觉与认知

3.1 认知环境的基础

3.1.1 感觉与知觉

1. 感觉是知觉的基础

人对环境的认识活动从感觉开始，感觉由感官收集，将作用于感觉器官的客观事物的不同属性汇集到大脑。人的基本感官获得的感觉包括视觉、听觉、嗅觉、味觉、触觉五感。在认知环境时，一般情况下味觉并不起作用。因此环境知觉的五感为视觉、听觉、嗅觉、触觉、动觉，其中动觉是感知身体运动和位置状态的感觉，与身体所处位置、运动的方向、速度变化等因素有关。此外，还有人提出体觉、平衡觉等。通过感觉不仅能了解外部事物的基本属性，如形状、颜色、大小、材质、气味等，也可以感知身体的内部情况，如饥饿、悲伤、愤怒、愉悦，是将人与外部世界联系在一起并作出判断的直接桥梁。

各种感觉是知觉的基础，但知觉并非各种感觉的简单叠加。知觉除了以感官感知外部世界外，还包含了大脑中的经验和知识，综合在一起形成对外部世界的知觉认知。知觉是在知识经验的参与下完成，这其中还涉及个体的心理特征，如：需要、兴趣、情绪状态等。可以简单理解为感觉是基础，知觉是对感觉的进一步加工和处理。如果把环境中的鸟鸣作为一种听觉刺激，那么感觉就是人听到鸟鸣声，进而能判断出这是鸟鸣而不是其他动物的鸣叫，甚至能判断出是什么鸟，这就进入了知觉的范畴（图3-1）。知觉是在听到的声音基础上结合以往的生活经验，大脑能直接辨别出是哪种鸟类的叫声，因而一定程度上知觉也是机体对刺激作出的本能反应。

图3-1 感觉与知觉的递进关系

感觉和知觉统称为感知，这也是研究中的常用术语。感觉更像是采集数据的传感器，知觉是分析判断的生物电脑。

2. 知觉的模式识别

上述的例子中，从听到鸟叫声到判断是鸟鸣，就是一个典型的知觉过程。在这一过程中，知觉的核心问题在于我们如何赋予信息以意义，即我们如何判断这是鸟鸣的？

通常我们把知觉识别过程分为三个步骤：觉察、辨别和确认。觉察是指感觉到某个信息刺激，但并不知道是什么；辨别是将接收到的信息与大脑中的既有知识与记忆比对，将可能的事物信息经过一一比对后，这时候可能会发现这是一个完全没有习得记忆的信息，也可能会发现这可能符合某一类记忆信息；确认是指在初步判断接受的刺激信息与既有的知识经验比对后，初步判断刺激信息是什么，或可能是什么。

图 3-2 英国康沃尔郡海利根花园 Lowarth Helygen "泥塑女仆"

在知觉识别的过程中，当我们能够直接从刺激信息获得直接判断，这个过程称为直接知觉；如果在知觉识别过程中，需要利用自己的知识经验作出整体属性的判断时，称为间接知觉。不过直接知觉理论过度强调了知觉的刺激驱动性，事实上即使在不可描述的一瞬间产生判断，也必然需要既有的知识和经验，因此，越来越多的心理学家相信只有间接知觉。

当代认知心理学更关注知觉识别过程中的识别模式，而具有规律性的识别模式又被称为模式识别。模式是指由若干元素或成分按一定关系形成的某种刺激结构，即模式是刺激的组合。模式识别，是感觉到的刺激信息与记忆中的相关内容进行比对，进而与记忆中某些知识或经验进行最佳匹配的过程。

模式识别三个步骤：分析、比较、决策。例如我们在英国康沃尔郡海利根花园中看到如图 3-2 所示的场景时，虽然是在起伏的地面上的一些苔藓及青草，但是我们的直觉判断这是一个"人形"物体，经过分析，会发现这是土壤和植物，与我们的既有知识比较，自然能够判断这是一个由土壤和植物构成的"人形"物体，最终决策，我们不会认为这是一个人，而是会正确判断出这是一个"绿雕"。从景观设计的角度看，通过自然材质构建的拟人景观，带来了对知觉判断的信息刺激，增加了识别的趣味性。

模式识别的理论对当今计算机技术的发展具有重要意义。如果能够将人类识别复杂信息的过程成功模式化，就能够赋予计算机强大的识别能力，使得计算机具有部分人的智慧。计算机模式识别技术在 20 世纪 60 年代初迅速发展并成为一门新学科，模式识别与统计学、心理学、语言学、计算机科学、生物学、控制论等都有关系。当前计算机技术已经能够完成文字识别、语音识别、指纹识别和人脸识别等。

3.1.2 注意与捕获

1. 注意与选择性注意

注意是对一定对象的指向和集中，是对可能同时呈现的物理对象或心理对象的一种选择性心理占据，是伴随着感知、记忆、思维、想象等心理过程的一种心理特征。

注意如何发生？或者说观察对象如何引起你的意识转移？杨提斯（Yantis，

1993）① 认为有两个方面的发生机制，即目的指向选择和刺激驱动捕获。目的指向选择（goal directed selection）反映的是你对将要注意的物体作出的选择，是你自己的目的指向功能，即你有意识地选择物体进行观察。刺激驱动捕获（stimulus-driven capture）发生在刺激的特征——环境中的物体自动抓住你的注意时，它不依赖于知觉者当时的目的。一般而言，刺激驱动捕获会胜过目的指向选择②。

换句话说，通常当注意作为心理活动发生时，都具有选择性。正如霍尔·帕什勒（Pashler，1998）③ 认为的那样："在任何时刻，（人们的）注意力只仅仅覆盖了进入感觉系统刺激中的很少一部分。"为了解释这些发现，布罗德本特（Broadbent，1958）④ 提出了注意的过滤器理论（filter theory），指出在任何时候人们能够注意的信息量是有限的。布罗德本特的过滤器理论认为，注意的过滤器功能是进行选择，即哪些内容在加工过程中被较早地接受处理，所谓较早一般是指在材料内容的意义被确认之前⑤。

在关于视觉吸引力的研究中，人们在观察对象时，视觉搜索任务中一般都包含了"凸显"的现象⑥，即某些观测对象或者刺激就好像从背景环境中充满吸引力地跳出来一样，这就是刺激驱动捕获机制，实验心理学家称这种现象为注意捕获（attentional capture）。"注意捕获"一词，意味着刺激在某种程度上自动地吸引了知觉者的注意（Yantis，2000）⑦。

在景观环境中，哪些对象以及如何对人们产生吸引力一直是研究关注的焦点。景观视觉吸引是景观视觉研究的基础，也是景观环境设计研究的基础之一，通过对观测对象的注意力反应的研究，能够发现景观空间对人的吸引对象和吸引程度，从而能够提升、优化景观规划与设计绩效。在这方面，刘滨谊（2014）⑧ 作了大量的研究，提出了12种景观空间视觉吸引要素，分别是空间尺度和距离、实体、边界、色彩、线条、形体、瞬逝自然景象、植被、质地、水体、动态景象、阳光等要素。而重要程度又具有不同的基础差异，在性别基本情况里，山体、阳光、瀑布、摄影取景点、园林建筑构筑物列居前6位；在年龄基本情况

① Yantis S. Stimulus-driven attentional capture[J]. Current Directions in Psychological Science, 1993, 2（5）: 156-161.
② 理查德·格里格，菲利普·津巴多. 心理学与生活 [M], 王垒, 王甦, 译. 北京：人民邮电出版社, 2003: 111.
③ Pashler H E, Sutherland S. The psychology of attention（Vol. 15）[J]. Cambridge, MA, 1998.
④ Broadbent D E. Perception and communication.[J]. Nature, 1958, 182（4649）: 1572-1572.
⑤ Pashler H E, Sutherland S. The psychology of attention（Vol. 15）[J]. Cambridge, MA, 1998:2.
⑥ 凯瑟琳加洛蒂. 认知心理学：认知科学与你的生活 [M]. 吴国宏, 等译. 北京：机械工业出版社, 2015.
⑦ Yantis S. Goal-directed and stimulus-driven determinants of attentional control[J]. Attention and performance, 2000, 18: 73-103.
⑧ 刘滨谊, 范榕. 景观空间视觉吸引要素量化分析 [J]. 南京林业大学学报（自然科学版）, 2014, 38（4）: 149-152.

中，空间尺度及规模、植物、人文诗词、摄影取景点、显著颜色、阳光为前6位；在受教育程度里，阳光、摄影取景点、显著颜色、动物、闪烁物体为视觉吸引的前6位要素；在职业情况方面，空间尺度及规模、摄影取景点、植物、显著颜色、阳光为前6位。结合4种基本情况的平均值、标准差与视觉吸引要素的方差分析结果发现，被测者对变化的空间尺度及规模、显著颜色、摄影取景点、植物、动物、阳光这些要素有较为明显的倾向。

2. 图式理论与图式思维

美国认知心理学家奈瑟尔（Neisser，1976[①]）提出一个赋予注意以完全不同观念的理论，称为图式理论（schema theory）。他认为，我们并不会过滤、遗忘那些不想要的材料，或让这些内容衰减，而是在第一时间里根本没有接收到它们。相关而来的另一个关于注意的心理学理论是非注意盲视，这种现象是说，如果你不加以注意或者注意转移，就会对背景中出现的醒目的意外刺激没有知觉。综上所述，我们可以认为人们由于主动的指向选择或被动的刺激驱动产生注意的心理活动，除此之外，人们不会接受其他对象信息。

图式理论是认知心理学家用以解释理解心理过程的一种理论，最早是由德国哲学家、心理学家康德（Kant）于1781年提出的。一般理解，图式就是一种组织、描述和解释我们的经验的一种结构关系，是对观察对象形成的关于其基本结构的信息框图，是用于连接大脑中的概念和感知对象之间的桥梁。

现代图式理论（Schema Theory）是认知心理学兴起之后，在20世纪70年代中期产生的。目前图式理论在哲学领域、认知领域、心理学领域、社会学领域等被广泛研究与运用。

图式理论的本质是结构性认知，是一种结构性思维方式的心理活动框图，反映的是我们心中的知识、概念和经验的组织方式。例如，当我们观察传统园林环境中的山水环境要素时，在我们心里呈现的是整体的山水格局，而不是独立的山元素和水元素；当我们在公园中寻找可坐的对象时，我们更多地是找具有座椅功能的平面载体，而不是简单地去寻找椅子。即使我们寻找的只是一块可坐的石头，也可能要去选择不同的场所空间，比如可看风景的石头就会被优先选择。这些选择的过程、理解的过程，就是依托于我们大脑中的图式去有目的指向的选择过程。

心中的图式表达出来就是图式思维。图式思维（Graphic Thinking）（图3-3）是美国设计教育家保罗·拉修（Laseau，1980）[②] 创造的设计思维方法。他在《图式思维论》中指出，图式思维主要应用在方案构思阶段。图解思维过程可以看做自我交谈，在交谈中作者与设计草图相互交流。交流过程涉及纸面的速写形象、眼、脑和手。在这一过程中，大脑中的图示结构在表达的过程中，将"图、

---

① Niesser U. Cognition and reality : Principles and implications of cognitive psychology. 1976.
② Laseau P. Graphic Thinking for Architects and Designers. 1980.

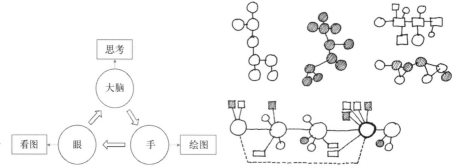

图 3-3　图式思维（左）
图 3-4　图式思维在设计中的应用过程（右）

眼、脑、手"再次构成了二次元结构。他认为图式思维在方案设计阶段能够起6 种作用，即表现、抽象、手法、发现、检验和激励。

　　图式思维依托于绘图表达，但不仅仅是图示、图解，不仅仅是抽象的图像解析以及我们常用的泡泡图，更重要的是提供了一种结构性思维方式（图 3-4）。

3.1.3　记忆与想象

1. 记忆的分类

　　感知是采集外部信息的技术手段，注意是意识选择的过程，外部信息形成某种印记存留于大脑中，就是记忆的开始，记忆参与了每一种认知活动，是人类心智活动的一种，代表一个人对过去活动、感受、经验的印象累积。生活离不开记忆，思维也离不开记忆。从感知开始，到思维、行动，都是以记忆为基础。

　　记忆的形成过程，就是感知的外部信息存储的过程（图 3-5），信息处理主要有三种方式：编码信息，获得信息并加以处理和组合；储存信息，将组合整理过的信息作永久记录；提取信息，将被储存的信息取出，回应一些暗示和事件。整个过程就好像图书馆的书架，将新书编号、上架，并根据相关信息提取。需要指出的是，记忆在大脑中并非是一个简单的存储仓库，该仓库本身还会不断地被加工、优化、重构、升级，这是个动态的过程。因此，常用的记忆提取速度飞快，不常用的记忆沉淀，但并不会消失，有时候会因为一个偶然的刺激而瞬间激发。

　　按照记忆的时间长短，又分为感觉记忆（由感官而来，每一感觉贮存保持的时间均非常短暂）、短时记忆（又称为工作记忆，贮存容量很有限）和长时记忆。当人们进入公园，你下意识地呼吸新鲜空气，眼睛扫过美好的景物，耳边听到鸟鸣，闻到花香，这些让人精神愉悦的瞬间感知，形成了处于无意识状态的记忆，就是由嗅觉、视觉、听觉带来的感觉记忆；当我们注意到一棵漂亮的樱花，或者一丛杜鹃花，由于注意的过程，就形成了短时记忆；在我们的注意力转移之前，也许这时候我们看到几只漂亮的不知名的小鸟从这棵樱花树上惊飞而起，在湛蓝

图 3-5　记忆形成过程

的天空下盘旋，这一幕大自然带来的美景，形成了特殊的情境，于是也就有了成为长时记忆的可能。

图尔文（Tulving，1972）[①] 提出两种具有重要区别的长时间记忆方式：情境记忆和语义记忆。情境记忆（episodic memory）包含了某个特定的地点、时间和相联系的个体经验。语义记忆"是一个心理词库，是一个人拥有的有关字词和其他语言符号、它们的意义和指代物、它们之间的联系，以及有关规则、公式和操纵这些符号、概念和关系的有组织的知识。"图尔文（Tulving，2004）[②] 阐明了这两个记忆系统的关系"情境记忆与语义记忆具有一些相同的特性，但是它也有一些语义记忆所没有的特性。情境记忆是一种近期进化出来的、较晚发展的、较早退化且指向过去的记忆系统。相对于其他记忆系统，它更容易受到神经功能障碍的影响。"

2. 表象与想象

表象（image）是心理学的术语，又称为想象、意象。指当事物不在眼前时，在人们头脑中出现的事物的形象。视觉表象是知觉经验的心理表征。此外还有听觉、嗅觉、触觉以及其他感觉的表象，每一种都可认为是某一种知觉经验的心理表征。这里的视觉表象就是我们前文谈到的意象，或者说是指代。

芬克（Finke，1989）[③] 概括了视觉表象的五条原则，涉及表象五个不同方面的特点：①内隐编码；②知觉等价；③空间等价；④转换等价；⑤结构等价。这几条正体现了表象的价值。内隐编码意思是"心理表象有助于提取有关对象的物理特性或者对象间物理关系的信息，这在之前的任何时候它们都不曾被外显编码"；知觉等价指的是有关视觉表象的构建与对真正物体和事件的知觉间的相似性；空间等价是说"一个心理表象组成部分的空间排列相当于客体或其部分在真实物理表面或真实物理空间内的组织排列"；转换等价指出"表象的转换与物理的转换显示出一致的动力特征，并受同样的运动规则控制"；结构等价表明"就是从结构连贯、组织良好并且能被再组织与再解释的意义上来说，心理表象的结构同真实知觉对象的结构是一致的"。简单地说，视觉表象是内在的，但在知觉、空间、转换、结构等方面均与真实知觉对象等价，这就从心理学层面肯定了表象的价值。

想象是一种特殊的思维形式，是人在头脑里对已储存的表象进行加工改造形成新形象的心理过程。是一种高级的认知活动，同时具有创造的可能。人类有了记忆，结合自身情感体验进而产生想象，它突破时间和空间的束缚，对机体间接起到调节作用，是对记忆的唤醒与再加工。

想象是景观设计的重要基础，在设计过程中，我们需要利用想象将客观物

① Endel Tulving, Wayne Donaldson, Organization of memory[M]. Academic Press, 1972：386.
② Endel Tulving. Episodic memory：from mind to brain[J]. Rev Neurol, 2004, 53（4 Pt 2）：S9.
③ Finke，R. A. Principles of imagery[M]. Cambridge，MA：MIT Press，1989.

图 3-6 京都南禅寺金
地院（左）
图 3-7 京都南禅寺方丈
庭（右）

体与个体产生内在潜移默化地互动和交流。正如通常所说，设计师就需要有丰富的想象力，赋予想象的翅膀，才能设计出理想的景观。

景观世界也是精神世界，是想象的世界。能够让人联想到美好的事物，或是自己渴求的事物，短暂地忘却现实，得到精神上的满足。在日本京都南禅寺金地院位于门口的全景古画上，我们能看到图中方丈庭（图 3-6）是一片水面，而实际上的方丈庭（图 3-7）是用白色砾石形成的地面，这就是知名的日本枯山水景观。砾石上的纹路象征着水波纹，草地相当于海岛，石头相当于石山。这里是寺院禅师冥想和坐禅的地方，在他们与自己的内心世界对话过程中，物象就是白色砾石等形成的枯山水，表象或者意象就是心中的水面，想象就是把眼前的物象以及表象提升为一片汪洋中的孤岛，但具体想象中的形象和空间因人而异，这就是不同的意境。

3.1.4 情绪与激发

1. 情感与情绪

《心理学大辞典》中情感的定义是"人对客观事物是否满足自己的需要而产生的态度体验"。情感是态度的一部分，它与态度中的内向感受、意向具有协调一致性，是态度在生理上的一种较复杂而又稳定的生理评价和体验。生活中情感主要包括道德感和价值感两个方面，具体表现为爱情、幸福、仇恨、厌恶、美感等。一般心理学认为情绪和情感都是人对客观事物所持的态度体验，只是情绪更倾向于个体基本需求欲望上的态度体验，而情感则更倾向于社会需求欲望上的态度体验。

艾森克认为情感（affect）包含了情绪（emotion）的含义，表示各种不同的内心体验，如情绪（emotion）、心境（mood）和偏好（preference）等。相比而言，"情绪"这一概念的含义虽然也可以很广泛，但它往往用来形容非常短暂但强烈的体验。"心境"或"状态"（state）用来描述强度低但更持久的体验[①]。

2. 情绪体验

人与周边环境接触，进而产生情绪，情绪是人对环境的最初反应，心理学

---

① 艾森克, 基恩. 认知心理学 [M]. 高定国, 何凌南, 等译. 5 版. 上海: 华东师范大学出版社, 2009: 662.

上将这种行为或现象称为情绪体验。情绪体验是自然或人为环境知觉的基本组成 [1]。帕金森（Parkinson，1999）[2] 认为，有四个独立因素决定情绪体验：①对外部刺激或情境的评价：一般认为这是最重要的影响因素；②身体反应（如唤起水平）：根据 James-Lange 理论，我们的情绪体验取决于我们知觉到的身体征兆。③面部表情：面部表情是重要影响因素。④行动倾向：例如，我们准备做出威胁性举动时会伴随着愤怒，而准备退缩时会伴随着害怕。总体而言，对情境的认知评价会影响身体反应、面部表情和行动倾向，并且还能直接影响情绪体验。认知因素（尤其是评价）总是决定情绪体验的关键所在。或者说，是认知评价激发了人们的情绪体验。

由莫拉比安和罗素（Mehrabian，Russell，1974）[3] 提出的 M-R 环境心理模型强调面对外部刺激个体产生的情绪反应，可以分为三个维度：愉悦、激励和控制。三种不同情绪的组合会带来不同的行为结果。阿普尔顿（Appleton，1975）[4] 的瞭望与庇护理论（Prospect and Refuge Theory）认为，人和动物具有类似地从环境中感受愉悦的本能，人在环境中的愉悦感根植于对景观特征的自发性的感知，愉悦也因此成为景观环境中游客体验过程中情绪感知的重要因子。

在芝加哥的千禧公园，由英国艺术家阿尼什（Anish）设计的云门（图 3-8），采用镜面不锈钢构成的巨大表面，能够"映射出一个诗意的城市"。巨大的自由曲面对天空和人们的扭曲映射，为人们带来了新奇的愉悦感。由于体型非常像一颗巨大的银色豆子，当地人更喜欢称它为"银豆"，从这个"昵称"中，我们也能发现潜藏在市民心中的愉悦情绪。事实上，采用这样的手法的案例并不少见，比如在法国马赛福斯特（Norman Foster）设计的港口亭（Vieux Port Pavilion）。

3. 激发与唤醒

这里我们使用了激发这个词，激发是指人对环境刺激产生了认知评价，进而产生情绪体验，这种体验引起了人们在心理层面与周围环境之间的相互作用，情绪的强烈程度决定了这种交互作用产生的强度

图 3-8　芝加哥千禧公园云门

① Ittelson H W, Proshansky H M, Rivlin L G, et al. An Introduction to Environmental Psychology [M]. New York：Holt, Rinehart and Winston, Inc. U. S. A, 1974：102-125.

② Parkinson B, Totterdell P. Classifying Affect-regulation Strategies [J]. Cognition & Emotion, 1999, 13（3）：277-303.

③ Mehrabian, A., Russell J.A. An approach to Environmental Psychology [M]. Cambridge, MA：MIT Press, 1974：65-77.

④ Appleton J. The experience of landscape[J]. Journal of Aesthetics & Art Criticism, 1975, 34（3）：367.

```
情绪激发 ──表现──→ ┌─────────┐ ──科研设备捕捉──→ ┌──────────┐
                    │ 肌肉颤动 │                  │ 景观体验  │
                    │ 心跳加快 │                  │ 感受调研  │
                    │ 瞳孔变大 │                  └──────────┘
                    └─────────┘
    ↑                                                    │
    │影响        ┌──────────┐          反馈               │
    └───────────│ 景观设计  │←─────────────────────────────┘
                └──────────┘
```

图 3-9 情绪激发在景观调研中的应用

与反应，进而形成大脑指令，完成身体反应、面部表情以及个体行为。情绪激发是由一系列情绪作用产生的生理反应，当情绪到达一定程度人体便会产生肌肉颤动、心跳加快、瞳孔变大等生理变化，这些微弱的变化可以通过当代的科研设备进行捕捉，并且已经被广泛运用于风景园林领域的使用者对景观体验感受的调查研究中（图3-9）。例如通过测量人体的心跳变化规律和瞳孔收缩范围，可以了解景观中不同场景对被观察对象的吸引程度，同时也可以作用于景观美学的评价测量标准，被广泛运用到各个领域内。

周围环境的性质是个人与环境关系中最重要的部分，因为它是决定与场所相联系的情绪体验与记忆的主要因素。景观环境的特殊性在于它总能激发人们的情绪，绝大多数情况下能为人们带来愉悦感。在某些特殊的情况下，景观体验也会激发体验者的其他情绪，如加拿大的冰川走廊（图3-10）的玻璃桥、美国拉斯维加斯的玻璃桥，以及我国张家界的玻璃桥，就是利用刺激人们的情绪带来的一种特殊体验，对绝大多数人来说，刺激过后是愉悦、兴奋，对少数恐高症患者来说，就是害怕、恐惧、崩溃。

基于刺激的相关研究还包括对刺激的程度以及人们的适应水平的研究，还有人们的情绪如何被激发以及被什么激发的理论研究。如环境负荷理论、适应水平理论、唤醒理论、应激理论等。因为唤醒是应激的一个必然反应，因此上述理论都有相关之处。

当前唤醒理论主要在研究唤醒水平、唤醒绩效、唤醒模型等，甚至认为唤醒是评估环境的维度之一（Russell & Snodgrass，1987）[①]。从人们心理活动的角度看，唤醒应该属于另一个层面的激发，激发的是体验者已经具有的体验记忆，并让这些记忆与新的体验产生共鸣。

图 3-10 冰川走廊-加拿大杰士伯国家公园

在德国柏林距离布兰登堡门不远处的欧洲被害犹太人纪念碑（图3-11），没有使用通常的纪念碑设计手法，而是在近20000m²的场地上，以网格图形

① Russell J A, Snodgrass J. Emotion and the environment[J]. Handbook of environmental psychology，1987，1（1）：245-280.

图 3-11 欧洲被害犹太人纪念碑．柏林

排列放置了 2711 块混凝土碑柱（块）。碑柱之间采用起伏的狭窄间距设计，使得游客只能零散地漫步在碑林之间，甚至从地面直接走到地下。夹缝中加剧的寒冷空气形成了肃穆的氛围，激发起游客对当年犹太人所受苦难的联想与回忆。

3.1.5 意识与思维

1. 意识与无意识

意识被认为是人类进化的产物。二元论提出，客观世界有两种最基本的不同实体：物质（脑）和非物质（心理）。与之相对，一元论（同一性理论）认为只存在一个实体，脑语言和心理语言是描述同一领域的两种不同语言系统，心理活动和意识是脑的突出属性。关于意识的最有影响的理论之一源自荷兰著名哲学家斯宾若沙（Baruch Spinoza，1632—1677），他认为心理和身体只是一个单一基础实体的两个不同方面："心理和身体是一体的并且是相同的物体……我们身体中活动性或被动性状态的顺序在本质上与心理上活动性或被动性状态的顺序是同步的。"威尔曼斯（Velmans，2000）[①] 发展了上述范式。根据他的双面论，意识和大脑活动的特征是一个过程但具有两个方面。

《牛津心理学词典》把意识定义为"人类清醒状态时的正常心理状态。在这种状态下，人们可以有知觉、思维、感情、对外部世界的觉察以及自我觉察的体验"。因为有意识，这使得我们人类能够主动有效地去适应环境。当处于有意识状态时，也就有了知觉内容。相反，当知觉内容不出现时，也就没有意识。我们经常说的植物人，就是处于无意识状态，活着但没有知觉。还有一种类似的无意识现象，就是"熟视无睹"，人们在知觉定式的作用下，受以往知识、经验、习惯的制约，对司空见惯的事物缺乏应有的敏感，于是没有了指向选择，也没有了刺激驱动的注意力，呈现"无意识"的非注意状态。汪国真说过："熟悉的地方没有风景。"同样，熟悉的场景也不能带来刺激，这就是旅游学上常常能够发现的本地人和游客之间的区别，外地人因缺乏内在性难以融入，本地人因为过于熟悉而缺乏刺激。

---

① 艾森克，基恩．认知心理学 [M]．高定国，何凌南，等译．5 版．上海：华东师范大学出版社，2009：641.

通常我们说努力做一件事的时候，行为是受意识控制的，也就是说，我们是有意识地去做某件事。那么是否所有的选择决定都是有意识决定的？事实上并非如此。比如当人们在樱花尚未开放的时候去公园中散步，却突然发现到有一棵樱花树开花了，这时候你去注意这一棵树的行为，几乎就是本能，是不受意识控制的。一旦你主动去看这棵樱花树，意识又重新回来。

意识过程经常影响无意识过程或受到无意识过程的影响。当你无法用你的意识来解释你的某些行为时，你才会认识到无意识行为的存在。为了研究意识的功能，研究者往往要研究意识和无意识之间的关系对行为的影响，目前已经发展出各种方法说明无意识过程可以影响意识行为（Nelson，1996[①]；Westen，1998[②]）[③]。

意识能够对你所觉察和注意的范围进行有选择的限制并存储，换句话说，意识能够影响记忆。据此可以将记忆分为无意识记忆和有意识记忆。按记忆过程还可以进一步分为：无意记忆、无意回忆、有意记忆和有意回忆四种记忆。其中无意记忆通常具有以下四个特征：没有任何记忆的目的、要求；没有做出任何记忆的意志努力；没有采取任何的记忆方法；记忆的自发性，并带有片面性。

2. 思维是认知的核心

意识是"人类清醒状态时的正常心理状态"，意识是知觉的前提，知觉是认知的基础，而思维是认知的核心。前文已经指出，当事物不在眼前时，在人们头脑中会出现的事物的形象，这就是表象，是知觉经验的心理表征。思维就是去处理和把握这样一些表象，是对这些表象信息的操作。我们经常处理的是视觉表象，但还有其他感觉带来的表象。语言的运用是我们处理这些表象的一种方法，其中词语也是一种表象，因为语言同样指向知觉对象。中国传统园林环境中，喜欢置一块石头，在其上题字，也喜欢题匾额，这其实就是激发人们积极的语言思维，进入一种特殊的语境，去体验词语附着的物相背后的知觉表象。

思维是一个宽泛的术语。思维有两种类型，直觉和推理，分别代表了感性和理性思维方式。思维可以有自身的逻辑、推理和决策，进而引导人的行为。思维也可以有顿悟的现象。因此，格式塔学派强调思维的不连续性，认为问题的解决是由一些在性质上互不相同的过程来完成的，并且问题解决有时是由顿悟为结束的潜意识来完成的[④]。

熟视无睹的现象让我们意识到知觉具有定式以至于会让我们忽视眼前的风景，思维也会由于过往的知识与经验，让我们形成习惯性的思维方式，称为惯性思维。在心理学上有一个有趣的鸟笼逻辑效应：

① Nelson T O. Consciousness and metacognition [J]. American psychologist，1996，51（2）：102.

② Westen D. The scientific legacy of Sigmund Freud：Toward a psychodynamically informed psychological science [J]. Psychological Bulletin，1998，124（3）：333-371.

③ 理查德·格里格，菲利普·津巴多. 心理学与生活 [M]. 王垒，王甦，译. 北京：人民邮电出版社，2003：140.

④ 贝斯特. 认知心理学 [M]. 黄希庭，译. 北京：中国轻工业出版社，2000：374.

挂一个漂亮的鸟笼在房间里最显眼的地方，过不了几天，主人一定会作出下面两个选择之一：把鸟笼扔掉，或者买一只鸟回来放在鸟笼里。这就是鸟笼逻辑。过程很简单，设想你是这房间的主人，只要有人走进房间，看到鸟笼，就会忍不住问你："鸟呢？是不是死了？"当你回答："我从来都没有养过鸟。"人们会问："那么，你要一个鸟笼干什么？"最后你不得不在两个选择中二选一，因为这比无休止的解释要容易得多。

有趣的是澳大利亚政府在 2012 年提出了"悉尼市巷道振兴战略"，旨在重新激活悉尼的一些历史巷道，使它们焕发新的生机。其中一个项目是对天使广场及整个街景进行改造，ASPECT 工作室采用了一个公共装置艺术品"被遗忘的歌曲"被放置在天使广场的公共区域（图 3-12），在空中悬浮了大量的鸟笼，在其中放置了鸟鸣模拟器，来模拟鸟的歌声，重现了 Tank Stream 区历史，增强了街道生活的活力。在这个案例中，设计师就是巧妙地利用了人们的思维惯性，恰好也利用了鸟笼作为刺激性媒介，从而成功地激发了人们的怀旧情绪，唤醒了久远的记忆。甚至人们还在这样的环境中举办婚礼（图 3-13），此时这里不再仅仅是一条街道，而是激发了记忆与温情的场所。

图 3-12 新南威尔士州，悉尼，天使广场（左）
图 3-13 天使广场 & 槐树街悉尼巷 鸟笼下的婚礼（右）

3.2 环境知觉的特点

环境知觉是从对环境中的刺激反应开始的，环境知觉的一个重要特征是强调环境的真实性。环境知觉的研究建立了被试者与环境之间的情境联系，对环境刺激的觉察、辨识、适应、持久性，以及解释与评价都属于环境知觉的内容。知觉恒常性和知觉适应性讨论的是知觉不同层面的稳定性。知觉的选择性讨论的是人类认知过程中的局限、能力和策略。

3.2.1 知觉的能力

1. 认知局限

人类的认知能力是有局限的。乔治·米勒（George Miller）[1] 在 1956 年着

---

[1] Miller G A. The magical number seven, plus or minus two：Some limits on our capacity for processing information[J]. Psychological review，1956，63（2）：81-97.

重描述过这一局限性，他测量和检验了正常成人的认知能力①，我们可以不经记数而分辨知觉的不相干事物的数目②。我们可以即刻记住在一列清单上所列的不相干事物的数目③。我们可以完全区分的刺激的数目，一般都在5~9。以此为基础，澳大利亚新南威尔士大学的认知心理学家约翰·斯威勒（John Sweller）于1988年首先提出认知负荷理论。认知负荷理论也将人类的记忆分为工作记忆和长时记忆，认为其中工作记忆的容量有限，一次只能存储5~9条基本信息或信息块。当要求处理信息时，工作记忆一次只能处理2~3条信息，因为存储在其中的元素之间的交互信息也需要工作记忆空间，这就减少了能同时处理的信息数。相对而言，长时记忆的容量几乎是无限的。

2. 知觉选择性

由于人类认知能力的局限性，人在认知客观世界时，总是有选择地把少数事物当成知觉的对象，把其他事物作为知觉的背景，以便能清晰地感知事物。知觉的选择性就是指人根据当前的需要，对外来刺激物有选择地作为知觉对象进行组织加工的过程。而这种选择性，大部分情况下是潜意识的，受环境对象的可识别性支配。

可识别性，在景观规划与设计中，是一个很重要的概念。人容易识别的对象一定具有某种规律性，或者说人在识别物体时会寻找规律，这种规律性使得物体对象具有了容易识别的特征，就是可识别性。例如，当我们在观看王蒙的辋川图卷的山水画面时（图3-14），虽然山势雄浑、水面开阔，但我们的注意力很容易看向画面中在山水环抱之中的建筑物，此时，建筑物成为前景，山水环境成为背景，而在山水之间的建筑物，显然相较于自然环境的大背景，更加具有可识别性。也正因此，在传统园林语境之中，山水之间的"楼阁亭宇，乃山水之眉目也"①。

知觉的选择性因人而异、因时而异。因为我们的感知能力是从先天开始，却又在成长的过程中不断增强，我们对事物作出反应的刺激范围也在不断扩大，这就是习得的反应，是指我们学习成长之后的反应。比如同样是辋川图卷，有人只看到了景中的建筑，有人看到的却是建筑及其周边的环境，是环境的空间格局。山水环抱，负阴抱阳，正是传统理想人居环境的典范。

图3-14 王蒙（元）辋川图卷

① 郑绩. 梦幻居画学简明 [M]. 杭州：浙江人民美术出版社，2017.

在我们成长的过程中，生活中的一切日益复杂，场景多变。因此，我们在日常生活中的大多数知觉选择都具有成长性，由此后天习得带来的判断和行为具有很强的主导性。

3.2.2 知觉的稳定性

1.知觉恒常性

知觉恒常性来自格式塔心理学的贡献，又译为"知觉常性"，是知觉的基本特性之一。前文指出知觉是以感官感知外部世界的同时，还综合了脑中的经验和知识，形成的对外部世界的整体感知。知觉恒常性是指当对知觉对象的知觉认知完成后，在一定范围内改变知觉条件的情况下，人们对知觉对象保持恒定认知的一种心理倾向，体现的是知觉的综合判断能力和稳定性。

就对环境要素的描述而言，包括角度、距离、明暗、色彩、大小、形状、亮度等在一定的范围内发生变化时，知觉映像保持不变，从而具有了大小常性、形状常性、明度常性、对象常性、位置常性和颜色常性等。其中，这些变化都是相对于知觉的心理变化，并不是知觉对象本体的物理变化，比如我们在行进中看到的物体大小的变化、形状的变化，指物体相对于视网膜的成像不同，而形成的变化，但在心理上知觉告诉我们，这还是同一个物体。

知觉恒常性实际上反映了人类知觉的"智慧"，对于周围环境的条件变化具有高度的分辨力和判断力。不过，我们在景观环境中常常见到特意打破知觉恒常性的景观对象，这是因为通过改变常见事物的大小、形状、色彩、材料等特性，能够引起人们感知事物的新奇、新鲜、刺激和有趣的情绪，从而达到精神的愉悦。例如，在深圳市民广场中央，出现了一个巨大的动物脚印，粉红色的弹性橡胶构成的巨大的超现实尺度的怪物脚印（图3-15），极大地激发了儿童参与性的游戏需求，他们在此嬉戏、翻滚、跳跃、飞奔，找到了属于他们的自由和快乐。

MLRP设计的"镜之家"项目（图3-16）位于哥本哈根一个互动游乐场中。安装在建筑两端的山墙上和门背后的镜子，改变了人们通常对建筑的认知。山墙再也不是了无生气的墙面，变成可以给了人们不同的角度与视野，以及想象力发挥空间的趣味之面。墙面反映着周围的景观和活动。门背后的镜子是不同

图3-15 怪物脚印，深圳／MAD（左）
图3-16 镜面房屋，哥本哈根／MLRP（右）

弯曲度的镜面，吸引了孩子们乐此不疲地在这里照"哈哈镜"，哈哈镜中的成像也改变了人们知觉的恒常性认知。结果，像镜面这样简单的手段便成功地将一个地方变得如此有趣、独特。

2. 知觉适应

知觉适应又称为知觉习惯化，是指人们在持续体验由视觉、听觉、味觉等感觉带来的刺激后，对刺激的反应逐渐减弱的现象。从生理上解释，就是当刺激反复出现时，感官的敏感程度降低。从心理上理解，就是注意力逐渐削弱，不再关注。知觉适应指出的是，在以感觉为基础的知觉表层，对环境刺激反应的不稳定性。但如果到了综合判断与理解的深层面，则表现出稳定的知觉恒常性。

比如，在公园中有人聚在一起练歌，刚开始的时候，你可能觉得非常吵闹，但渐渐地也就适应了。事实上，唱歌还在继续，只是当你适应的时候，人就会逐渐放松下来。另一个类似的情境，坐在城市广场上的人，他们或者在玩手机，或者在聊天，而广场边城市道路上往来的车流、鸣笛声带来的喧闹干扰，并不会格外引起关注。

需要指出的是，知觉适应和"熟视无睹"的现象类似，但并不完全相同。知觉适应是需要有持续的刺激发生，而熟视无睹只是表示环境对象的存在逐渐失去了影响力。比如，城市河流的自然驳岸通常是没有护栏的，人们习惯了也没有疑义，直到某个小孩子不小心掉进了水中，才引起了社会广泛争议。现在争议的结果是，只要人工介入（经过设计、施工的）的河边就需要有护栏，这已经极大地改变了滨水景观的效果。另一方面，没有护栏的河边也并不表示危险不存在，只是人们已经适应了。

摄影师艾柏兹（John C Ebbets，1932）曾拍到的经典一幕（图3-17），在午餐休息时间，工人们毫无防护措施地坐在纽约摩天大楼的悬空钢梁上休憩、

图 3-17 Lunch atop a Skyscraper（摩天大楼钢梁午餐时间），1932

交谈、抽烟。在这样的高空工作难道不危险吗？只不过是工人们已经完全习惯了工作环境，持续的高度刺激已经转化为了知觉适应，对于他们来说，这太平常不过了。

3.2.3 知觉的结构性

从主体认知角度出发，格式塔知觉理论强调视觉的直觉作用。格式塔的整体性是从整体的角度出发展开研究，结构性说的是注重形成整体的诸要素之间的构成关系。

1. 格式塔的整体性

格式塔心理学派的研究起始于 1912 年的德国，又被中译为完形心理学（Gestalt psychology）。格式塔是德语 Gestalt 的音译，英文中对应的是 form（形式）或 shape（形状），也具有英语 structure 的含义。格式塔作为心理学术语一般有两种含义，一是指事物的一般属性，即形式；另一指事物的个别实体，形式仅为其属性之一。美籍德裔心理学家考夫卡（Koffka，1936）[1] 指出："假使有一种经验的现象，它的每一成分都牵连到其他成分；而且每一成分之所以有其特性，即因为它和其他部分具有关系，这种现象便称为格式塔。"

20 世纪上半叶是哲学成果丰硕的年代，30 年代美国生物学家贝塔朗菲创建了现代系统论，40 年代又产生了控制论和信息论，标志着注重整体的系统思维的研究方法逐渐取代了原子主义的研究方法。从 20 世纪 20 年代到 60 年代，结构主义几乎成为城市规划与建筑设计的基本概念之一。结构主义的核心也在于整体设计的概念，"环境的形式是整体的统一和局部的变化；房屋是局部，环境是整体。"[2] 建筑与环境形成的这种整体联系，上升到"整体设计（Holistic design）"的概念，又被称为"整体主义"（Holism）[3]。

在格式塔理论的研究发展中，受到这种重视整体研究的意识的影响，甚至差不多把格式塔视为"有组织整体"的同义词，即认为所有直觉现象都是有组织的整体，都具有格式塔的性质。

因此，凡是能使某一感知对象成为有组织整体的因素或原则都被称为格式塔。在一定程度上，物理现象、生理现象和行为现象三者具有相同的格式塔性质，具体表现为传统经验与行为之间的整体性，可以通过整体动力结构观对心理现象进行描述和研究。

2. 图形组织的结构性

格式塔学派的早期代表惠太海默、苛勒、考夫卡等人均以对图形的视知觉

---

① Koffka K. Principles of Gestalt psychology[M]. Principles of Gestalt psychology. 1936：623-628.

② "Architecture-Urbanism". Bakema 和十次小组 1976 在荷兰建筑杂志 "Forum" 使用了这一词。

③ Francis Ferguson. Architecture．Cities and Systems Approach，1975. 转自刘光华. 建筑·环境·人 [J]. 世界建筑 83-1，1983：8-17。

现象展开研究，奠定了格式塔学派以视知觉为研究主导的方向。逐渐形成了针对视知觉的诸多理论，发现了视觉组织的几种重要特征，如图底拓扑关系，如图形组织的规律，接近律、相似律、连续律等。

图形的图底拓扑关系，与知觉的局限和注意选择特性具有明显的相关性。人们在观察周边环境的时候，会有意识地注意一些事物，这些事物就成为图形，而其他不容易被注意到的部分，就是背景。格式塔很多观点就是建立在图形与背景之间的差异上，倾向于将物体解读为图形与背景这样的具有拓扑关系的对立体，并且用这样的办法简化我们看到的世界。比如，我们在景观环境中采用孤植的形式种植了一棵红枫，那么这颗红枫就是图形，而其他周边植物就是背景，这也是我们在种植植物时常用的办法。只是格式塔的图形—背景理论中，图形和背景具有不确定性。需要人们在观察的同时去分辨，这种分辨其实是具有个体差异的。有人能看出来，有人能看出相反的结论。艺术家们甚至根据这样的特点，创作了很多有意思的基于图底关系的艺术作品，这样的作品又被称为"两可图形"。由丹麦心理学家鲁宾（Edgar John Rubin，1886—1951）在1915年提出的花瓶与人脸图（图 3-18）就是这样的图形。如果你盯着图中的白色部分看，你会看到一个花瓶，那么此时白色部分（花瓶）就是图形，黑色部分是背景；如果盯着图中的黑色部分看，你会看到两张人脸，那么此时黑色部分（人脸）就是图形，白色部分是背景。

另一种"两可图形"是其中一个组成部分视觉效果明显强于另一部分，格雷戈里（Gregory，1972）[1]称之为"错觉的"或主观的轮廓（subjective contours）（图 3-19），并对之进行研究。他认为这实际上是知觉者对相对复杂的呈现进行简化的解释，在这一过程中人们甚至都没有意识到进行了这样的解释：一个三角形位于图形其他部分之上，从而遮挡了对这部分图形的观察。这里的关键在于，这种知觉不是完全由刺激呈现本身所决定，而需要观察者积极主动的参与。

再比如我们提到视错觉时往往会想到的一张图片"妇人与老妪"（图 3-20），我们先关注中间的图，再慢慢移到左侧那幅，你能看到娇小的鼻子，戴着项链，

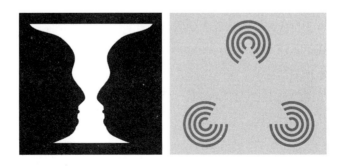

图 3-18　花瓶与人脸(左)
图 3-19　主观或错觉的
轮廓（右）

① Gregory R L. Cognitive contours[J]. Nature，1972，238（5358）：51-52.

View I

View II

View III

图 3-20 妇人与老妪

脸背对着你的年轻女子吗？再来仔细看图中右侧的图，再慢慢移到左侧那幅，你能看到大鼻子，长下巴的老太太吗？现在再回到左侧的图，你是不是能变换着看到妇人与老妪两种图形？这也是关于知觉选择性的"两可图形"的一个典型例子，根据自己的需要或兴趣，可以有目的地把某些刺激信息作为图形结构而把其他的事物当成背景。

在景观环境的实际运用中，还有通过透视的技巧加强视错觉的办法，这种大尺度的知觉体验与空间认知相关。米开朗基罗在设计罗马市政广场时，由于两侧建筑的夹角不规则，因此其间的空间形态过于复杂，他运用了视错觉原理进行透视调整，广场中的椭圆形态位于一个梯形平面中，但从人们进入广场的方向看，由于透视的原理所以视觉感觉这个梯形平面呈现为长方形，强化广场的几何图形的标准与规律（图 3-21）。

一般而言，图形可识别性强，背景可识别性弱的情况有以下几种规律：图形较小、背景较大；图形清晰、背景模糊；图形形式感、规律性强，背景形式感、规律性弱等。

3. 格式塔知觉组织原则

格式塔的研究逐渐形成了一系列组织原则（Koffka，1936）[1]。图形的差异性地连续组合，就形成了诸如接近律、相似律、连续律、闭合律、协变律等（图 3-22~图 3-26）[2]，这些在我们的形式组织中，特别是对形式的分析中为人们所熟知。

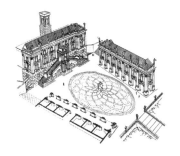

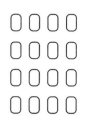

图 3-21 罗马市政广场（左）

图 3-22 接近律（中、右）

① Koffka K. Principles of Gestalt psychology[M]. Principles of Gestalt psychology. 1936：623-628.

② 艾森克，基恩. 认知心理学 [M]. 高定国，何凌南，等译. 5 版. 上海：华东师范大学出版社，2009：83.

从图底拓扑关系到系列组织原则，体现了从简单到复杂的图形要素组织规律，这种以一定的规则将各图形要素组织在一起的方式就是具有结构关系的方式。在当时，结构主义影响了设计领域的方方面面。

（1）接近律（principle of proximity）或靠近原则。如图 3-22 左侧所示，你倾向于将之视为由一行行构成而不是由一列列构成的图形。这是由于各行中元素之间的距离相比各列元素间的更为接近。如图 3-22 右侧所示，景观环境中常见的由木条组成的座椅，人们会将其视为一个整体，而非一条一条的木头。这是由于木条的间距比其他元素更为接近。根据接近律，我们会将彼此靠得近的物体归在一起。

（2）相似律（principle of similarity）。从图中知觉到的是由列构成的图形（而不是行），因为在各列中的元素彼此相似，所以我们将之组合在一起。景观环境中（图 3-23），人们感觉到的铺地形式是以竖向图案组织的复杂条形，因为深浅两种颜色的区分，我们会将相似的颜色铺地组合在一起。这是一种强调组织逻辑的技巧。

（3）连续律（principle of good continuation）。如图 3-24 所示，我们会将轮廓构成连续直线或曲线的图形归在一起。因此，我们一般都将图 3-24 左侧视为四条交叉的直线，而不会是图 3-24 中间所示的其他在逻辑上也存在可能的元素。如图 3-24 右侧所示，景观环境中交叉路径的铺地有所区别，但我们依然会将它视为四条直线路径交叉在一起,而不是各自独立的一段一段的元素，这样的方式巧妙地将丰富的变化统一起来。

（4）闭合律（principle of closure）。图 3-25 准确地说明了这一原则：我们将左侧感知为一个矩形，在头脑中将那个空缺填满，于是看到的是一个闭合、完整的整体图形。在院落空间中，如图 3-25 右侧所示，虽然存在门或是窗等开口，但人们依然会倾向于将一个院落视为一个完整的封闭空间。因为我们将其感知为一个矩形，在头脑中将空缺填满，看到的是一个整体图形。

（5）协变律（principle of common fate），静态的图画不易说明。其主要观点如图 3-26 所示，同一运动趋向的元素会被归在一起。如景观环境中的喷泉（图 3-26 右），同时运动或运动到同一高度的水柱会被人们归为一组。

图 3-23　相似律（左）
图 3-24　连续律（右）

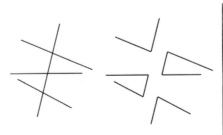

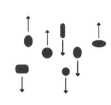

图 3-25 闭合律（左）
图 3-26 协变律（右）

（6）完形律（law of Prgnanz）。大多数格式塔原则都可归入一个更为一般的法则中（Koffka，1936）[1]，这个法则认为，在所有用来解释呈现图形的可能方式中，我们趋向于选择那些能产生最简单和最稳定形状和图形的方式。因此，简单和对称的图形较之复杂和不对称图形更容易为人们所发现。这就是我们现在通常理解的可识别性，几乎在所有涉及图形的设计中，可识别性已经作为基本要求。

3.2.4 知觉的交互性

环境的讨论必然涉及空间和场所，人是融于其中的，成为环境的一部分。这一点和其他心理学有很大的区别。环境与人之间有着强有力的交互作用。斯图克尔斯（Stokols，1978）[2] 提出的"人—环境交互作用模型"（modes of human -environment transaction）分为两个基本的维度：交互作用的认知和行为形式、交互作用的作用和反作用阶段（图 3-27）。将两个维度的分类两两匹配，也就获得人—环境交互作用的四个模型：解释的（认知、作用）、评价的（认知、反作用）、操作的（行为、作用）和反应的（行为、反作用）模型[3]。

相互作用论强调人与环境在相互作用的过程中，会导致某种结果的产生。人不仅能够消极地适应环境，也能够能动地选择、利用环境所提供的要素，更能够主动地改变自己周围的环境。生态知觉理论和概率知觉理论都是在对"人—环境"交互性基础上形成的基本认知理论，一个强调被动性，一个强调主动性。

1. 有机整体的可供性

最早由美国心理学家吉布森（Gibson，1950[4]，1966[5]，1979[6]）提出的生态知觉理论，也

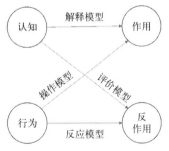

图 3-27 人—环境交互作用模型

① Koffka K. Principles of Gestalt psychology[M]. Principles of Gestalt psychology. 1936：623-628.

② Stokols D. Environmental psychology[J]. Annual review of psychology，1978，29（1）：253-295.

③ 缪小春.新兴的心理学分支——环境心理学[J].应用心理学，1989（4）：1-9.

④ Gibson，J. J. The perception of the visual world[J]. Oxford，England：Houghton Mifflin，1950.

⑤ Gibson，J.J. The senses considered as perceptual systems[J]. Oxford，England：Houghton Mifflin，1966.

⑥ Gibson，J.J. The ecological approach to visual perception[J]. Boston，MA，US. Houghton Mifflin and Company，1979.

是心理学众多学派中的一个分支——生态心理学。生态知觉理论认为，知觉是一个有机整体过程，人感知到的是环境中有意义的刺激模式，并不是一个个分开的孤立的刺激。前文谈到的格式塔是在针对视知觉研究中提出的整体理念，吉布森提出知觉就是一个有机整体，因此要从生态的角度去看待，知觉是一种直接经验，是先天本能，可以通过遗传获得。它强调机体先天生存适应的本能和环境所提供信息的准确性，认为对某些事物人们会带有先天的情绪，如对黑暗的恐惧、阳光的愉悦等。环境知觉是环境刺激生态特性的直接产物。环境提供的物质特征一旦向周围需要它的人暗示了它的功能意义，人们自然就会发现和利用它。因此，在一定的社会条件下，常常是有什么样的环境就会发生什么样的行为。

这种思想与达尔文进化论相一致，承认人对环境的反馈、选择和利用是遗传进化的作用结果，从生态的角度解释人与自然环境之间的关系。任何理论思潮的产生都离不开历史文化背景，在当时的学术界对人与环境的整体认知格外重视，20世纪30年代，芒福德提出"社会戏剧（social drama）"[①]的概念，他认为"城市是社会活动的剧场"，所有的要素——艺术、政策、商业都是为了这个"社会戏剧"服务[②]。他看到的是人类的文化与素质的提高与人的城市体验密切相关，对于自然环境以及人类社会的精神价值方面的重要性是处于第一位的。杰克逊（J.B.Jackson）在1950年创办《景观》杂志，对早期现代建筑不重视环境的整体性塑造提出了批评："这种自欺欺人式的与世隔绝，无论从建筑环境还是自然环境上看，是典型的包豪斯对于环境的态度。"[③]

吉布森（Gibson，1979）[④]认为，知觉的各种理论都应该关注现实世界中的知觉，认为知觉与行为有密切关系，视觉环境提供的信息丰富而复杂。海福特（Heft，1981[⑤]，1989[⑥]）进一步指出："我们与其说是觉察那些被纳入识别模式中的个体特征或线索，不如说是对那些存在于生态学结构的环境中的意义所作出的反应（即发现或者与之协调）。我们可能忽视了一些已经蕴涵着的意义，但事实上这些意义则很容易被一个协调的灵活的有机体充分感知到。"

吉布森还提出共鸣和可供性的概念。共鸣（resonance）是我们觉察到环境中不变因素的过程。可供性（affordance）指环境及环境中物体所提供的行为

---

① Mumford L. What is a city[J]. Architectural record，1937，82（5）：59-62.

② Richard T. LeGates & F. Stout Edit. The City Reader[M]. London and New York：Routledge，1996：183.

③ 亚历山大·楚尼斯等. 批判性地域主义：全球化世界中的建筑及其特性[M]. 王丙辰，等译. 北京：中国建筑工业出版社，2007：20.

④ Gibson J J. The ecological approach to visual perception. Boston，MA，US[J]. 1979.

⑤ Heft H. An examination of constructivist and Gibsonian approaches to environmental psychology[J]. Population and Environment，1981，4（4）：227-245.

⑥ Heft H. Affordances and the body：An intentional analysis of Gibson's ecological approach to visual perception[J]. Journal for the theory of social behaviour，1989，19（1）：1-30.

可能性，是物体可被知觉得到的用途，但并不是物体本身的性质。因此，与每个人的知觉能力密切相关。每个人的环境知觉受多种因素的影响，主要包括个体年龄、性别、语言和文化、知识和经验以及运动方式等。布朗大学威廉姆·沃伦（Warren，1984[①]）为解释这一点提供了一个经典例子：爬楼梯。同样高度的楼梯，对于成年人来说，楼梯有着供其爬上去的功能可供性；然而，对于只会在地上爬的婴儿来说，这种功能可供性并不存在。

就像生态知觉理论指出的那样，环境知觉是环境刺激生态特性的直接产物，知觉是一种本能获取的直接经验。可供性的概念实际上指出的是一种人与环境的关系，人可以感知到可以感知的部分信息，但并不代表这就是环境刺激带来的全部信息。

可供性实际上探讨了一种人与环境之间多元的交互关系。这一点和环境行为学提出的相互作用论类似，例如坎特认为人的某个方面能改变环境影响的性质，物理刺激并不导致某种普遍的结果，其结果的性质因人而异[②]。只是可供性强调环境之于人单方向的影响，从这点看，生态知觉理论可以纳入环境决定论的范畴。

可供性的概念被更多地用在各种设计领域中，其中延伸出来的功能可供性表达出的概念更接近于设计的多功能性、设计的弹性等。例如，景观环境中的可坐处设计，从最常见的两人座椅，到树池、植坛的边缘，到大面积超尺度的坐面（既能坐，也能躺），就是在不断地丰富设计对象的可供性。

在复旦大学和同济大学的创智坊的入口处，设计师盖天柯设计的创智公园（图3-28）[③]恰好体现了这种"可供性"。该场地通过地景的手法，运用起伏不定的地面平台（防腐木台）和草皮，赋予场地以全新的肌理。这些多变的线性起伏，形成了可坐、可靠、可躺、可行、可跑、可交流的多元场所，这些功能表现了物质环境带来的"可供性"，使用者可以根据自己的理解和需求去选择、使用。景观与使用者形成互动，改变了人们以往看待自然的角度。不过，遗憾的是，因为管理困难，该公园目前已不复存在，这也许是可供性带来的自由，以及自由的代价。

不过，可供性的本意源自吉布森提供的一种看待环境的有机视角，认为意识直接接收环境刺激而没有

图3-28 创智公园

① Warren W H. Perceiving affordances : Visual guidance of stair climbing[J]. Journal of experimental psychology : Human perception and performance，1984，10（5）：683.

② CANTER D. Applying psychology[R]. Augural lecture at the University of Surrey，1985.

③ Dopress Books. "心"景观：景观设计感知与心理 [M]. 武汉：华中科技大学出版社. 2014：148-153.

附加的认知建构或过程。但弗德和皮利什恩（Fodor & Pylyshyn, 1981）[1] 认为生态知觉理论忽视了大多数知觉过程中视觉刺激所包含的复杂意义。知觉包括"看"和"看做"两个过程。他们认为吉布森的理论可以用于"看"，但不能用于"看做"。这也是很有启发性的想法。

2. 透镜模型的概率性

1934 年美国心理学家埃贡·布伦斯维克（Brunswik, 1956[2].1952[3]）受德国格式塔心理学的影响，根据真实环境中的实验结论提出"透镜模型（Lens Model）理论"，因为他将"环境的概率"引入心理学领域，又称为概率知觉理论。按照布伦斯维克的说法，透镜模型理论的核心思想在于通过建立新的兴趣点或者仅仅是忽略一些方面而将有机体的批判能力归因到识别生态学中关于输入和输出方面的多样的、复杂的选择[4]。

在当时的背景下，还有一些相关的理论出现。海森堡在 20 世纪 30 年代提出了量子力学的测不准原理，美国生物学家贝塔朗菲创建了现代系统论，60年代又产生了自组织理论。这些理论均突出了对这个世界有序与无序、确定与随机的模糊性，人们认识到的世界总是具有一定的片面性、模糊性和不确定性，这就是理解概率知觉理论的基础。

环境给人提供了大量线索，只有一小部分对于观察者是有用的，观察者只注意了这一小部分而忽略其他部分（透镜）。这个理论很适合用来解释环境知觉的个体差异。如果知道个体的某些特征和他所处在什么环境中，我们可以推测出在该情境下，他的某些行为发生的概率比在其他情境中更大。通过对环境的概率判断（即不断地观察，如观察有多少人做什么事，我才敢去做那件事）减少该情境中知觉的多义性。

布伦斯维克赞成从整体出发展开研究，不过更强调物质环境与知觉环境的一致性。与吉布森的观点相反，他认为外部环境提供的信息并不能真实准确地反应实际情况，他强调积极主动的知觉，主动解释环境提供给我们的感觉信息，更注重后天知识、经验和学习的作用。相比较而言，吉布森更强调环境的重要作用，布鲁斯维克强调主体的知觉主动性。

由于观察者通过"透镜"后带来的知觉局限性，虽然可以通过后天不断学习得到的知识、经验去辅助判断，但不可避免会发生判断错误的情况，即使在概率上有大有小。因此我们可以得到四个结论：知觉过程中个人的作用是动态

---

① Fodor J A, Pylyshyn Z W. How direct is visual perception? Some reflections on Gibson's "ecological approach" [J]. Cognition, 1981：139-196.

② Brunswik E. Perception and the representative design of psychological experiments[M]. Berkeley：Univ of California Press, 1956.

③ Brunswik E. The conceptual framework of psychology[J]. Psychological Bulletin, 1952, 49（6）：654-656.

④ Wolf B. Brunswik's original lens model[J]. University of Landau, Germany, 2005, 9.

的，具有不确定性；人类对环境的知觉具有不确定性；不同的人之间具有差异性；会有知觉判断的错误发生。

透镜模型理论能够帮助我们更好地理解景观环境，在某些场合增加景观对象的不确定性，提供更多的惊喜、刺激、意外，提高游人的兴趣和探索精神，如在传统园林中，常用的手法就是利用更多的景墙、假山、植物分隔空间，以有限面积，营造无尽空间的遐想。宋时艮岳叠山，其实际规模不足百公顷，但所表现的空间感觉却"不知其几千里"。《宋史·地理志》称之"数日不可胜游"。

此外在某些场合要从游人的角度思游人之所思，尽可能提高游人知觉体验的概率。比如在某些具有一定规模且具有一定危险的景区，应增加足够多的安全标识牌、提示牌、方向指路牌等，完善标识系统，提高游人的辨识能力。

3.3 环境认知的过程

3.3.1 基本原理

1. 认知的原理

人类的认知过程通常发生在几秒钟或更短的时间内完成，但在心理层面包括了接受信息、识别信息的过程，进而产生情绪、思维、记忆等内在心理活动，经过思维评价、判断、决策，引导人产生相应行为。有意识、有目的地引导行为，这是我们认知外在世界的根本目的。认知的过程可以分为四个阶段（图 3-29）：

1）外在刺激引起注意

外在的刺激包括光线、声音、气味等。需要指出的是，并不是所有刺激都能引起人的机体反应，有效刺激与无效刺激的界限称为"感觉阈限"，是感觉器官感知范围的临界点的刺激强度。包括感官能感知的刺激强度和两个刺激间的最小差异，即绝对感觉阈限和差别感觉阈限。比如说声音的强度达到65~80dB，人们很难察觉不到；但如果声音在 20~40dB，大约相当于情侣耳边的喃喃细语，我们就需要细细分辨才能够感受到。

刺激能够引起人们的注意，但由于知觉的局限性，人们的注意在有选择的情况下，就可能会有误差，这就是透镜理论，且因人而异。

2）感觉器官采集信息

人体的感觉器官如眼、耳、鼻、舌、皮肤、内脏等既是人体的传感器，又

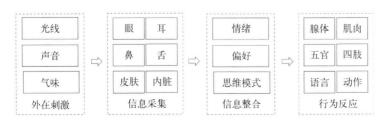

图 3-29 认知过程图

是采集器。当我们在城市广场中聚集的时候，你能听到周边汽车的鸣笛声、远近人群的喧闹声，看到、听到、嗅到大量的信息，这些信息大多数只是形成我们的感觉记忆，存储事件非常短暂。只有某些事件形成足够强刺激，才会引起我们的注意，并开始针对性采集信息，这时候开始会形成工作记忆，在经过知觉加工之后，有可能进一步成为长时记忆。

3）知觉解释判断整合信息

这个阶段的真实过程要复杂得多，感觉信息的采集需要在这一阶段形成有意义的资讯，综合了记忆的提取、根据经验的判断，还包括了人们的情绪、偏好，以及可能的思维模式、思维惯性等。研究者针对这个阶段有较多的研究成果以及争议，比如莱布尼茨提出的统觉概念、目前已经被证实的"联觉"现象、前文说的知觉概率论等，这里不再一一展开。

4）驱动行为作出反应

在生理上，信息经过人体的中枢神经系统如脑、脊髓等的选择、加工和存储后，对必要的信息进行动作决策，大脑处理进一步形成思维，最后通过传出神经作用于人的反应器官如腺体、肌肉、五官、四肢等作出动作反应，通过语言、动作等外部活动表达个人情感和决策动机。简单地说，经过存储、判断、整合之后的信息，产生了行为的驱动力，并付诸实施。环境行为学就是基于这一过程，深入研究人与环境之间的一系列心理和生理变化。

2. 视觉认知

通常情况下，人类通过眼、耳、鼻、舌、身等感觉器官感知世界，获取环境信息。其中视觉是主要的感觉器官，神经科学家做过估算，我们大脑中负责视觉信息加工的皮层已经占到整个大脑皮层的一半之多（Tarr，2000）[1]，因此外部事物的信息有80%通过视觉获得。俗语说"眼见为实"，绝大部分情况下，认知是以视觉为基础，其他感觉信息为辅助。

眼睛作为最重要的刺激感受器能接收和辨别不同颜色、亮度的光，这些光线穿过瞳孔和晶状体，汇聚在双眼后面的视网膜上形成物体的图像，最后通过衔接视网膜的视神经将信息转变成神经信号传递给大脑，形成人眼看到的景象（图3-30）。

图 3-30 视觉认知

人眼结构决定了自身的视觉局限。一般来说，正常人眼所能到达的水平视野区域大约在左右60°以内，垂直视野最大视区为标准视线以下70°，颜色辨别界限在标准视线以上30°和标准视线以下40°。不同姿态下人眼看到的成像范围也有所差异，站立时自然视线低于标准视

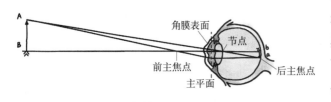

角膜表面
节点
前主焦点
后主焦点
主平面

① Tarr M J. Visual pattern recognition[J]. Encyclopedia of psychology，Washington，DC：American Psychological Association.2000：1-4.

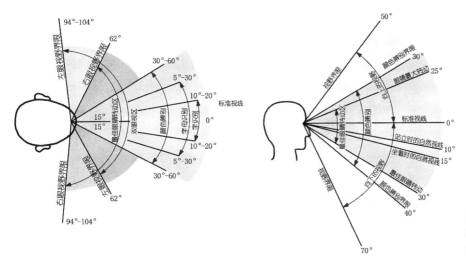

图 3-31 （左）水平面内视野示意图（右）垂直面内视野示意图

线 10°，坐着低于标准视线 15°，松弛的状态下站立和坐着时自然视线标准视线分别为 30° 和 38°，观看展示物的最佳视区为低于标准视线 30° 的区域内（图 3-31）。

从心理学角度来看，大脑每秒要接收 4000 万次感官信息的输入，只有极少数通过人脑有意识加工并根据以往经验推测我们看到的画面，因而大脑分析得出的信息和外部真实存在的世界有时会存在很大偏差，往往会造成许多视错觉。以著名的意大利心理学家卡尼萨（Gaetano Kanizsa）在 1955 年发现的"卡尼萨三角"视错觉为例（图 3-19），图形本身是由几个扇形构成，人第一眼看到的却是扇形缺角组成的三角形，因而人眼有的时候帮你看到的并不一定都是客观事物本身的样子。人在识别物体时会自动寻找规律，并在脑内产生对事物的主观印象。

阿恩海姆将视觉认知提升到视觉思维的层面，通过大量的事实证明，任何思维尤其是创造性思维，都是通过意象进行的，只不过这种意象不是普通人所说的那种意象，而是通过知觉的选择作用形成意象，当思维者集中注意事物最关键的部位，把无关紧要的部位舍弃时，就会看到一种表面上不清晰、不具体甚至模糊的意象[①]。

3. 知觉加工过程

心理学家将知觉的加工过程分解为两部分，一部分依托于采集的信息数据形成判断，称为自下而上的加工过程，或称数据驱动加工过程。一部分需要基于过去的知识理论或概念去分析判断，称为自上而下的加工过程，又称为理论驱动或概念驱动的加工过程。

自下而上的描述，就相当于逻辑思维中的各种线索，进而根据线索去分析

---

① 鲁道夫·阿恩海姆. 视觉思维——审美直觉心理学 [M]. 滕守尧，译. 北京：光明日报出版社，1987：30.

判断。具体分为模板匹配、特征分析和原型匹配。原型匹配相对于模板而言，可以是更加理想化的表征，而不一定完全和模板一致。比如说，我们在森林里看到一棵树，我们怎么才能知道这是一棵什么树呢？我们可以根据特征分析、可以根据整体树形判断，如果实在不知道，至少我们知道这就是一棵树，是植物，这就是原型判断。

自上而下的加工过程是指由当时情境、过去的经验或两者共同产生的期望所引导的加工过程。心理学家就此提出了情境效应（context effect）和期望效应的概念，即物体识别的精确度和所需时间随情境变化而变化（Biederman, Glass & Stacy, 1973[1]; Palmer, 1975[2]）。比如说，我们在草坪上看到白色的帐篷、花卉布置以及座椅等，我们会判断可能发生的活动是草坪上的聚会，非常可能发生的活动是草坪婚礼；我们在住宅区的草坪上看到一只小鹿，那非常可能只是一个动物模型。

研究知觉的加工过程对景观环境的保护、开发、设计、管理、决策有很大的帮助。每个人心中都有属于自己的认知模板和特定的情境，我们需要做的，就是找到属于公众的模板和情境，保护和传承，而不是破坏。比如人人心中都有着对景观环境的理解，如果在我们的景观环境内出现了不协调的建筑、建筑群，出现了大面积停车场等，都属于破坏行为。在南京渊声巷小区内的活动场地（图3-32）一直就存在着被汽车、电动车乱停放所造成的困扰，景观场所印象被破坏，人们的知觉认知很自然就能够判断这里属于脏乱差的无人管理的小环境，不符合居民心中形成的景观环境的公众模板。经过东南大学景观本科生团队（Moment Studio）的微更新设计后（图3-34），用场地高差的形式限制了车辆的进入，去除了暗指"停车场"的公众模板特征，围合出一个完整的活动场地供居民使用，配合上周边的泡桐树和花坛，营造出富有活力的共享景观环境（图3-33）。

图3-32 南京渊声巷小
区微更新－前（左）
图3-33 南京渊声巷小
区微更新－后（右）

① Biederman I, Glass A L, Stacy E W. Searching for objects in real-world scenes [J]. Journal of experimental psychology, 1973, 97（1）: 22-27.

② Palmer E. The effects of contextual scenes on the identification of objects [J]. Memory & Cognition, 1975, 3: 519-526.

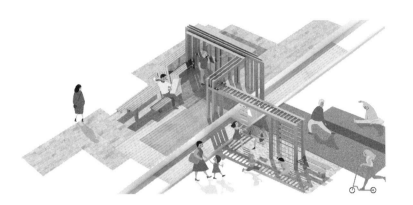

图 3-34　微更新设计图纸

3.3.2　认知形体

1. 形体的轮廓边界

人们对环境中物体的认知过程，包含了对象的形体、肌理、色彩、气味等。但只有经过长期的知识积累，才能进行物体的辨别。比如，我们闻着散发着香气的茉莉花，如果没有通过学习完成知识积累，我们可以知道这是一种结合了气味的物体，但不会知道这是花卉，不会知道这种气味是香气，甚至不会知道这是植物。

环境认知比起建筑认知领域来说，差异主要在于其更大的尺度。在大尺度空间的环境中，首要问题是识别形体，如建筑物或植物的天际线、林缘线、边界线等，当然还包括各种物质的形体。在关于青蛙视网膜的研究中（Lettvin，Maturana，McCullogh & Pitts，1959）[1]，科学家将微电极植入视网膜的单个细胞中后发现，视网膜中具有一些称为"边界探测器"（edge detectors）的特定细胞对明暗交界反应强烈。一旦受到明暗之间的视觉"边界"刺激，这些细胞就会被激活。同样，胡贝尔等（Hubel，& Wiesel，1962[2]，1968[3]）发现在猫和猴子大脑中负责有选择地对视野中的移动边界和轮廓作反应的视皮层区域，其实具有特定的方向性。换言之，他们发现了区分"水平线探测器"和"垂直线探测器"的证据，也包括其他不同的探测器。

马尔（Marr，1982）[4] 在这方面做出了卓越的贡献，他通过计算，认为在物体识别上，三维模型是理解物体识别的关键，视知觉包括产生三种视觉环境的详细描述：

---

[1]　Lettvin J Y，Maturana H R，McCulloch W S，et al. What the frog's eye tells the frog's brain[J]. Proceedings of the IRE，1959，47（11）：1940–1941.

[2]　Hubel D H，Wiesel T N. Receptive fields，binocular interaction and functional architecture in the cat's visual cortex [J]. The Journal of physiology，1962，160（1）：106–154.

[3]　Hubel D H，Wiesel T N. Receptive fields and functional architecture of monkey striate cortex[J]. The Journal of physiology，1968，195（1）：215–243.

[4]　Marr D. Vision：A computational investigation into the human representation and processing of visual information [J]. The MIT Press，1982.

① 初级简图（primal sketch）：这一表征对视觉输入 [包括关于边缘（edge）、轮廓（contour）和团块（blob）的信息] 的主要光强变化进行二维描述。

② $2\frac{1}{2}$ D 简图：这一表征通过利用由阴影（shading）、纹理（texture）、运动（motion）、双眼视差（binocular disparity）等提供的信息，对可视表面的深度和方位进行描述。像初级简图一样，这一表征也是以观察者为中心的（observer-centered），或者是观察点依赖的（viewpoint-dependent）。

③ 3-D 模型表征：这一表征描述物体形状的三维特征，以及它们的相对位置，而不依赖于观察点。

马尔理论阐明了物体识别所涉及的过程远比原来设想的要复杂得多。马尔理论提出有主轴的三维圆柱体模型及其可描述的信息组成的集合，成为物体识别的一般性理论。物体的主要部分可以由轮廓线的凹陷确定。

在艾尔文·贝德曼（Biederman，1987[1]）进一步的研究中证明了马尔理论，他发现当省略的是提供凹面信息的某些轮廓时（与省略其他部分相比），物体识别要更困难一些。这表明，凹面信息对物体识别至关重要，如图 3-35[2] 所示。

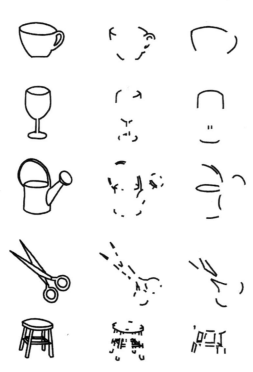

图 3-35 降质物体的感知实验中的五个物体示例

2. 成分识别理论

艾尔文·贝德曼（Biederman，1987）[3] 提出了有关物体知觉的理论，称为成分识别理论，该理论对马尔的理论进行了发展，也融合了一些格式塔知觉组织原则。他认为，人们观察物体时会将其分解为一些可识别的几何元素（geons），一共约存在 36 种基本形状或成分（表 3-1），他称之为几何离子（geometricalions）（表 3-2）。几何离子能够对物体进行充分描述，部分原因是几何元素间的各种空间关系可形成很多种组合，从而可以构建成一般物体的心理表征。

① Biederman I. Recognition-by-components : a theory of human image understanding [J]. Psychological review, 1987, 94（2）：115-147.

② Biederman, I. Recognition-by-components : A theory of human image understanding [J]. Psychological Review, 1987, 94（2）：135.

③ Biederman, I. Recognition-by-components : A theory of human image understanding [J]. Psychological Review, 1987, 94（2）：118.

几何元素 Geon	边缘 Edge	对称性 Symmetry	尺寸 Size	轴 Axis
	直边 S 弯曲 C	镜像和旋转对称 ++ 镜像对称 + 非对称 −	恒定 ++ 扩展 + 扩展和收缩 −	直线 + 弯曲 −

36（2×3×3×2）种几何元素的因子 　　　　表 3-1

12 个几何元素示例 　　　　表 3-2

（来源：参考原图绘制 Biederman，I.（1987）. Recognition-by-components：A theory of human image understanding. Psychological Review.）

3.3.3　认知距离

1. 视崖与深度知觉

环境中的对象纷繁复杂，首先需要认知的对象就是环境本身。人在环境中进行各种活动，首先关注的就是处于环境中的具体地点、大小以及能在其间做什么。从认知心理学角度来说，环境认知首先始于对空间的认知，在空间中最重要的是距离，有了距离的判断，就有了空间大小的判断。

通常我们通过视觉感知距离的远近。人有两只眼睛，双眼提供的线索（binocular cue）是深度和距离知觉的主要途径。两只眼睛相距约 65mm，两只眼睛通过不同的角度，在视网膜上形成双眼视差，双眼视差在深度知觉中起着至关重要而又不为人所觉察的作用，由双眼视差来判断深度的过程即立体视觉。

利用这一原理，人们可借助计算机制图或特制的实体镜观察三维实体图。早期通过两个角度的航片，就能建立三维模型，也是用的这个原理。此外，两只眼睛由远及近的扫视动态，眼睛肌肉调节时产生的动觉，会给大脑提供物体远近的线索，不过，一般只有几十米的范围的准确率。当空间距离的尺度远远大于人的尺度时，就需要其他的感觉辅助，比如两只耳朵带来的不同角度的听觉，这也是人能够通过一只眼睛判断距离的原因之一。

当人们具备了其他的知识与经验时，对象的相对大小、空间中能体现层次的遮挡物，以及能明显感觉到透视变形的材质肌理和地面分割等，都可以帮助人们认知距离。

在心理学研究历史中，有个著名的"视崖"[①] 实验（图 3-36），成功测试了

---

① Gibson E J，Walk R D. The "visual cliff." [J]. Scientific American，202，1960：67-71.

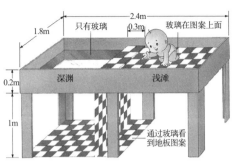

图 3-36　视崖实验照片（左）
图 3-37　视崖实验装置（右）

人类的深度知觉。科学家们设计并通过一种叫做"视崖"的实验装置来帮助行为科学家去研究深度知觉能力。

视崖装置（图 3-37）由一张 1.2m 高的桌子组成，顶部是一块透明的玻璃。桌子的一半是用红白格图案组成的结实桌面，代表了浅滩。另一半是同样的图案，但它在桌面下面的地板上，代表深渊。在浅滩边上，图案在桌子的侧立面上垂直降到地面，以加强透视感。虽然从上面看是直落到地的，但实际上有玻璃贯穿整个桌面。在浅滩和深渊的中间是一块 0.3m 宽的中间板。实验证明，婴儿能够意识到视崖深度的存在。这种能力和其他认知能力到底是天生还是后天习得的这一问题一直处于争论中。真相可能是先天和后天交互作用所致。有意思的是，后续的实验发现，婴儿母亲的表情态度会改变婴儿的判断，婴儿会基于对母亲的信任而不是基于自己的知觉判断就直接爬过玻璃，婴儿这种通过非语言交流改变行为的方式叫作"社会参照"。

2. 结合经验的距离认知

人类使用深度知觉，通过听觉、视觉等可以判断出空间的距离，这种距离可以称为心理距离，或者认知距离。认知距离和实际距离之间的差异，体现的是因人而异的认知水平。人通过环境中的物体或空间的感觉大小与以往在大脑中已经具有的真实尺度经验相比较，可以判断实际感知的空间距离；通过物体在视野中有规律的排布形态，也能估测出空间距离；此外，我们还可以通过其他的外物形状、色彩肌理等。这其中，已有的知识与经验的积累成为关键因素。

例如我们在公园的草坪上散步，如何判断草坪的大小呢？通过步测得到数据是经过训练的专业人士的常用办法，这能够获得相对准确的数据。当然，我们还可以根据周边植物的尺度大小、植物的间距、远近视野中人的大小等，或者根据视知觉直接判断。此外，我们的行进速度和方式也能提供可供我们判断的信息。

认知距离的准确度受到人们在空间行进中的"心理历程"的影响。在心理历程中接收的信息越多，在大脑中储存与提取的数据越多，那么感知中的距离越长。在地板上用一条带子标明一条路，让学生顺着这条路走，这条路包

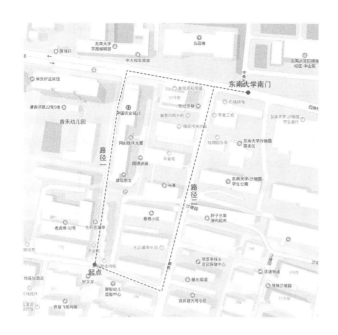

图 3-38 东南大学南门—吃饭地点路径

含的右转弯越多，被试对这条路的距离判断就越长（Sadalla &. Magel.1980[1]；Thorndyke，1981[2]）。或者，一条路沿途的十字路口或景物越多，它也就被判断为越长（Sadalla & Staplin.1980a[3].1980b[4]）。

东南大学曾经组织学生做了认知距离的实验。位于东南大学南门口西南面的蓁巷是同学们经常去吃饭的地方，从学校南门到达吃饭地点（图3-38）有两条路径可供选择，途经圆通快递的路径一，与走蓁巷的路径二。

从照片中可以看出，路径一（图3-39）中沿途拥有更多的店铺，停放车辆，居民楼等；路径二（图3-40）则更为静谧，沿街店铺相对较少。在询问对学校周边环境熟悉的同学们"凭直觉思考，认为这两条路哪一条距离更短？"后，大多数同学认为路径二距离更短。在网络地图上对这两条路径进行测距后发现，其实距离基本一样，都约为337m，但是因为路径一中的沿途景物更多，而被判断为更长，这也正是人们的认知距离受到在空间中"心理历程"影响的例子。

从认知的角度，有学者定义了三种距离的概念：直线距离，通过物理测量的两点之间的直线距离；功能距离，费斯廷格、沙赫特和贝克（Pestinger.，

① Sadalla E K, Magel S G. The perception of traversed distance [J]. Environment and Behavior, 1980, 12（1）: 65-79.

② Thorndyke P W. Distance estimation from cognitive maps [J]. Cognitive psychology, 1981, 13（4）: 526-550.

③ Sadalla E K, Staplin L J. An information storage model for distance cognition [J]. Environment and Behavior, 1980, 12（2）: 183-193.

④ Sadalla E K, Staplin L J. The perception of traversed distance: Intersections [J]. Environment and Behavior, 1980, 12（2）: 167-182.

图 3-39　路径一沿途照片

图 3-40　路径二沿途照片

Schachter. & Back.，1950）[1] 使用了"功能距离"的概念来定义两点之间实际通过绕过障碍物到达的距离，这是我们通常理解的实际距离；认知距离，高雷奇等（Golledge，1987[2]；Hanyu &.Itsukushima，1995[3]）提出的基于认知判断的距离，也就是心理距离。这三种距离的概念，对于帮助空间认知及其表述过程，有一定的价值。

3.3.4　认知空间

1. 空间认知

空间认知与大量的信息获得有关，这些信息包括方向、距离、位置和组织等（图 3-41）。还包括行进中的位置测定、察觉道路系统、寻路（或迷路）、选择指路信息、定向等。空间认知的早期研究是由规划设计人员和地理学家完成的，后来心理学也加入进来。空间认知是由一系列心理变化组成的过程，个人通过此过程获取日常空间环境中有关位置和相关属性的信息，并对其进行编码、储存、回忆和解码（Downs & Stea，1973）[4]。

① Pestinger L，Schachter S，Back K. Social pressures in informal groups [J]. New York：Harper & Row，1950.

② Golledge R G. Environmental Cognition. Altman[J]. Handbook of environmental psychology，1987：131-174.

③ Hanyu K，Itsukushima Y. Cognitive distance of stairways：Distance，traversal time，and mental walking time estimations [J]. Environment and Behavior，1995，27（4）：579-591.

④ Downs，R & Stea，D. Image and environment：Cognitive mapping and spatial behavior [M]. Transaction Publishers，1974.

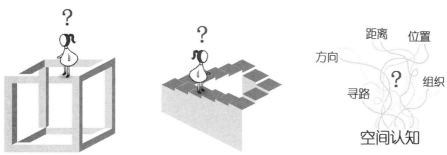

图 3-41　空间认知

　　空间认知能力的发展是认知发展科学领域的一个核心问题。米基（McGee，1979[1]）把空间认知能力区分为空间视觉化能力和空间定向能力。通常在环境认知中，更加关注空间定向能力，这种能力是指主体以自己的位置为参照点，了解其他物体的空间位置。空间视觉化能力一般针对物体，指主体能通过对某个物体或图形进行心理上的旋转，而对其进行辨认，或调节一个倾斜的物体，使其与水平线之间构成垂直或平行的关系[2]，是一种心理上的三维空间操作，对物体的空间位置、形态的相对变化进行心理转化。

　　关于空间的认知能力，还有其他学者的一些观点。瑟斯通（Thurstone，1979）[3] 把空间视觉化能力拆成辨识及转换两部分，因此他把空间认知能力分为 3 个部分：当对象从不同角度呈现时能认出对象的能力；能想象外形运动或想象其各部分之间转换的能力；对观察者自身与所处空间之间关系的思考能力。林（Linn & Petersen，1985）[4] 等人基本与瑟斯通想法类似，他们把空间能力分为空间知觉，心理旋转和空间视觉化能力。空间知觉需要主体依据他们的身体方向来决定空间关系，但不进行信息的转化。心理旋转需要主体迅速而准确地旋转一种两维的或三维的图形。空间视觉化能力需要主体体现出一种进行复杂的多步骤处理空间信息的能力。我国学者李洪玉[5] 认为，空间认知能力是指人们对客体或空间图形（任意维度）在头脑中进行识别、编码、贮存、表征、分解与组合和抽象与概括的能力。它主要包括空间观察能力、空间记忆能力、空间想象能力和空间思维能力等因素。在完成空间任务的认知过程中，空间想象能力起着重要的中介桥梁作用，而空间思维能力则起着决定性的核心作用。因为空间能力包含了较多的内容，目前对空间能力没有形成统一的概念，且不同

　　[1]　McGee M G. Human spatial abilities：Psychometric studies and environmental，genetic，hormonal，and neurological influences [J]. Psychological bulletin，1979，86（5）：889-918.

　　[2]　Michael W B. The Description of Spatial-visualization Abilities [J]. Education & Psychological Measurement，1956，（17）：185-199.

　　[3]　Thurstone L L. Some Primary Abilities [M]. New York：Praeger Publishers，1979.

　　[4]　Linn M C，Petersen A C. Emergence and characterization of sex differences in spatial ability：A meta-analysis[J]. Child development，1985：1479-1498.

　　[5]　李洪玉，林崇德. 中学生空间认知能力结构的研究 [J]. 心理科学，2005，28（2）：269-271.

的研究结论之间也会存在一定的冲突（Newcombe & Huttenlocher，2006[1]）。

空间认知涉及一系列空间问题的解决，寻路是其中综合要求较高的需求。这一方面，相较于儿童，成年人在经验上占据较大的优势，他们会将视觉中或记忆中的地标与环境整合，从而大幅度提高了空间认知能力。但在老年时，空间认知的技能会减弱，这是因为一方面，老年人的记忆力、思维能力与辨识能力在下降，另一方面老年人观察能力也在下降。

2. 认知地图

广义而言，认知地图等同于空间认知。准确地说，认知地图是认知心理学研究人们认知空间的能力及其过程的一种研究方法，认知地图并非属于外部的物理事物，而是存于人的头脑之中，是一种对空间知觉的模拟表征，是将人们的心理环境，或者说行为空间呈现出来，是环境的心理再现的内在图式思维结构。大多数人认同认知地图是一种心理构念，人们用以在某一环境空间中导航，特别是过于庞大而难以被直接感知的环境（Kitchin，1994[2]）。认知地图是基于自身的心理认知，建立在过去的经验基础上，并绘制出来的一张心理环境的外在呈现，是空间表象的一种形式。认知地图主要以视觉信息为主。

认知地图最早见于1948年美国心理学家托尔曼（Tolman，1948）所著的《白鼠和人的认知地图》[3]一文。他根据动物实验的结果认为，动物并不是通过尝试错误的行为习得一系列刺激与反应的联结，而是通过脑对环境的加工，他根据对情境的"认知"获得达到目的的手段和途径，并从中建立起一个完整的"符号－格式塔"模式[4]，这种模式被形象地称之为"认知地图"。简单来说"认知地图"是一种对局部环境的综合表象的呈现，既包括事件的简单顺序，也包括方向、距离，甚至时间关系的信息。

认知地图与认知学和行为心理学中的"空间记忆""空间信息"相关概念以及信息处理等与人的空间认知行为的研究相关联。美国建筑师凯文林奇使用了认知地图的方法，经过长期研究于1960年完成其重要著作《城市意象》，提出构成空间认知地图的五大要素：路径、边缘、节点、地标和区域，由此成为城市设计的基础理论之一，在20世纪70年代建立了行为地理学和空间认知概念的基础。

凯文·林奇的助手，地理学家阿普兰德（Appleyard，1970[5]）在认知地图

---

① Newcombe N S，Huttenlocher J. Development of spatial cognition [J]. Handbook of child psychology，V.1. New York：John Wiley & Sons，2006：734-776.

② 加洛蒂. 认知心理学：认知科学与你的生活（原书第5版）[M]. 吴国宏，译. 北京：机械工业出版社，2015：875.

③ Tolman E C. Cognitive maps in rats and men [J]. Psychological review，1948，55（4）：189-208.

④ 约翰霍斯顿著. 动机心理学 [M]. 孟继群，等译. 沈阳：辽宁出版社，1990：195-197.

⑤ Appleyard D. Styles and methods of structuring a city [J]. Environment and Behavior，1970，（2）：100-117.

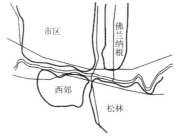

图 3-42 连续型（左图）与空间型认知地图的标准示例

的空间细节上确定了位相—位置、连续—空间的分类标准，将认知地图分为连续型（sequential）和空间型（spatial）两种认知地图类型（图 3-42），连续型认知地图以道路导向为主，而空间型认知地图则以区位导向为主。认为随着人们对某区域熟悉程度的增加，随着对区域特征把握得更加深入，认知地图呈连续型向空间型发展的趋势，这种分类方式对后期的相关研究影响较大。

认知地图和实际地图之间的差异能帮助我们研究发现一些重要的心理认知途径。将人们心中的认知地图转化为可观察、计量、与实际地图比较的形式的研究，被称为认知地图的外在化，包括了认知地图中的各种要素的空间定位、距离和方向等外在化内容。认知地图的外在化也有大量的研究成果，如绘图法[1]、认知距离测定法、时间判断法、方向指示法[2] 等。此处不再展开。

认知地图和实际地图或者实际物理空间之间的差异，一般是由于人们会夸大自己熟悉的部分[3]、重要的部分[4]、有情感偏好的部分[5]、经验推测部分[6]，更多的可能还是对距离、方向这样技术性强的部分把握不准。

在 2017 年 6 月，宁夏新闻网曾有过这么一个新闻[7]。为了做好高考期间交通安全保卫工作，维护良好的交通秩序，确保高考安全、平稳、顺利进行，银川市公安局交警分局兴庆区一大队的交警们为考生及家长手绘了 3 张图（图 3-43）。交警手绘的地图其实就是将他们长期熟悉的环境以自身的知觉认知的表象绘制出来，是一个特定职业的人群的认知地图。

① Kitchin R M. Methodological convergence in cognitive mapping research : investigating configurational knowledge [J]. Journal of Environmental Psychology, 1996, 16 : 163-185.

② 增井幸惠，今田宽. 认知地図研究における方法論の問題—认知地図の外在化関する一考察 [J]. 人文論究，1992，43：65-81.

③ Milgram S, Jodelet D. Psychological maps of Paris. Proshansky HM, Ittelson WH, Rivlin LG (eds.) : Environmental psychology [J]. 1976 : 104-124.

④ Pinheiro J Q. Determinants of cognitive maps of the world as expressed in sketch maps [J]. Journal of Environmental Psychology, 1998, 18（3）: 321-339.

⑤ Seibert P S, Anooshian L J. Indirect expression of preference in sketch maps [J]. Environment and behavior, 1993, 25（4）: 607-624.

⑥ Appleyard D. Styles and methods of structuring a city [J]. Environment and behavior, 1970, 2（1）: 100-117.

⑦ 宁夏新闻网 "暖心！银川交警手绘高考出行地图" 记者：胡俊 [EB/OL]. http : //www.nxnews.net/yc/jrww/201706/t20170603_4282193.html，2017-06-03.

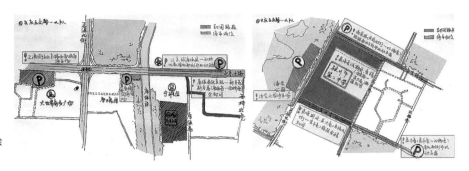

图 3-43 银川交警手绘
高考出行地图

3. 寻路

在一个较大尺度的环境中，即使人们具备空间认知能力，能够形成认知地图，也不一定能够找到自己需要的路径。"寻路（wayfinding）"一词最早起源于航海求生训练。成功的寻路过程包括在空间中定位、辨识方向和明确目的地，知道前往目的地的有效路径，能够在到达时辨识确认目的地，并能够找到回去的路径（图 3-44）。按照 Arthur[1] 等人对寻路的定义，寻路可划分为三个过程：空间认知过程、寻路决策过程和寻路执行过程。

林奇（1960）[2] 强调可识别性，并且提出了五大要素（图 3-45）：路径、边缘、节点、地标和区域。这五大要素对于认知地图的形成起到很大的作用，同时在寻路中，也能够让人更容易通过要素之间的结构关系形成路径之间的联系。

图 3-44 寻路

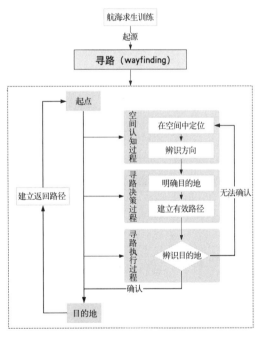

加灵（Gärling，1986）[3] 和阿布 - 贾兹指出，可能影响寻路的物理环境有三个特点：差异性、视觉通达度和空间布局的复杂性。一个环境若缺乏差异性，就难以形成可识别性，这两个概念是互通的。没有差异性的环境，无论是对陌生人还是熟悉它的人都会产生定向和寻路方面的困难；视觉的通达性和林奇指出的地标有类似之处，其含义就是在视线可及的范围内能够寻找可识别物体，并且在行进的过程中，持续地保持无遮蔽状态；空间布局的复杂性实际上表达的是空间中的信息量，人的认知具有局限性，当信息量庞大时，就好比一台旧电脑难以带动庞大的数据运算，必然宕机。比如韦斯曼

① Arthur P，Passini R. Wayfinding：people，signs，and architecture [M]. McGraw-Hill；1st Edition，1992.

② Kevin Lynch，Theimage of the city[M].The M.I.T. Press 1960.

③ Gärling T，Böök A，Lindberg E. Spatial orientation and wayfinding in the designed environment：A conceptual analysis and some suggestions for postoccupancy evaluation [J]. Journal of architectural and planning research，1986：55-64.

(Weisman，1981）① 发现，简单的平面地图有助于我们在校园里寻路。在预测寻路的难度时，简单往往要比对环境的熟悉度更为重要。这一点在景观环境中格外明显，类似各大景区中的定位标识牌。

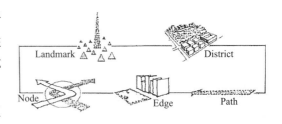

图 3-45　城市意象五要素 / 凯文林奇

城市规划的基本原理需要满足地块的功能分区以及交通的功能性要求，因此城市空间相对规整，寻路的难度来自空间中建筑的可识别性。与之不同的是，景观环境通常是通过新奇性、趣味性、探索性规划主旨来营造令人愉悦的放松氛围。在传统园林中，通常用景墙、隔断、山石、植物、建筑等分隔空间，在小尺度中制造迂回往复的路径，很多时候可见而不可及，以此带来小中见大的空间感受；在当代大尺度公园、景区中，由于规模大、信息量大，且大多为植物空间，可识别的地标性物体不多，更是常常让人迷失。

因此，通常在景观环境中的办法是人工制造标识——标识系统来引导空间认知。我国《旅游景区公共信息导向系统设置规范》GB/T3 1384—2015 中指出，标识系统应当包括三大系统（图 3-46）：周边导入系统、游览导向系统、导出系统。其中游览导向系统包含三个层级信息。功能性分类又包括方位性标识、引导性标识、识别性标识、信息性标识、安全性标识等。这些标识布置在特定的位置，如交叉口、分区边界、重要标识节点、主要道路边等，大幅度减少了游客需要记忆的信息，并且标识了即时所在位置的定位标识地图，极大地方便了游客的空间定位，方向性指路牌提供了方向性引导。除此之外，当代移动 GPS 设备如智能手机、iPad 等电子设备的普及，也极大地丰富了寻路的技术手段。

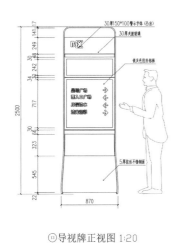

⑫ 导视牌正视图 1:20

⑭ 导视牌立面图 1:20

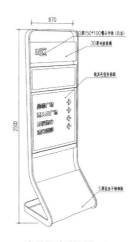

⑬ 导视牌透视图 1:20

图 3-46　标识系统示意

① 　Weisman J. Evaluating architectural legibility : Way-finding in the built environment[J]. Environment and behavior，1981，13（2）：189-204.

第 4 章

环境中的行为

4.1　个人空间

4.1.1　人体工程学的尺度

1. 人体工程学的由来

个体的人是环境中的行为出发点，是行为的载体。人的各种行为离不开人体本身，举手投足之间对空间的占据、对环境的影响，都取决于人体对空间的需求，这种因人的行为发生而占据的空间称为动作域。从解剖学、生理学、心理学方面研究人体的空间活动的学科方向称为人体工程学（Human Engineering），也称人类工程学、人体工学或工效学（Ergonomics）。其中，Ergonomis（人体工效学）原出希腊文"Ergo（工作、劳动）"和"nomos（规律、效果）"，即探讨人们劳动、工作效果、效能的规律性。

基于"以人为本"的理念，也基于"人—环境"的整体理念，人体动作域的尺度是人体工程学研究的最基本的数据。人体动作域是人们在各种工作和生活中的活动范围，是确定人们活动空间尺度的重要依据因素之一。1960 年国际人体工程学协会（International Ergonomics Association，简称 IEA）创建，统一了人体工程学的定义，全方面研究人与环境的相互作用，系统研究在工作与生活中的工作效率、人体健康、安全和舒适等问题。

对于个人来说，人体动作域就是个人空间。个人空间就是能够支撑人体动作的身体周围的空间，是个体能够直接接触到的物理空间。特韦尔斯基（Tversky, 2005）[1] 提出将人的身体延伸为三个坐标空间形成空间框架(图 4-1)，一个轴是前—后轴线，另一个轴是上—下轴线，第三个轴是左—右轴线。人们可以通过这样的想象，在空间中实现定位，身体存在六个方向（前面、后面、头顶、脚底、右面、左面）。特韦尔斯基的三坐标法主要用于空间定位，但如果用于人体动作域的测量，恰好能够表达所占据的空间大小。人体尺度是静态的、是相对固定的数据，人体动作域的尺度则为动态的，其动态尺度与活动情景状态有关。

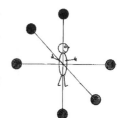

图 4-1　人体的空间框架

2. 人体工程学相关尺寸

1870 年比利时数学家奎特出版了《人体测量学》，成为该领域的创始人。在人体测量中，由于男女老少及种族等因素导致个体之间存在差异，通常会通过公式选择并计算所测对象群体的均值[2]。我国也在不断更新相关规范，如《中国成年人人体尺寸》《建立人体测量数据库的一般要求》等，但不同的人体对空间

---

① Tversky，B. Visuospatial reasoning. The Cambridge handbook of thinking and reasoning[C]. Cambridge：Cambridge University Press. 2005：209-241.

② 蒂利，朱涛，亨利·德赖弗斯事务所 . 人体工程学图解 [M]. 北京：中国建筑工业出版社，1998.

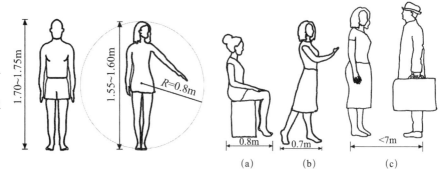

图 4-2　男女站姿尺寸
（左）
图 4-3　人体行为相关尺
寸（右）
（a）人体坐姿尺寸；
（b）人体步行尺寸；
（c）交谈距离

的需求是一个大致的估算值，并未形成专业的标准值，通常在设计中，男子会以 1.70~1.75m、女子会以 1.55~1.60m 作为人体高度的参考值（图 4-2、图 4-3）。

人体工程学带来的理念，是针对不同的具体情境，确定人体动作域，从而能够实现在环境中的支配与适应，满足人们的行为适用、安全和其他的生理、心理的要求。因此，人体工程学还考虑人体的感知能力，如在听觉方面，人们在 7m 以内的听力是非常灵敏的，在这一距离交谈没有问题。35m 以内，可以听清楚讲话；在嗅觉方面，1m 以内的距离，才能闻到对方的气味。2~3m，能够闻到香水等较强气息；在视觉上，20~25m 处，能看清面部表情，通常 70~100m 是能够较为准确地分辨出对方的性别、年龄以及正在干什么。

在景观环境的设计运用中，需要系统地考虑人体尺寸、环境目标、使用要求。如在小尺度环境中的公共设施、台阶、坐凳；在中等尺度的活动环境中，需要考虑球类运动、溜冰、自行车运动等对空间的要求；在大尺度环境中，需要根据活动场地的潜在功能，基于预估的人数确定行为与场地之间的空间尺寸与关联，基于感知能力确定适应人体的物理环境的微气候参数，确定视线可及范围内的视觉要素及空间布局尺度。

4.1.2　心理尺度

1. 个人空间

除了标准的人体尺寸，心理学中还有个概念——个人空间，是社会交往中个人心理上所需要的最小的空间范围。这个概念或者术语由凯兹（Katz，1937）[1]提出，后来相继对此展开研究的有环境心理学家索默（Sommer，1959）[2]，人类学家霍尔（Hall，1959）[3]，以及生物学家赫迪杰（Hediger，1950）[4]。

在社会交往中，除了最亲密的情侣关系外，通常人和人之间的距离都有个

---

① Katz，P. Animals and men [J]. New York：Longmans，Creen，1937.

② Robert Sommer. Personal space：the behavioral basis of design [J]. American Sociological Review，vol. 35，no. 1，1970：164.

③ Edward. T. Hall. The Silent Language [M]. New York：Anchor，1959：187.

④ Hediger，H. Wild anlmals in captivity[M]. London：Butterworlh[M]. 1950.

极限值，总是保持着一定的距离，即拉特利奇形容的存在所谓"个人空间气泡"[1]，或缓冲空间。这种空间不是因为生理上的动作域形成的空间需求，而是来自心理的需求，来自对安全感的需求，最终表现出来的物质空间大小反映的是内在心理对空间的感受。这是一个环绕在人们身体周围的可随着人的移动而移动的无形空间气泡，包裹着人体，而且总是以自己身体为中心。海达克（Hayduk，1978）[2]曾经绘制了个人空间三维模型（图4-4），非常清晰地表达了个人空间的立体形象。

大约从1959年起，在之后的几十年期间，很多心理学家对此展开实验研究，人们对个人空间产生了浓厚的兴趣。因为这是研究人与人、人与环境的核心问题之一。其中，最知名的是金泽尔（1970）[3]用暴力型囚犯和非暴力型囚犯做的一个实验，实验结果发现两者的范围有明显区别。暴力型囚犯的个人空间要更大，从侧面证明了个人空间实际上是一个因人而异的安全距离，而且后面比前面的需求更大，因为后方具有最高的不安全感（图4-5）。后来又有更多的研究者加入实验，比如说光线的强弱影响（Adams，Zuckerman，1992）[4]，空间入侵（Ruback，Snow，1993[5]）等都证明了这种个人空间的缓冲空间确实存在，但因人而异、因环境因素不同而有差别[6]。

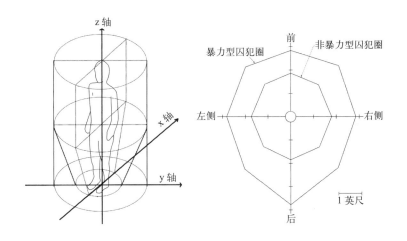

图 4-4　个人空间三维模型——参照(L.A.Hayduk，1978）绘制（左）

图 4-5　暴力与非暴力型囚犯个人空间圈的俯视轮廓图——参照（Kinzel，1970）画（右）

---

① 阿尔伯特，J.拉特利奇.大众行为与公园设计 [M].王求是，等译.北京：中国建筑工业出版社，1990：135.

② Hayduk L.A. Personal space：An evaluative and orienting overview[J]. Psychological Bulletin. 85，1978：117-134.

③ Kinzel，A.F. Body-buffer zone in violent prisoners[J]. American Journal of Psychiatry.127，1970：59-64.

④ Adams. L，&. Zuckerman，D. The effect of lighting conditions on personal space requirements[J]. The Journal of General Psychology. 118，1992：335-340.

⑤ Ruback，R B.，& Snow. Territoriality and non-conscious racism at water fountains：Intruders and drinkers（blacks and whites）are affected by race[J]. Environment and Behavior.25，1993：250-267.

⑥ 坎特威茨，等.实验心理学——掌握心理学的研究 [M].郭秀艳，等译.上海：华东师范大学出版社，2001：510-513.

图 4-6　NBA 中的圆柱体规则

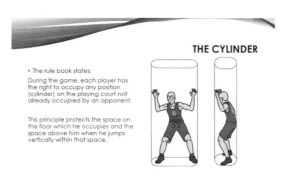

在 NBA 赛场上也有类似个人空间的概念，即所谓的圆柱体规则（图 4-6①）。圆柱体规则是指篮球运动中判断球员接触时是否犯规的一种规则：在篮球场上，每一位队员都有权拥有他所在的地面位置以及在他上面的空间（圆柱体）。进攻球员如果侵犯了防守球员的圆柱体，则会被判犯规。无论是在地面还是腾起在空中，都不得与防守队员发生接触，或用他的手臂来扩展他自己的额外空间。NBA 赛场的圆柱体，可以说是个人空间和实际物理空间相结合的实用性空间气泡，由于因人而异、因动作而异，因此没有具体的尺寸。

NBA 赛场上描述的是强烈的冲击，实际上在社会交往中，当个人空间不足时，或者说个人空间遭到侵犯时，在心理学上意味着受到了外来的刺激，于是人们会被唤醒。这就是应激理论、唤醒理论、超负荷理论等讨论的范围。

需要指出的是，个人空间是心理空间，心理空间被侵犯受到知觉感知的影响，可以是视觉看到的物理侵犯，也可以是嗅觉、听觉引起的侵犯。1982 年美国物理学家波尔（Herbert Pole）在第 23 届量子力学讨论会上发表实验成果：在 1979 年他通过实验检测，证明了人、动物、植物和细菌的细胞可以发射出微弱的无线电磁信号。英国科学家弗洛里希（H.Frohlich）通过对酵母细菌的研究，发现生命组织存在 $10^{10} \sim 10^{12}$Hz 的相干电磁波。这个就是生物信号辐射场（以下简称生物场），是生命体即生物物质存在的另外一种形式。人们还可以通过生物场去感知周围环境的刺激，也许有一天能发现这种无形的生物场与个人空间的心理场之间的关联。

2. 舒适度

当个人空间在心理上没有感到被侵犯时，就说明个人空间正处于一个不错的舒适度之中。影响个人空间大小的因素有很多，包括个体的情绪、人格、年龄、性别、文化等，也包括个体与个体之间的相似性（如同学之间、年龄接近等），以及所处的环境因素。景观环境是公众环境，我们无法控制什么人前来交流，是否交流，但我们可以通过景观环境的设计引导并提升个人空间达到舒适度的可能性。比如说为公园中的闲聊的人们，提供一个半闭合的空间；扩大座椅尺度，为具有相似性的人群提供更多的坐、躺、靠的可能性（图 4-7）；提供传统园林中常见的石桌椅，提供三四人的独立性空间等。

具有舒适度的个人空间会带来积极的效果。索默的同事奥斯蒙德(Osmond,

---

① 　http：//slideplayer.com/slide/9061848/27/images/4/The+Cylinder+The+rule+book+states：jpg

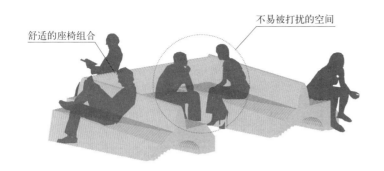

舒适的座椅组合

不易被打扰的空间

图 4-7　舒适的景观座椅
组合示意图

1957）^① 通过研究座位的布局安排，发现了具有鼓励社会交往的环境，称为社
会向心的环境（Sociopetal），反之则称为社会离心的环境（Sociofugal），这两
个概念又被翻译为社会寻求和社会规避。其实质性还是探讨个人空间在交往中
的关联。艾洛（Aiello，1987）^② 提出了舒适模型。要达到心理舒适的空间环境，
人们能够通过补偿行为来调整平衡，他指出稍微偏离最佳程度并不会引起补偿
行为，严重偏离最佳程度可能会造成人们完全失去交往的兴趣。我们可以理解
为个人空间的舒适度能够鼓励交流的发生，但这种舒适度不存在一个实际的标
准，会在两个交流者之间动态地调整以达到平衡。

　　在景观设计中塑造具有舒适度的空间，空间设计就要留有余地，要有针对
性。在某些景观场所，需要通过某种办法加强交流，比如儿童游乐场；反之，
需要通过隔离手段，如地形、景墙、植物等分隔空间，去营造不易被打搅的空间。

4.2　群体空间

4.2.1　群体与社会交往

1. 社交距离

　　个人空间只是研究社会交往空间的起点，其根本出发点是基于安全距离的
感知；人与人之间的距离则是社会交往的空间基础。在社会交往中，除了情绪、
人格、年龄、性别、文化等，个人表达出来的身体语言及表情、话语都会对人
际距离起到调节作用。人类学家霍尔（Hall，1959^③，1966^④）通过对中产阶级白
人的长期观察，提出了个人距离（individual distance）的概念，并提出了四种典
型的社会交往距离，这种对心理空间距离构成的行为特征的研究，他称之为"空

①　Humphry Osmond. Function as the Basis of Psychiatric Ward Design，Mental Hospitals [J]. 8，
1957：23-30.
②　Aiello，J. R. Human spatial behavior[J]. In D. Stokols & 1. Altman（Eds.）. Handbook of
Environment Psychology. New York：Wiley Interscience，1987：505-531.
③　Edward.T.Hall. The Silent Language [M]. New York：Anchor，1959：187.
④　Edward.T.Hall. The Hidden Dimension [M]. New York：Doubleday，1966.

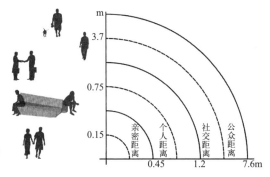

图 4-8　人际距离空间的分类

间关系学"（Proxemics）。艾洛（Aiello，1987）[1]认为人际距离是个比个人空间更好的词。实际上当我们讨论个人空间的补偿行为的时候，应该已经发现人和人之间的距离是一个动态的连续变量。

霍尔提出了四种典型社交距离（图4-8），是动态的连续变量中相对固定的部分，即公共距离、社交距离、个人距离和亲密距离：

①公众距离（Public Distance）的范围在 3.7~7.6m（12~25ft）或 7.6m 以上的距离，在景观环境中一般适用于歌唱者与听众、锻炼、散步的人之间等。

②社交距离（Social Distance）范围在 1.2~3.7m（4~12ft）之间，适合一般聚集场合交流谈话，是群体之间具有相互影响可能的主要距离。

③个人距离（Personal Distance）范围在 0.45~1.2m（1.5~4ft）之间，一般用于关系较为熟悉人，如一起来景观环境中的家人、同伴、朋友等。

④亲密距离（Intimate Distance）范围在 0.45m（18ft）之内，是人际交往中的最小距离，甚至可以达到"亲密无间"的零距离，一般是亲人、很熟悉的朋友、情侣等之间。

实际发生的距离和不同人群的活动内容有关，得到的知觉体验也不一样，亲密距离会强烈地感知到对方的气息，触觉、嗅觉成为主导。随着距离增加，视觉和听觉变得非常重要，身体姿态显示的信息也逐渐起到更多的作用。

人与周边环境接触，进而产生情绪，心理学上将这种行为或现象称为情绪体验。任何人都有可能带着情绪去景观环境之中，不过更大的可能是对景观环境的认知评价激发了情绪体验，而情绪会影响社交距离。情绪越低落，交往的距离越大，反之则距离越小。我们通常都喜欢去公园中合适的环境去谈情说爱，是因为环境会带来理想的情绪体验。图中所示为瑞士苏黎世城市河流的滨水地带，阳光、空气给人带来了良好的情绪（图4-9）。在狭长紧凑的空间中，人们的亲密距离、个人距离、社交距离和公共距离都大幅度压缩，大家层次分明地挤在狭小的滨水带状空间中，却形成了良好的氛围。

2. 动态均衡

我们时刻都生活在社会群体之中，我们生活的绝大多数时间都处于社会交往之中。群体动力学家肖（Shaw，1981）[2]认为所有的群体都有一个共同点：

① Aiello, J. R. Human spatial behavior[J]. In D. Stokols & 1. Altman（Eds.）. Handbook of Environment Psychology. New York：Wiley Interscience，1987：505-531.

② Shaw, M. E. Group dynamics：The psychology of small group behavior [M]. New York：McGraw-Hill, 1981：314.

群体成员间存在互动。因此，他把群体（group）定义为两个或更多互动并相互影响的人。群体的存在可能有许多理由，景观环境中的群体通常都是因为某种活动而聚集，因此，景观环境中的群体从一开始就存在了互相影响的可能。比如熟识的群体之间，会无形中提升安全感，会降低人们应对周边环境刺激的注意力，人们之间的距离会适当加大；反之，有陌生人在附近，会让情侣之间更加靠近。我们会因他人在场而被唤醒，从而脱离舒适度的范围，去寻找新的平衡。

不同的性别之间，也会有所区别。坎特（Canter，1974）[1] 认为，一般来说女性的个人空间偏小，安全距离也偏小，因此女性与他人间的距离要比男人离他人的距离更近一些。杨治良（1988）[2] 等对 160 名 20~60 岁的成人进行实验研究。结果发现女性与男性接触时平均人际距离是 134cm，当女性与女性接触时平均人际距离是 84cm，可见两者相差悬殊。而男性与女性接触时平均为88cm，男性与男性接触时平均为 106cm。

阿盖尔和迪安（Argyle & Dean，1965）[3] 提出的亲和—冲突理论，认为人和人的交往都包含有趋近和逃避两种倾向。具体交往中，人们会达到两种倾向的动态平衡。这个理论演变为均衡理论 [4]。这个理论，带给我们的启示是在设计中要留有余地，有让人们自我平衡的机会。比如说，景观环境中的休息座椅应当有缓冲空间，很少有固定的距离，因为这相当于固定了社交距离，如果距离不合适，也失去了调整的可能。如图 4-10 所示，这样的椅子布局，由于离得太近，在声音、视线上都有干扰，很难带来安全感，但会带来一种有趣的情境。

文化是人类区别于动物的重要标志，文化是由长期的社会文明发展积淀下

图 4-9 瑞士苏黎世城市河流的滨水地带（左）
图 4-10 不合理的椅子布局（右）

① Canter，David V. Psychology for Architects [M]. [s.n.]1974.
② 杨治良. 成人个人空间圈的实验研究 [J]. 心理科学通讯，1988（02）.
③ Argyle，M.，& Dean，J. Eye-contact，distance and affiliation[J]. Sociometry，1965（28）：289-304.
④ 俞国良，王青兰. 环境心理学 [M]. 北京：人民教育出版社，1999：109-112.

图 4-11 欧洲大草坪人群活动场景

来的，能够引发各种现象的是不可见的无形的观念系统，因此，不同文化背景下的空间中的交往行为、社交距离会有所差异。比如，在欧洲的大草坪上（图 4-11），通常会聚集大量的人群，除了运动，人们来此的主要目的是晒太阳，因此人与人之间的间距要小很多；在瑞士滨水景观带上，我们也会发现类似的情况，不同的人群聚集在不同的高差上，邻近随便的人、中间道路上行进的人群、高处喝啤酒的人群，实际距离小于一般的社交距离。

4.2.2　空间行为与场所

1. 场所理论

1953 年国际现代建筑协会第九次（法国）会议上，发生了严重分歧。以 A. 史密森和 P. 史密森夫妇、凡·艾克为代表的一批人向《雅典宪章》中的城市四大功能（居住、工作、游憩和交通）提出挑战。之后，被誉为建筑哲学家的 "Team 10" 主要成员之一，凡·艾克（Aldo van Eyck）在探讨社会结构与建成结构之间关系的基础上，基于现代建筑的空间—时间的思想，提出了 "场所" 的概念，他认为无论空间和时间有什么含义，场所和场合有更多的含义。因为，"人对于空间的意象是场所，对时间的意向是场合。因为空间并不能提供房间，时间也不是一个有意义的时刻"[①] 这一概念在城市的尺度上，将社会结构中的人与城市结构中的人全方面地结合起来。人与城市物质形态的交互关系上升到结构体系的层次，人观察的对象不再是抽象的形态，而是具有丰富的人文内涵的场所，而人本身也和时间结合起来，是在某个特定的时刻处于这个场所的人。

此后，由于场所概念涉及最基本的 "人—环境" 的关联，场所理论不仅广泛地在建筑界讨论，而且拓展到心理学、社会学、地理学、哲学等范畴。地理学家段义孚（Tuan，1974）[②] 发现 "地方与人之间存在着的一种特殊的依赖

---

① Arnulf Luchinger. Structrualism in Architecture and Urban Planning [M]. Stuttgart：Karl Kramer Verlag，1981：27. 这一概念由凡·艾克（Aldo van Eyck）提出。

② Tuan Y F. Topophilia：A Study of Environmental Perception，Attitudes and Values [M]. Englewood Cliffs NJ：Prentice-Hall Inc.1974：260.

关系"，他也强调场所是相对空间提出来的。他讨论了人与地方在情感上的联结，即一种"共鸣"式体验，就此提出了"恋地情节"①；之后，雷尔夫（Relph，1976）② 将场所视为人类各种经验的现象，提出了场所感（sense of place）概念；普罗尚斯基（Proshansky，1978）③ 和科尔佩拉（korpela，1989）④ 提出"场所可识别性（场所认同，place-identity）"的概念，"场所认同代表着对物理环境的知觉，用来定义、维持和保护一个人的自我认同，并且包含着对特定场所的强烈感情依恋"⑤；威廉姆和罗根布克（Williams & Roggenbuck，1989）⑥ 提出"场所依赖（place attachment）"的概念。

坎特（Canter，1977⑦，1983⑧，1991，1993）系统总结了场所理论（Place Theory），形成了场所心理学。场所作为城市空间中充满意义的单元，也是包括了认知记忆、意识思维、情感偏好、价值观念等综合体验在内的环境心理单元，是物质环境的内在表象。场所是由在此场所中的活动个体、社会群体和文化积淀共同形成的经验系统。场所认同水平越高，人们与场所建立起来的情感联结就越紧密，情感唤醒就越持久，具有积极的"人—环境"的关联。

综上，场所概念至少包含了三个部分：场所空间的物质形式、地理位置、文化价值（图4-12）。在"场所"的文化内涵被肯定后，场所的物质形态和内在的心理表象才构成一个整体，才具有了心理—行为—环境的系统结构基础。肯特（Kent，1977）⑨ 表达了这种观念的重要性："将真正的建筑同日常的建造活动区分开，必须首先理解建筑对个人和社区产生的情感上的影响，以及它们如何提供愉悦感（a sense of joy）、身份（identity）和场所（place）。"（图4-12）；具体描述了场所中物质要素传递的意义，认为人是靠"读出"这些环境线索的暗示而发生行为的，即人们总是按其对环境线索的领会来采取行动。人之所以在不同的环境中有不同的行为，是因为他们由文化所限定的规范恰恰对应了特定的环境线索，就像不同的手势引起的反应一样。当空间与行为的发生有机结

① Tuan Y F. Space and Place : the Perspective of Experience [M].Minneapolis : University of Minnesota Press，1977. 8-18 : 118-148.

② Relph，E. Place and Placeless [M]. London，England : Pion Limited，1976.

③ Proshansky，H.M.."City and Self-identity"[J]. Environmental and Behavior，1978（10）：147-169.

④ Korpela，K.M. "Place-identity as a Product of Environmental Self-regulation"[J]. Journal of Environmental Psychology，1989（9）：241-256.

⑤ Proshansky，H.M.，Fabian，A.K. & Kaminonff，R.. "Place Identity : Physical World Socialization of the Self"[J]. Journal of Environmental Psychology，1983（3）：57-83.

⑥ Williams D R，Roggenbuck J W. Measuring place attachment : some preliminary results[Z]. Proceeding of NRPA Symposium on Leisure Research，San Antonio，TX，1989.

⑦ CANTER，D. The Psychology of Place [M]. London : Architectural Press : 1977.

⑧ CANTER，D. The Purposive Evaluation of Places : A Facet Approach [J].Environment and Behavior，15.6，1983 : 659-698.

⑨ Kent C. Bloomer，Charles W. Moore. Body，Memory and Architecture [M]. New Haven : Yale University Press，1977.

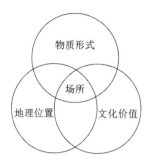

图 4-12 场所及场所感
概念

合时，空间就不仅是空间，它成为场所[①]；摩尔进而提出了"场所文脉"，特指场所所在的社会环境总和[②]。

场所与人互相影响，最终会在生活中形成因人而分的群体，以及群体定义的场所组成活动系统。这一系统呈现出有组织的结构，"环境是一些紧邻和相隔的场所的综合体。在心理上，这些场所形成一个层级系统，以致每一个场所都是更大场所的组成部分，并可以再分成更小的体系。"（Russell & Ward，1982[③]）这里实际表达的就是心理学理解的城市结构关系，如果把城市结构概念性地理解为多场所系统，这就包含了个人与群体心理、行为与社会特点，多系统对应群体、城市和文化差异等（图 4-13）。

摩尔（Moore，2003）进而提出了"场所文脉"，特指场所所在的社会环境总和	拉波波特（Rapoport，2003）具体描述了场所中物质要素传递的意义
坎特（David Canter，1977，1983，1991，1993）系统总结了场所理论 (Place Theory)，形成了场所心理学	威廉姆和罗根布克(Williams & Roggenbuck，1989) 提出"场所依赖(place attachment,PA)"的概念
普罗尚斯基（Proshansky，1978）和科尔佩拉（korpela，1989）提出"场所可识别性"的概念	"环境是一些紧邻和相隔的场所的综合体"（Russell & Ward，1982）
1976年雷尔夫（Relph）提出场所感(sense of place) 概念	肯特（Kent，1977）"将真正的建筑同日常的建造活动区分开，必须首先理解建筑对个人和社区产生的情感上的影响，以及它们如何提供愉悦感（a sense of joy）、身份（identity）和场所（place）"
1953年之后，Aldo van Eyck 基于现代建筑思想的空间—时间的概念，提出了"场所"的概念	1974年地理学家段义孚提出了"恋地情节"

图 4-13 场所理论发展

① 阿摩斯．拉普卜特．建成环境的意义——非言语表达方法 [M]. 黄兰谷，等译．北京：中国建筑工业出版社，2003：60-65.

② Moore R L, ScottD. Place attachment context：comparing a park and a trail within [J].Forest Science，2003，49（6）：877-884.

③ Russell, J. A., & Ward, L. M. Environmental Psychology [J]. Annual Review of Psychology，33，1982：651-688.

2. 场所行为

场所的概念构成了多个学科的研究核心动力，在"空间—场所"转向中，凡·艾克融入了人的意象和意义，段义孚提出了恋地情节，雷尔夫加入了人类各种经验，普罗尚斯基提出感情依恋，坎特认为是各种活动的人的经验系统，拉波波特强调文化限定的行为。所有这些观点，核心就是场所中人的行为及其经验。

巴克在 1968 年提出的"生态心理学"（ecological psychology），他认为人的生活方式和环境一起组成了一种交互作用的统一生态系统；生命功能（知觉、行为等）必然包含一种环境，而环境特性也包含人的生活方式。其理论核心就是"行为背景"，行为背景将人与建成环境的互动作为一种"现象"，"人瞬时的行为完全由他的生活空间决定……但是更重要的是，发展不是一个瞬时的现象，因此必须获得关于生态的环境（ecological context）的认识"①。

巴克进而提出了"行为—环境固定模式"，"模式环境（molar environment），是由具有边界的和物理—时间属性的场所，以及多样化但稳定的集体行为模式组成的"②。一个或多个行为背景组成了"行为—环境固定模式"。固定的行为模式是作为意义明确的有时间—空间坐标的行为整体，是一种超个人的（extra-individual）行为现象，其特征不随参与人员的改变而改变。

环境与行为是同构的，两者结构是统一的，环境与行为有相同的边界。行为是人生活中表现出来的生活态度及具体的生活方式。环境中发生什么行为是有模式和规律可循的，环境与行为之间是同构关系，边界一致。在巴克的观点中，场所及其行为构成了模式环境，环境又对行为的发生具有交互作用。

巴克的观点解释了行为与环境之间的模式关系，扬·盖尔（Jan Gehl）③进一步提出了场所中行为发生的正负效应。他认为浅层次、单一的活动形式能够逐渐向高层次、多样化的活动形式发展，即活动发展的"正效应"。这一观点，其实指出了活动中的行为发展、行为稳定及其多样化的过程，也指出了行为发展的叠加现象，"城市中整体活动的发展是一种自我强化的过程""有活动发生是由于有活动发生"④。比如我们会发现许多人喜欢聚集在人多的地方、建筑的入口、广场等，这些现象都属于活动的正效应。

如果场所的物质形态与人的尺度之间差异过大，活动的发生由于社会密度偏小的原因，不易为人们感知，或者活动显得过于分散，每个单项活动无法相互交汇、相互影响，难以形成聚集度更高，更有意义的活动，即所谓"没有活

① Roger G. Barker. Ecological Psychology : Concepts and Methods for Studying the Environment of Human Behavior [J]. Stanford，Calif : Stanford University Press，1968.9.

② Roger G. Barker. Ecological Psychology : Concepts and Methods for Studying the Environment of Human Behavior[J]. Stanford，Calif : Stanford University Press，1968. 10–11.

③ 扬·盖尔. 交往与空间 [M]. 何人可，译 . 北京 : 中国建筑工业出版社，1991 : 76.

④ F.van Klingeren. "De Drontener Agora." [J]. Architectural Design. 7，1969.（3）: 58–62.

动是由于没有活动发生"。这些现象的发生就是负效应。

扬·盖尔将活动行为总结为必要性活动、自发性活动、社会性活动 [1]。必要性活动是日常工作与生活事务；自发性活动大约是娱乐消遣互动；社会性活动由另外两类活动发展而来，是各种社会交往活动，包括主动或被动接触。在欧洲，很多城市的教堂前广场或其他公共空间在周末的时候都会自发地形成跳蚤市场（图4-14）。另一个有趣的案例是从1995年开始风靡全球的"公园日（Parking day）"，在城市停车位上铺设草坪、摆放座椅，营造出微型公园的氛围，人们在此进行在公园中常见的活动，如读书、聊天、喝啤酒、听音乐、日光浴等，该活动已经成为社会性公益宣传，强调城市空间应以人为本的思想（图4-15）。

景观环境包括建成环境中的公共空间，以及风景环境。景观环境中的活动行为具有一定的特殊性，大抵属于自发性行为及社会性行为，以及少数情况下的必要性活动，如在景观环境中上班的人群、途径的人群以及将工作临时放置在景观环境中的人群等。

景观环境活动内容具有明显的倾向。如果围绕"景观"这个核心内容，景观环境中的活动可以分为观景行为、场景行为以及游憩行为三种。观景行为以视觉空间中的行为发生为出发点，包括观景、拍照、休憩等；场景行为以特定场所空间中的行为为主，场景行为中除了自发性行为以外，通常与场所的主题、功能、位置、文化内涵、意义等相关；游憩行为是景观空间中的常见行为，相对于观景行为而言，游憩行为具有动态特征，包括散步、锻炼、娱乐、观光、游赏等。如同社会性活动可以由另外两类活动发展而来一样，景观环境中的这三种行为也具有互相转换特征，比如说，城市广场作为特定的具有一定文化积淀的场所，必然会有特定的场景行为及观景行为发生，以及在场景中游赏、散步、锻炼的人群。

图4-14 Parking day——社会性活动（左）
图4-15 1929年德国 Silesiade 市场——自发性活动（右）

① 扬·盖尔.交往与空间[M].何人可，译.北京：中国建筑工业出版社，1991：2.

3. 场所精神

在哲学意义上，人与环境构成了基本的结构关系，人对场所和环境的意义的体验构成了人作为存在的立足点，场所因人而有了"精神"，物质环境是这种场所精神的视觉化表象。场所的结构形式可以变化，但场所的精神却因人的存在而继续存在。在建筑领域，场所精神（Relph，1976[①]；Norberg-Shulz，1979[②]）是舒尔茨长期研究城市中的生活现象总结出的概念。在心理学、社会学、现象学等学科领域，场所精神也是场所研究的核心理念，旨在从认知与营造的角度理解一个具有意义的场所，理解作为存在的人的栖居空间的意义。

从本质上看，空间成为场所，就是指空间融入了人的意义，这个意义能够传承下去，就是场所精神。如何让空间成为场所，核心就是在"行为—场所"的交互关系中找到人对场所体验的意义。场所精神的实质，就是引导人们去创造或延续场所的意义。"环境行为研究的任务就是从场所的使用者的角度来理解场所，研究它们是如何在特定的社会环境中被组织和运用的，以及特定场所原型（家、工作场所、集会场所、神圣场所、艺术场所等）的特性"[③]。

场所认同就是对场所精神的适应，经过认同，个人的体验就成为场所精神的一部分。每个特定的环境都是由自然和文化的各种现象组成，该环境内外的人们通过场所认同，体验环境与人之间的相互联系、体验环境外部与内部的联系，体验不同场所精神的传承与延续。

景观的本质是一个理想场所，是具有某种审美价值与意义的场所，景观体验的过程就是寻找人与场所之间的和谐关系的艺术。景观设计是在艺术的理想观念中发展，这一概念源自亚里士多德对柏拉图思想理论的诠释[④]。景观环境中的各种现象，就是存在的个体与景观环境中的要素与观念的结合。就像意大利罗马的西班牙大阶梯那样（图4-16），这个建于1723年的具有巴洛克风格的大台阶，本来是解决以教堂为主导的由陡峭山坡构成的城市空间的无序状态的一个措施，因为电影《罗马假日》中绝世佳人赫本在西班牙广场吃冰淇淋的镜头带来的置入体验，也因为它长久以来融进了城市生活，获得了市

图 4-16 西班牙大阶梯——电影《罗马假日》

---

① Relph，E. Place and Placeless [M]. London，England：Pion Limited，1976.

② Norberg-Shulz，C. Gehius Loci：Toward A Phenomenology of Architecture [M].New York：Rizzoli，1979.

③ Gary T. Moore. New Directions for Environment-Behavior Research in Architecture [J]. James C. Snyder，ed. Architectural Research，New York：Van Nostrand Reinhold，1984：105-107.

④ Tom Turner. City as landscape [M]. Oxford：Great Britain at the Alden Press. E&FN SPON. 1996：142.

民及游客的认同，已成为游客和市民共同心驰神往的场所，而在此的主要活动内容是坐在台阶上发呆、人看人与看夕阳。

4.3　私密性与领域

4.3.1　私密性

　　一个人处于特定的环境中，有时候会希望控制来自其他人的刺激源，不被别人看见、听见或感知，从而获得属于自己的心理空间。威斯汀（Westin，1970）[①]将这种控制意识或对他人接近度的选择性控制称为私密性，或私密性控制。控制的是信息刺激的交流程度以及交流方式。奥尔特曼（Altman，1975）[②]对私密性的定义是"对接近自己的或自己所在群体的选择性控制"。这种选择性控制的是生活方式和交往方式，是人们对自己心理需求的一种表达和控制。因为是控制，因此对私密性的追求一定是主动和有意识的。在社会空间中，社会交往行为的心理基础是个人空间，对信息的支配和互动的基础是私密性。也因此，私密性有两个核心概念，即对个人信息的支配权和对社会互动的支配权（McAndrew，1995）[③]。

　　在环境设计中，通过空间的营造方式，如功能分区、空间分隔等不同尺度的设计技巧，形成由私密性、半私密性、半公共性到公共性的空间层次，以应对各种可能的活动模式，这已经成为大家熟知的设计思路和技巧。但在心理学中，私密性并非是物质形态的控制，而是在心理层面控制何时、何地以何种方式与他人分享或沟通信息。

　　威斯汀（Westin，1970）[④]定义了私密性的两个方向四种类型（图4-17），处于退缩状态没有信息交流的类型：独处（solitude），亲密（intimacy）；处于信息控制状态的匿名（anonymity），保留（reserve）（图4-18）。独处指的是一个人待一会儿，或单方面屏蔽外界的信息交流，不一定远离别人的视线，但自身可以做到对外界视线的忽略；亲密指的是两人或以上小团体的私密性，同样不需要有任何外界信息的打搅；匿名指的是在公开场合不被人认出或被人监视的需要，是有公开接触，但没有信息交流，甚至不被人注意；保留指的是保留自己信息的需要，特别是那些涉及隐私的信息。

图4-17　两个方向四种类型示意图

　　①　Alan F. Westin. Privacy and Freedom. 1970.

　　②　Altman，I. The environment and social behavior：Privacy，personal space，territory and crowding [M]. Monterey，CA.：Brooks/Cole，1975.

　　③　Francis T.，McAndrew，and Anderson Craig A. "A Broad Approach to Environmental Psychology." [J]. Psyc CRITIQUES，no. 8，1995：781. EBSCO host，doi：10.1037/003889.

　　④　Alan F. Westin. Privacy and Freedom [M].The Bodley Head Ltd，1970.

(a)　　　　　　　　　(b)　　　　　　　　　(c)　　　　　　　　　(d)

图4-18　私密性的4种类型
(a) 独处；(b) 亲密；
(c) 匿名；(d) 保留

在中国传统居住空间中，通过每一进院落的组织，从最靠外侧的辅从之人停留的院落、接待议事的院落、家庭内部院落（最基本的四合院原型）、内眷所处院落到私家园林空间，表达了不断加强的私密性控制。有意思的是私家园林的覆盖面较大，有时又具有独立通往前厅的通道以及独立对外的出入门户，体现了私密性的动态平衡。

景观环境中，我们常常通过设计手段，如景墙、植物、高差、距离等，使得空间的物质形态能够控制信息交流，特别是对视线以及听觉的控制，从而实现对私密性或半私密性的空间追求。

4.3.2　领域性和领域

一个人在环境中立足，随身携带着"空间气泡"——个人空间。但只要在场所中发生任何行为活动则都需要占据一定的空间。这种因为某种需要占据场所中的活动空间的行为就是领域性，占据的空间就是领域。从这个角度看，领域和领域性是非常容易理解的概念。奥尔特曼（Altman）为此作出了这样的定义：领域性是个人或群体行为为满足某种需要，拥有或占用一个场所或一个区域，并对其加以人格化和防卫的行为模式。该场所或区域就是拥有或占用它的个人或群体的领域。相对于个人空间，领域性与更高层次的需要相联系，是习得的观点，与过去经历和文化背景相关。

领域是被占据的空间，而占据这种行为是有时效的。奥尔特曼（Altman & Chemers. 1980[①]）根据领域对个人或群体生活的私密性、重要性以及使用时间长短的不同，将领域分为三大类，主要领域（Primary Territories）：使用时间最多、控制感最强的场所，和所属人与规模尤关，如住宅、办公室等；次要领域（Secondary Territories）：次要领域对使用者来说不如主要领域那么重要，不归使用者专门占有，如住宅区绿地、校园等。使用者对其控制感也没有那么强，属半封闭、半公共性质；公共领域（Public Territories）：只要符合社会规范，可供任何人暂时或短期使用的场所，如公园、广场等。

在景观环境中，无论是建成环境中的外部公共空间，还是风景环境，绝大部分空间都属于公共领域，因为所发生的领域行为与所有权基本无关，具

---

① Altman，I.，& Chemers，M. Culture and Environment[M]. Monterey，CA：Brooks/Cole，1980.

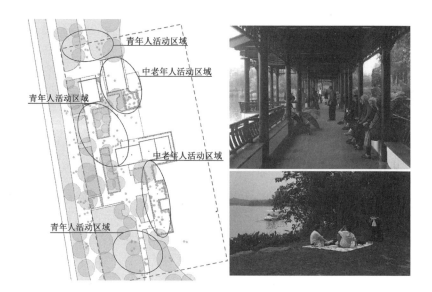

图 4-19　玄武湖北湖艺坊总体人群分布——领域性和领域行为

有一定的特殊性。只有少数区域由于长期被固定的人员从事相同的活动时，才可能在一定区域保持明显的领域性，逐渐具有了次要领域的性质。在景观环境中，由于不同群体的偏好，长时间地占用某些区域，并通过某些手段形成了个性化标志，也能形成次要领域。如在南京玄武湖北湖艺坊，经过调研发现，由于老年人常年在此活动，逐渐形成了自己的领域性，青年人和老人们互有默契，拥有各自的领域（图 4-19）。占据空间的行为就是领域性行为。

领域性行为，是通过对物质空间形态的占据而在一定的时间内对空间的控制，同时能够体现相同偏好的个人或群体的价值观，让彼此产生认同感。如南京午朝门公园地面用瓶盖自发制作的羽毛球场地，由于长时间的空间占据，能够具有稳定感和安全性（图 4-20）。

图 4-20　午朝门公园中瓶盖限定的球场边界

4.3.3　防卫空间

防卫空间来源于安全性的领域限定。美国社会学家奥斯卡·纽曼（Newman, 1937）[1] 在他的著作《可防卫空间》中提出可防卫空间理论，包含自然监视、领域性、环境印象、周围环境（milieu）四个方面的内容（图 4-21）。奥斯卡·纽曼还提出了空间层次理论（图 4-22），从中可以看到空间层次关系，这种空间层次性过渡的办法，已经成为空间设计需要考虑的方向之一。

自然监视是指在设计中通过提高可感知性，特别是可见性来达到监视的目的。这要求在景观环境中避免视觉及光线死角，保证足够的照明及良好的视域。尤其是要注意植物对视线的遮蔽问题。例如在住宅区中把住宅组团布置成有利于居民观察周围情况的方式，保证主要的活动场所能够被周边住户形成视线监控。

领域性是指要提供人们通过活动行为占据空间，进而形成领域的可能。长期稳定的使用者保持对空间的占据，能够提高场地的可识别性以及个体的归属感。在设计中，空间的层次性、功能分区、明确的标识、使用者分群等都能达到领域性效果。

环境印象就是环境形象在人们心目中基于安全防卫方面的意象表征，良好的环境印象能够形成环境的归属感。美国纽约中央公园始建于 1858 年，设计者奥姆斯特德提出了城市"绿肺"的概念，坚信城市中的大面积绿地对于城市的发展、缓解城市压力的重要意义。在早期的经济低潮，环境衰败，这里曾经沦为废墟，频频发生打劫强暴等犯罪行为，以致遭到质疑，如图 4-23 所示是 1930 年的公园情景[2]。由此可见，环境印象是需要长期积淀才能逐渐形成的。

图 4-21　可防卫空间"领域"示意图（左）
图 4-22　奥斯卡·纽曼的空间层次理论图示——参照刘先觉《现代建筑理论》改画（右）

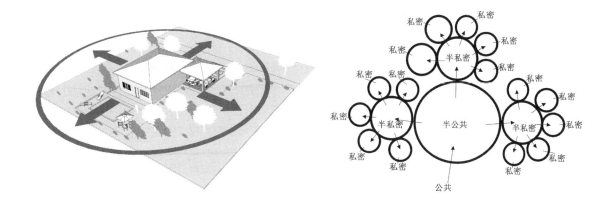

①　Oscar Newman. Defensible Space ; Crime Prevention Through Urban Design [M]. Macmillan Publishing, 1973.
②　Berenice Abbott 摄影作品. 美国纪实摄影家.

图 4-23 1930 年的中央公园
（Berenice Abbott 摄影作品）

周围环境需要关注周边土地的使用方式。这一点和空间层级的思想相关，空间与空间是相互影响的，因为相邻的空间中使用的人群及其活动必然具有相关性。

奥斯卡·纽曼的思想源自他从 1968 年开始研究美国城市住宅区的犯罪问题，比如他发现传统城镇低层住宅区的犯罪率明显低于高层住宅区，这是由于小尺度带来了更多的自然监视和领域。以此为起点，人们逐渐认识到城市环境设计与犯罪之间的关联，进而形成了城市犯罪空间理论、防卫空间学说、犯罪预防性环境设计学说（CPTED）等。第一届国际 CPTED 于 1996 年在加拿大召开，对城市环境设计的相关专业领域产生了很大影响，包括风景园林在内的各大学术领域开始反思城市空间的防卫性问题。

国内研究大多集中在住宅社区和建筑群的防卫性方面，风景园林领域的研究不多，主要集中在对自然灾害的防灾减灾功能方面、社区安全及居住小区的规划及环境设计方面等。其中，姜玉艳和周官武[1] 介绍了城市公共环境可防卫空间设计的基本概念；贾培义和李春娇[2] 针对突发事件、事故灾难的问题，提出了风险识别与评估、安全半径估算等策略。

1987 年,吉福德 (Gifford)[3] 为侵犯行为做了总结，包括侵入、骚扰、污染等，为防卫空间的思考提供了新的方向。比如在当前生态理念下，对城市空间污染的防护在设计中的引导变得更为重要。

4.3.4 边界效应

在认知形体的章节中，我们提到了关于青蛙视网膜的研究（Lettvin, Maturana, McCullogh & Pitts, 1959）[4]，科学家发现视网膜中具有一些称为"边界探测器"（edge detectors）的特定细胞对明暗交界反应强烈。胡贝尔等（Hubel & Wiesel, 1962[5]，1968[6]）进一步发现了区分"水平线探测器"和

① 姜玉艳，周官武 . 可防卫空间与城市公共环境设计 [J]. 重庆建筑大学学报，2005（1）：18-22.

② 贾培义，李春娇 . 城市公共开放空间的防卫性景观设计研究 [J]. 中国园林，2015，31（01）：110-113.

③ Gifford R. Environmental psychology : Principles and practice[J]. Environmental Psychology Principles & Practice，1987（4）：53.

④ Lettvin, J.Y., Maturana, H.R., McCullogh, W. S., &Pitts, W. H. What the frog's eyes tells the frog's brain [J].Proceedings of the Initiate of Radio Engineering, 47,（1940—1941），1959.

⑤ Hubel, D. H., & Wiesel, T. N. Receptive fields, binocular interaction, and functional architecture in the cat's visual cortex[J]. Journal of Psychology，160，1962 : 106-154.

⑥ Hubel, D. H., & Wiesel, T. N. Receptive fields and functional architecture of monkey striate cortex[J]. Journal of Psychology，195，1968 : 215-243.

"垂直线探测器"的证据，也包括
其他不同的探测器。马尔（1982）[1]
在他提出的初级物体识别中，提到
了关于边缘（edge）、轮廓（contour）
和团块（blob）的信息的重要性。
这些研究成果充分说明了，在我们
认知环境时对环境中边界形态的敏
感程度比别的图形要高很多，边界

图4-24　沿空间边缘的座椅更受欢迎——边界效应

的可识别性很高，是人们容易理解并接受的图形。

　　在人们对未知环境的探索中，对容易识别的部分更容易找到安全感。琼治（Jonge，1968）[2]提出了边界效应理论：他发现人们喜爱逗留在区域的边缘（图4-24），而区域开敞的中间地带是最后的选择，身处边界区域既能看清周围的一切，又可以较少暴露自己[3]。这同样能反映出人对交往距离的要求——安全。区域的边界象征着两个不同空间的接壤，人处在中间的位置，同时具有两种选择性，在潜意识中位于相对安全的领域。

　　景观环境中的边界很多，尺度各有不同。森林、滩涂、广场、滨水空间等空间边缘都是人们喜爱的逗留区域。小尺度空间中，人们偏爱靠窗、靠墙、靠边的座位；当边界缩小为点状时，如我们会发现广场中人们偏爱柱子、水池、树干等边缘，这种心理特征又可称为"可依靠性"，同样来源于寻求安全的心理需求。阿普尔顿（Appleton，1975）[4]从生物进化的角度提出了理论解释，认为人偏爱既有庇护性又有开敞视野的地方是生物演化的必然结果。这个理论能够解释"可依靠性"现象。基于防卫的心理需要，我们在很多公共场合可以看到这一点，人们喜爱找到安全可依靠的位置，背后有安全庇护，而前方视野开阔，这样的位置又恰恰出现在广场、草坪、水域的边缘。视野开阔，还能方便人们迅速获得环境信息。

　　从某种角度来说，边界效应统合了个人空间、私密性、领域性及防卫空间的理论，心理上的边界构建了不同需求的空间，个人空间是个体需求、偏向于防卫；私密性偏向于交流控制；领域性偏向于占据。而人们在环境中所处的位置，是行为的控制器和发生器。

　　[1]　David Marr，Tomaso A. Poggio，Shimon Ullman，Vision：A Computational Investigation into the Human Representation and Processing of Visual Information [M]. The MIT Press，1982.
　　[2]　Jonge，Derk de. "Applied Hodology" [J]. Landscape. 17，no.2（1967—1968）：10-11.
　　[3]　奈杰尔·C.班森（Nigel C.Benson）. 心理学 [M]. 北京：生活·读书·新知三联书店，2016.02：147-151.
　　[4]　Jay Appleton. The experience of landscape. 1975：68-80.

4.4 空间密度与行为

4.4.1 拥挤与控制

社会学家研究的拥挤是一种高密度现象，心理学家研究的拥挤是一种主观反应。拥挤是一种直觉或体验到的状态（Stokols，1972）[1]，感觉拥挤和在高人口密度的环境中是不一样的。这里我们主要讨论人在行为发生时体验到的拥挤感觉。

罗斯（Ross，1908）[2] 和麦克杜格尔（McDougall，1908）[3] 最早研究并使用了拥挤（crowds）这个词汇，大致是拥挤的人群的含义。1975 年奥尔特曼（I. Altman）提出了维度理论，他认为拥挤和孤独是同一维度的两个极端：独处的空间太小会造成拥挤，独处的空间太大则会出现孤独，因此空间行为是调节独处或使其最优化的一种主要机制。根据维度理论，奥尔特曼指出了拥挤的感觉和占据的空间大小相关，其中对空间的占据就是领域性，独处又涉及私密性的探讨。这一段概念中个体的感受占据主导地位。个体可按照自己的选择来决定和采取行动，不同的行动能够改善信息流动的方式以及所处空间的大小，就能改变拥挤的感受。在心理学中，这种个人的控制属于认知控制。

从以上的讨论中，我们能够发现对待拥挤的策略包括改变物质空间形态的办法：增大空间、分隔；也包括改变心理体验的办法，如分时段、提高个体的控制力。从生态心理学角度看，拥挤就是过多的人争取过少的资源。从环境心理学角度看，这个资源指空间，当然包括物质空间与心理空间。社会空间的拥挤、资源的短缺，会造成很多社会问题，包括资源性短缺或污染、社会秩序紊乱、生理或心理疾病等。

一般而言，人们认为拥挤是一种消极的令人不愉快的状态，在这种状态中人们的个人空间会受到侵犯，这种无助感会使人情绪消沉、疲惫。心理学家还发现男性比女性更容易产生拥挤的负面情绪性影响。但在景观环境中，高密度的人群带来的拥挤感有时候并不是意味着负面的效果，甚至可能是景观环境中喜闻乐见的氛围。比如春天踏青赏花的人流，在经过萧条的冬季之后，迅速让景观环境升温，一时间景区内人头攒动，摩肩接踵，此时拥挤带来的是令人"愉快"的节日气氛。

2010 年，号称史上规模最大的世界博览会——上海世博会期间，人流密度极高，其密度值实际远远超过城市空间中可能的存在值（图 4-25）。例如，

---

① Stokols，D. On the distinction between density and crowding：Some implications for further research[J]. Psychological Review，1972（79）：275-277.

② Ross，E. A. Social psychology [M]. New York：Macmillan，1908.

③ McDougall，W. Introduction to social psychology [M]. London：Methuen，1908.

图 4-25　2010 年上海世界博览会拥挤人群场景

沙特展馆的排队人群，经常从开馆时间开始就需要排队 9 小时左右时间才能进入。人们在高温、疲劳且约束性的行为（排队、站立）中度过了 9 小时，实际排队时的拥挤程度，使得个人空间已经完全失去了，但大多数人并没有太多的沮丧情绪。这说明，在景观环境这种特定的情境中，人们本来就是带着愉悦的情绪前来休闲，达到拥挤的阈值极高。因此，拥挤能否产生消极后果，部分取决于我们是否具有控制能力和权限。如果我们随时可以主动地从这种拥挤状态中撤离，那么大多数情况下我们需要考虑的不是心理上的承受能力，而是生理上的安全。

超过阈值产生的拥挤带来负面影响，又可以理解为超负荷的行为干扰。比如我们在节假日常见的景区过饱和现象，人们在空间中不仅受到个人空间的极大压制，同时行为的控制性部分丧失，就会带来很多安全隐患。在 2010 年上海世界博览会期间，吸引了世界 246 个国家和国际组织参展，第一天参观人数达 30.42 万人次，最高峰单日入园 103 万人。不考虑有人进出多次的情况，按照其占地 5.28km² 计算，高峰密度达到 0.18 人 /m²，看上去并不多。但是和城镇公园的规范密度 30~200 人 /hm² 相比（风景名胜区规划规范 GB 50298—2018）已经大了 10~60 倍。

拥挤带来的影响因人而异，不同的场合、文化背景、性别年龄等诸多方面都会有影响。比如通常拥挤会使人们的吸引力降低，但特殊情况下，女性在高密度下更易于向别人产生好感。在景观环境中，要减少拥挤感发生的可能，我们有很多办法。比如传统园林空间是通过增加空间的分隔、建立空间领域感、减少单元空间中可感知的个体数量，从而达到减少拥挤感的目的；通过地形、植物、墙体等景观要素，形成对视线、声音的阻断，减少个体的感觉过载，是景观环境中常用的办法。因此，即使在属于标准公共领域的景观环境中，树后、坡顶、墙下等，都能形成临时的独处领域。

4.4.2　密度的两种实验

单位空间中的个体数量，两者之间的比值就是密度。拥挤是针对密度的心理感知，是主观反应。拥挤让人感觉失去了领域、失去了防卫可能、甚至失去了个人空间，这三个概念实际上表达了不同的密度。防卫空间通常指视线可及范围，领域属于空间的占据，可大可小。但个人空间如果被侵犯，空间密度基本上就是最高值了。

有两种研究密度的实验办法（Loo，1972）[1]，一种是社会密度（social density）实验，在保持空间面积不变的情况下，改变个体的数量；一种是空间密度（spatial density）实验，是在保持个体数量不变的情况下，改变空间的大小。密度实验采用的个体通常为动物或者学龄前的儿童，目的是希望在体验的过程中，消除后天习得带来的知觉判断，更多地从本能来应对变化带来的刺激。社会密度实验，更接近于社会人口的繁衍提升；空间密度实验更接近于不同场所的空间体验。景观环境中的密度改变，更接近于社会密度的变化方式；空间密度的变化更接近于建筑的不同大小空间带来的变化。

针对物质空间的密度研究，相对而言更加简单直接。可以通过空间面积或体积的计算与个体数量形成比值。例如1970年，美国建筑师蒂尔提出了著名的"等围合度"（equal perceived degree of enclosure）假设，认为影响人们感知的空间围合程度的因素有三点：空间的限定，如形成空间界面的各种物质元素，包括形态、质感、肌理；空间的容积，空间三维比例一定时的容积绝对值；空间的明显度，指针对空间的围合度形成的加权值。

4.4.3　密度的经验值

中国传统风水学中有句话"千尺为势，百尺为形"。其中，势指远观的、大的、群体性的、总体性的、轮廓性的空间及其视觉感受。形也就是指近观的、小的、个体性的、局部性的、细节性的空间构成及其视觉感受效果。这两者都是对不同尺度空间的心理认知，是定义一园、一山、一境的基本空间尺度。其中，百尺约合23~35m。在当代建筑理论中，王其亨（1992）[2]、库珀（2001）[3]认为这个距离是能够看清人的面目表情和细节动作的近观视距标准距离；芦原义信（1985）[4]也提出了"20~25m模数"理论，他认为这一距离是令人感到舒适亲切的尺度，每20~25m应有相应的节奏变化。

在具体的密度数据上，胡正凡提出要使一个外部空间具有生气感，空间活动面积与活动人数比值的上限不宜大于40m²/人；比值小于10m²/人时空间气氛转向活跃；小于3m²/人时是否有可能产生拥挤感，取决于活动群体的性质、活动内容和强度以及当时当地的情境等多种因素（胡正凡，1982[5]）；怀特

① Loo，C. The effects of spatial density on the social behavior of children[J]. Journal of Applied Social Psychology，1972（4）：372-381.
② 王其亨.风水理论研究[M].天津：天津大学出版社，1992：121-122.
③ 克莱尔·库珀·马库斯，卡罗琳·弗朗西斯.人性场所——城市开放空间设计导则[M].俞孔坚，译.北京：中国建筑工业出版社，2001：22-23.
④ 芦原义信.外部空间设计[M].北京：中国建筑工业出版社，1985：30-35.
⑤ 林玉莲，胡正凡.环境心理学[M].北京：中国建筑工业出版社，2000：188.

（Whyte，1988[①]）在观察了纽约的广场后的研究结果认为，座位使用的高峰密度为 80~92cm/ 人，某些特殊情况下 43~51cm/ 人。

我国的《风景名胜总体规划标准》GB 50298—2018 中也有关于环境承载容量的规定。规范指出风景区游人容量应随规划期限的不同而有变化。并提出了生态允许标准应符合下表（表 4-1）：

游憩用地生态容量表　　　　　　　　　表 4-1

用地类型	允许容人量和用地指标	
	（人 /hm²）	（m²/ 人）
（1）针叶林地	2~3	5000~3300
（2）阔叶林地	4~8	2500~1250
（3）森林公园	<15~20	>660~500
（4）疏林草地	20~25	500~400
（5）草地公园	<70	>140
（6）城镇公园	30~200	330~50
（7）专用浴场	<500	>20
（8）浴场水域	1000~2000	20~10
（9）浴场沙滩	1000~2000	10~5

在游客容量的计算上，也有如下密度的计算指标：

（1）线路法：以每个游人所占平均道路面积计，5~10m²/ 人。

（2）面积法：以每个游人所占平均游览面积计。其中：主景景点：50~100m²/ 人（景点面积）；一般景点：100~100m²/ 人（景点面积）；浴场海域：10~20m²/ 人（海拔 –2~0m 以内水面）；浴场沙滩：5~10m/ 人（海拔 0~+2m 以内沙滩）。

（3）卡口法：实测卡口处单位时间内通过的合理游人量。单位以"人次 / 单位时间"表示。

游人容量计算结果应与当地的淡水供水、用地、相关设施及环境质量等条件进行校核与综合平衡，以确定合理的游人容量。

4.5　空间组织与行为

4.5.1　空间行为心理

1.动觉对空间的感知

动觉是感知身体运动和位置状态的感觉，与身体所处位置、运动的方向、速度变化等因素有关。空间中的行为依赖动觉。动觉对空间的感知能力，是人

---

① 　Willam H. Whyte. City：Rediscovering the Centre. 1988：68.

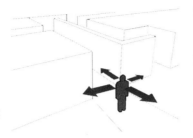

图 4-26　动觉对空间的
感知

对环境感知的起点之一（图 4-26）。

动觉是一个由希腊语运动和感觉（也译
为审美）合成的一个词语，这一个原初的词
汇意在表达身体运动的独特感觉。胡塞尔将
这个概念引入知觉现象学中，他认为动觉是
"属于知觉本质的身体运动"[1]，是知觉本质的
因素，并且是知觉空间的本质性原因。胡塞尔也提出了空间的四个层次：日
常生活空间即直观空间；几何学空间；自然科学即应用几何学的空间；形而
上学的空间[2]。此处，我们讨论的范围是直观空间。

胡塞尔认为："空间是诸可能位置的一种无限的杂多（流形），由此提供了
诸运动的无限多的可能性的一个场"[3]。在胡塞尔理解的场内，位置、运动占据
着重要的角色，是人在特定的位置产生了运动，完成了对空间的认知过程。空
间的形态，包括看见和看不见的部分，作为一个整体而被给予，整体的空间形
态之所以可以被当成整体呈现，则在于动觉的作用。

2. 心理上的交互场

库尔特·勒温（Kurt Lewin）在 1936 年提出了著名的行为空间公式：B=f
(PE)，在这个公式里，B 代表行为，f 是指函数关系（也可以称为一项定律），
P 是指具体的一个人，E 是指全部的对心理场的解释环境[4]。他认为行为是随着
人与环境这两个因素的变化而变化，人的心理环境实际在影响一个人发生某一
行为。这一理论提出的行为和环境之间的关系，以及就此形成的心理环境，是
认知地图形成的基础。巴克进一步提出的行为场合理论（Barker, 1968）[5]，不
仅认为人认知带来的心理环境对行为有影响，还认为场所中的活动模式是固定
的，且不随时间的改变而改变。只是不同的人员及其参与水平，会带来不同的
活动模式的变化。斯托克斯（Stokols & Shumaker, 1981）[6] 从整体上提出了人
和环境之间的交互作用理论，就是相互作用论。

---

[1]　Husserl. E. Erfahrung und Urteil. Untersuchungenzur Genealogie der Logik [M]. Hamburg : Meiner, 1999 : 89.

[2]　Husserl. E. Gesammelte Werk Band XXI, Studien zur Arithmetik und Geometire. Texte aus dem Nachlass（1886—1901）[M]. hrsg. Von Ingeborg Strohmeyer, Den Haag : Martinus Nijhoff, 1983 : 309.

[3]　Husserl. E. Gesammelte Werk Band XXI, Ding und Raum. Vorlesungen 1907 [M]. Ulrich Claesges（Herausgeber, Einleitung）, Den Haag : Martinus Nijhoff, 1973 : 121.

[4]　Lewin, Kurt. Principles of Topological Psychology [M]. New York : McGraw-Hill. 1936 : 4-7. From https : //en.wikipedia.org/wiki/Lewin%27s_equation

[5]　Roger G. Barker. Ecological Psychology [J]. Concepts and Methods for Studying the Environment of Human Behavior. Science. Stanford University Press, Stanford, Calif., 14 Nov. Vol. 166, Issue 3907, 1969 : 856-858. DOI : 10.1126/science.166.3907.856-a.

[6]　Stokols, D. & Shumaker, S.（1981）. People in places：A transactional view of settings [M]. In J. Harvey（Ed.）, Cognition, social behavior, and the environment. Hillsdale, NJ : Lawrence Erlbaum, 441-488.

人在场所空间中活动，行为与场所之间总是在不同的层面互相影响着。美国心理学家坎特（Kantor，1958）[1] 在 20 世纪 20 年代提出了交互行为心理学（开始称为机体论心理学）和交互行为场概念，又称为情境交互作用理论。交互行为心理学侧重研究可观察事件，而不是像其他心理学那样，将心灵、意识、记忆、思维、驱力、信息加工等抽象概念作为心理学研究对象。这与胡塞尔的现象学方法接近，目的就是聚焦于可以观察到的实际研究对象。交互行为场的概念是指大量相互依存的事件构成一个交互行为场，个体与世界之间的交互作用构成了心理事件的行为场。坎特提出了更细致化的公式：PE=C（K, sf, rf, hi, st, md），其中 PE 指心理事件，C 指交互行为场，其他字母则代表了以上相应的交互行为场的内容。这一公式表达在由交互行为构成的心理场中，每一个因素都处于相互联系之中，任何心理事件都是在行为交互场中才得以发生，并在交互行为场中才具有意义的。在普林斯顿大学校园中，偶然看到这样一个情景，在校园内组织活动的准备工作中，老师与学生翩翩起舞。两个人通过动觉对空间形成感知，同时也构成了心理上的交互场（图 4-27）。起舞的两人构建了多重人与场地之间的关联，在不同层面交互影响，这个场地既是校园，又是组织活动场所，暂时又称为两个人的舞场。对于外在的观察者而言，在两人跳舞的同时，也能感受到一个无形的存在场。

图 4-27 普林斯顿大学校园里老师与学生起舞

4.5.2 空间行为习性

1.空间行为特点

空间中的行为与环境相互作用，在心理上形成交互行为场，在物质空间场中，同样会反映出这种交互性行为，行为的发生、持续、目的都有迹可循。运用在景观环境的设计中，就是要针对性探索存在场中的诸要素之间的结构关系，引导人们的行为与场所积极互动，无论你是在生理上，还是在心理上都保持健康与活力。

人们的行为一般具有六大特点，主动性、动机性、目的性、因果性、持久性、习得性。人总是自主发生行为的，外部环境刺激再大，最终决定权还是人。即使发生了危及生命的事件，是否逃离或是继续还是取决于人的决定；动机表达了行为的意向，目的表达了希望达成的目标，因果表达了在有动机的基础上，还涉及具体发生的原因、时间以及结果之间的关联性；持久性表达了人们在内心动机驱动下，会不定期持续发生同样的行为；习得性，指人可能通过不断的

① Kantor，J. R. Inter behavioral psychology [M]. Bloomington，IN：Principia Press，1958.

体验、学习，改变自身的行为。

景观环境中的活动可以分为观景行为、场景行为以及游憩行为三种。以观景行为为例，主动性、动机性、目的性、因果性、持久性都易理解，习得性就是指人在反复观景的审美体验的基础上，无论是偏好，还是评价都会有所变化，直至达到熟视无睹，却又了然于心的境界。

行为又可以拆解为具体的动作（Action）、描述整体运动状态的行动（Activity），以及满足某种需求后的行为（Behavior）。这也是三个不同的层级，对应于动物性的本能反应、体验性的情绪驱动、目的性的需求行为。就好比一个人来到景观环境之中，提足抬腿、迈开散步、健身休闲。

因为长期的交互作用，以及文化传承、后天习得的原因，人们在空间中的行为逐渐形成了一些具有特征和规律的现象，这就是行为习性。行为习性看上去是一些社会现象，但细究背后，均有其规律。按照大致的缘由，可以分为三大类：本能性行为习性，也称做动物性行为习性，这一类行为习性的形成是因为生理及心理形成的本能习惯，包括逆时针转向、依靠性、边界效应等；体验性行为习性，这一类行为习性的形成是因为环境体验、后天习得之后形成的习惯化性行为，如左侧通行、私密性、识途性等；需求性行为习性，基于社交信息及其他的内在需求的满足形成的驱动性行为，如聚集、从众、捷径效应、看人与被看等。

2. 本能性行为习性

1）逆时针转向

日本学者户川喜九二（1963）、渡边卫仁史（1971）通过追踪人在公共建筑、公园等公共空间中的活动路线，发现大多数人的转弯方向具有一定倾向，逆时针转向的人群高达74%（69例中有51例），即人一般会无意识地趋向于选择左侧通行(图4-28)。如果注意观察，我们会发现这种类似的现象很多。比如，当你在园区、操场散步，或者没有目的地在公园闲逛，面对路径选择时，大部分情况下人们会发生逆时针转向性选择。体育场上的跑道设计，也几乎都是按照逆时针方向设置的。另外，国际田联中有规定："赛跑的方向，必须要以左手内侧为准"。

这种现象有几个猜测的缘由。首先是基于生理学基础的原理。因为人脑在自我平衡发展中，左侧肢体比右侧的更加有力，比如大部分人的跳远、三级跳的起跳腿也是左腿。因此，在逆时针跑时左腿就能很好地克服身体的离心力，避免向内侧倾倒。从人体结构上看，心脏位于身体左侧，所以重心容易偏左。起跳脚多是左脚是因为重心偏向左脚，所以向左转弯较容易。人的左腿支撑能力好，右脚的运动跨幅大，在生活中人们更习惯将左臂左脚作为轴心。另外，绝大部分人都是右

图4-28 逆时针转向

撇子，无论是右手还是右脚，它的力量都高于左侧，所以在逆时针转弯的时候会变得更加轻松舒服，更能保持身体的平衡。

此外，按照地理知识，该现象与科里奥利力有关系，是对旋转体系中进行直线运动的质点，由于惯性是相对于旋转体系产生的直线运动的偏移的一种描述。简单地说，就是地球上运动的物体会受到一种惯性力的作用。在北半球这个偏向力是向右的，所以国际田联规定跑步按逆时针方向，因为大多数比赛在北半球举行。如果不顺应地球自转偏向力的话，人体易受离心力与地球自转偏向力不均而受伤，这就是跑步逆时针方向的原因。通常我们看到水槽下水常常形成逆时针旋涡，这可能也与此有关，也可能与水槽内结构有关。

2）依靠性

人出于防卫的本能而要求保证自己的安全范围（个人空间）或领域，会尽量隐蔽自己而面向公众，从而让自己处于一个安全的位置，这种偏好都是基于安全、隐私的本能追求。阿普尔顿（Appleton，1975）提出过类似的理论，认为人会偏爱既具有庇护性又具有开敞视野的地方，这是生物演化的必然结果。中国传统风水提出的理想人居环境，就是一处山水环绕的空间，在方向上讲究"前有罩，背有靠"，这里的靠指山，罩指水，这种格局和阿普尔顿的理论有类似之处。以至于"靠山"在中国有了衍生的含义。

人在开放空间活动时更倾向于寻找依靠性强的边缘区域停留、休息。我们常常会发现广场中人们一般喜欢靠墙、柱子停留，或者喷水盘（图4-29）。在景观环境中，人们更容易寻找各种自身隐蔽而视觉开敞的位置，如靠着树干、倚着石头、伴着草堆等。这种行为的本能性导致了即使在没有安全问题的场所，如当大量人流聚集的时候，人们依然会不自觉地寻找这样的安全可靠之处，而设计就是需要充分考虑这种本能需求，设置更多的"可靠处"。此外，人们一旦找到了可依靠的位置，就会有放松的感觉，才能更加容易形成社会交流。

3）边界效应

在4.3节我们已经讨论过边界效应，和人们的识别能力有关，此处不再赘述。

我们常常能观察到这样的现象，人们喜欢在可依靠的地方停留，也喜欢在

图4-29 罗马梵蒂冈教堂前广场（左）

图4-30 边界效应（右）

边缘处停留（图4-30）。在人们对未知环境的探索中，对容易识别的部分更容易找到安全感。此外人类容易对异质的东西发生兴趣，对于同质的东西产生厌倦和腻烦，而边界就具有异质性，是空间变化的线性界限。

所以我们可以看到人们喜欢站在广场四周的边缘；在室内外如果有选择的话，人们喜欢选择边缘的座位；在滨水的岸边，充满着水陆交界的丰富变化，也容易吸引人前往。

4）喜新求异心理

在第3章我们讨论过知觉适应，又称为知觉习惯化，是指人们在持续体验由视觉、听觉、味觉等感觉带来的刺激后，对刺激的反应逐渐减弱的现象。人们对熟识的事物会逐渐失去注意力，不再关注。这种不再关注的现象在时间上有长短之分，表现为短时间的适应和长时间的忽视。这种现象的反面，就是当出现新的刺激时，往往会激发人们的知觉体验，这就是喜新求异心理的来由。

这也是人们热衷旅游、探索异域的原因之一（图4-31）。正是这种心理，使得我们对本地的城市公园中美好景色常常熟视无睹，而对于没有去过的公园、景区充满了好奇。在景观环境的设计中，我们需要充分利用这一心理，在材质、肌理、色彩、光线、形体、布局、尺度等方面形成突破，创造新的、变化的、具有个性的形象。通常我们要求"步移景异"，强调变化的原理也与知觉适应的本能有关。

3. 体验性行为习性

1）左侧（右侧）通行习性

有些类似靠左侧或者右侧通行、转向的行为与各个国家的交通规则相关。各个国家对交通规则都有自己的设定，靠左靠右各有不同。在中国，靠右侧通行沿用已久，渐渐成为习惯。这种习惯实际上是后天习得，经过不断地体验成为一种身体的惯性反应（图4-32）。

在人群密度较大的广场上行走的人，一般会无意识地趋向于选择左侧通行，进了公园大门，一般会选择左侧道路或向左转弯，这与逆时针转向原理一样。

图4-31　喜新求异心理
（左）

图4-32　右侧通行（右）

但如果广场上有类似人行道之类的空间设定，在我国人们又会选择靠右通行，因为这是规则带来的习得性习惯。与逆时针转向对比，可以简单归纳为：靠右行走通行，向左转弯。

2）尽端趋向性

人们有时会因为私密性的需要，在空间中存在尽端的情况下，下意识地前往尽端空间（图4-33）。这其实与边缘效应、依靠性的行为习性类似，都是基于安全性的信息交流考虑。

3）识途性

识途性是指人在进入某一场所后，如果遇到危险（如火灾等）或因为某种原因需要返回时，会寻找原路返回的现象。或者在一个相对陌生的地域，总是选择走熟悉的路径，或者找向导引路（图4-34）。这在心理上也源于对安全的需求，因为对一个陌生场所的感知源于自进入该场所后所经历的途径，该途径经过了认知并成为记忆，记忆带来了解，因为了解所以有了安全感，因此，在需要应急返回时，会选择原路返回。

作为对比项，当人们时间充裕时，人们会在大脑中已经形成的认知地图中自动寻找一条捷径返回，这就是捷径效应。区别在于，识途性是在短时间内基于本能的反应，是不假思索完成的；而捷径效应则是实现了抄近路的需求，近路是需要认知判断的。

4. 需求性行为习性

1）抄近路或捷径效应

当人们在熟悉的环境中通过知觉体验对路径充分掌握，并在意识中构建了认知地图之后，人们往往会选择两点之间的最短路径，以快速达到自身的目的。这种行为现象称为抄近路或捷径效应。久而久之，形成了人类具有的抄近路行为习性。由于抄近路行为，在不熟悉的环境中不会发生，且必须在知觉认知之后才会形成捷径，因此抄近路行为属于需求性行为习性。如图4-35所示，日常生活中我们通常会看到，道路转角部分的草皮往往最容易踩秃，公园中太过曲折的道路设计也会被使用者遗弃。

图4-33 尽端趋向性（左）

图4-34 识途性（右）

图 4-35 "抄近路"现象
（左）
图 4-36 人看人（右）

因此在进行景观环境中的各级园路设计时，需要充分考虑这一特点。在容易感知的环境中，当知觉认知没有任何障碍的前提下，当物理环境中也没有任何障碍物的前提下，人们会在意识中自然形成一条符合捷径思路的路径，而此时如果园路或游步道没有经过行为学角度的审视，形成了一条不符合人们抄近路需求的路径的话，必然会导致这种行为发生。

2）人看人

在日常生活中，尤其是在灯会、庙会中，人挤人，人看人，一直是具有地方文化特色的行为（图 4-36）。这是社会交往需求的最基本表现。反映了人对于信息交流、社会交往、社会认同的需要。看别人是信息交流的需要，被别人看是社会认同的需要。从心理学角度解析，人看人就是在视觉上产生的刺激，看陌生人就是寻求新鲜刺激的表现，不过这种刺激通常在保持一定的距离、保持在各方都能承受的刺激负荷之下，一旦超出，就会产生纠纷。

3）聚集效应

人对于周边的新鲜事物通常存在较强的好奇心，尤其在景观环境中，当一部分人群因为某些事物聚集在一起，慢慢形成规模，就会吸引越来越多的人驻足观看或者参与到其中，即使原本并不怎么有趣的东西也会在这种层层聚集的作用下受到越来越多的关注，这种聚集现象一定程度上也满足了景观中人看人的心理。从心理学角度看，聚集也是基于对未知信息的好奇，与喜新求异的心态和从众心理相关。不过，从众心理需要做出心理评价，而聚集效应只是跟随别人产生聚集的行为。图 4-37 是加拿大温哥华煤气镇的蒸汽钟，在整点的时候会有蒸汽冒出，经常引起人们聚集围观。

4）从众心理

从众心理，指个人受到外界人群行为的影响，而在自己的知觉、判断、认识上表现出符合公众舆论或多数人认知判断的行为方式，实验表明只有很少的人能够保持独立性，因此从众心理是个体普遍存在的心理现象。只有当你脱离群体时，你的行为和判断依然保持不变，那才不是从众（图 4-38）。

从众的原因有两条，一种是融入群体，希望被接纳。一种是获得重要信息，获得正确的决策。这两种被称为规范影响和信息影响[1]。从众有很多形式。一种是主动的接纳，觉得这样做是对的；一种是被动顺从，并不真正相信自己的决定或所做的事情，但会按照多数人的期望或需求去做。

从众又称为社会传染效应，群体规模是影响从众的因素之一。3~5 人比只有 1~2 人能引发更多的从众行为。当人数增加到 5 人以上时，从众行为会逐渐减少。但如果从众的原因并不令人抗拒，人数就会很容易增长。

图 4-37　温哥华煤气镇的蒸汽钟——聚集效应（左）

图 4-38　从众心理（右）

4.5.3　空间行为秩序

1. 空间的需求与开放空间

布莱恩·劳森（Bryan Lawson，2003）[2] 将人们对于空间的需求分为刺激、安全与可识别性三大类。刺激就是指环境中的信息对人的影响；安全是人生存的本能需求，对于日常生活而言，还包含了我们生活中需要的稳定性、连续性和可预见性；可识别性就是空间认同的需要。他认为"空间的一个功能是创造一种环境，一种有利于我们按照我们日常生活中的身份的范围来行事的环境"。我们人类有找到、识别、归属于适合自己的场所的需要。

社会对于空间的需求就是社会化空间组织。理弗波尔（Lefebvre）[3] 依据社会与城市化的空间结构之间的联系以及社会化空间的理性内涵，敏锐地将空间组织视为一种社会过程的物质产物。社会和空间之间存在辩证统一的交互作用和相互依存。空间不仅是社会活动的外在客观容器，而且也是社会活动的产物[4]。社会活动的需求是空间存在的本质，城市的物质空间组织与社会组织存

① 戴维·迈尔斯. 社会心理学 [M]. 北京：人民邮电出版社，2006：172.

② 布莱恩·劳森. 空间的语言 [M]. 北京：中国建筑工业出版社，2003：23.

③ Lefebvre 为法国马克思主义思想家. 提出日常生活批判等概念. 倡议空间生产与资本主义存续的密切关系. 并指出城市革命乃是社会主义革命的一环. 其最重要之相关著作为《空间之生产》。

④ 吴启焰. 大城市居住空间分异研究的理论与实践 [M]. 北京：科学出版社，2001：22.

在着同构性，社会组织结构的发展对物质空间的分化与组织起到了关键作用。因此，公共空间就是社会互动的基础，合理组织个体与公共生活，就需要创造积极的符合人们社会生活需求的空间。

城市的公共空间，又称为城市开放空间。早期英国制定的《大都市开放空间法》（Metropolitan Open Space Act）中将开放空间定义为：任何围合或不围合的用地，其中没有建筑物，或者少于1/20的用地有建筑物，将剩余用地用做公园或娱乐，或者是堆放废弃物，或是不被利用①。其中对于城市活动的内容只是简单点明为公园或娱乐。

日本学者高原荣重（1983）②则认为是"游憩活动，生活环境，保护步行者的安全，及整顿市容等具有公共需要的土地、水、大气为主的非建筑用空间且能保证永久性的空间。不论其所有权属于个人或集体"。高原荣重侧重于开放空间是公共的非建筑用空间和它的永久性的性质，其中，"游憩活动"的定义已经非常接近我们对公共空间活动的理解。

我国学者余琪的定义更加接近环境心理学的角度，强调信息的交流场所："开放空间是指城市或城市群中，在建筑实体之外存在着的开敞的空间体，是人与人，人与自然进行信息、物质、能量交流的重要场所，它包括绿地、江湖水体、待建与非待建的敞地、农林地、滩地、山地、城市的广场和道路等空间"③。

2. 空间的社会组织结构

城市的物质空间组织与社会组织存在着同构性，我们的活动行为创造了场所空间，人们因需求对空间形成认同感，空间也就对人具有了可识别性。这里我们需要强调的是，场所与空间在概念上严格意义的区别就在于是否得到人的认同，从而产生归属感。正如美国社会学家赫伯特·盖斯（Herbert Gans，1990）④指出的："人所创造的人工作品是（也只能是）一个潜在环境，这个环境只有在文化背景的基础上被人们感受到之后，才能变成一个有效环境。"

空间的这种与人的活动行为之间的关联表达出空间的自发性特征，这一空

图4-39 跳蚤市场——自发性行为

间特质不是由设计师设计出来的，而是伴随着时间经历，由使用者与空间之间相互作用自发产生的，这代表着空间的存在、功能得到了使用者认同，也形成了符合使用者意愿的空间。

场所因人的群体活动而定义，

① Tom Turner. Open Space Planning in London [J]. Town Planning，1994，3.
② 高原荣重. 城市绿地规划 [M]. 杨增志，等译. 北京：中国建筑工业出版社，1983.
③ 余琪. 现代城市开放空间系统的建构 [J]. 城市规划汇刊，1998，（6）：49-56.
④ 阿尔伯特 J. 拉特利奇著. 大众行为与公园设计 [M]. 王求是，等译. 北京：中国建筑工业出版社，1990：49.

进而由不同的场所形成有组织的社会空间结构（图 4-39），如同拉塞尔（Russell & Ward，1982[1]）认为的那样："环境是一些紧邻和相隔的场所的综合体。在心理上，这些场所形成一个层系，以致每一个场所都是更大场所的组成部分，并可以再分成更小的体系。"

这种同构的组织形态带给我们的启示，就是在设计中不要仅仅关注空间的物质形态，还要关心空间与人们活动之间互动的可能性。比如说，对历史遗存的保护已经成为业界共识，但在设计技巧上，通过对现状资料的挖掘，找到能够彰显历史文脉的空间、材料、构件等再生性利用，在很大程度上能够唤起使用者对场所的认同感，找到其独有的可识别性，进而融入更多活动，提高场所活力。

在空间组织中，注重私密性和领域性的空间层次营造，在逻辑上就是充分考虑社会活动的适应性，将空间的组织形态与社会的组织形态相对应，可以让不同的活动需求找到各自的承载空间。西特指出（Sitte，1965）[2]有人使用的、富有生气的广场都具有部分封闭和部分开敞，并与另一城市空间相连的特点。从心理学上理解，空间围合的限定要素就是边界要素，这样的空间边界具有更加丰富的变化，这是能够吸引人并形成行为组织的手段，且两个空间的连接就有了空间层次，也具有了与社会组织形态协调的可能。

此外，空间的尺度、开合收放、对比等控制办法可以形成一系列变化，可以克服知觉适应现象，利用喜新求异的心态，不断抓住人们的注意力。空间的大小与尺度，不仅是相对于人而言，还相对于活动内容而言。空间既不能大到显得空旷，如北京天安门广场，东西宽 500m，南北长 860m，是世界上最大的广场之一。广场平时显得尺度过大，过于空旷，不过广场的主要目标就是用于国庆日的大规模人群集聚，国庆 10 周年时就曾经容纳了 70 万人，国庆 50 周年时，也有 50 万人（图 4-40），这个人群规模基本奠定了空间的形态和性质

图 4-40 北京天安门广场

① Russell，J. A.，& Ward，L. M. Environmental Psychology [J]. Annual Review of Psychology，33，1982：651-688.

② Camillo Sitte. City planning according to artistic principles [M]. New York：Random House，1965.

特征；空间也不能小到不能适应活动需求，应避免拥挤现象发生。像火车站前广场这样特殊的类型，在欧洲很多国家是非常小的，因为人流早已通过组织在周边进入了地下空间。但在中国，如何应对春运这样集中在某一段时间的高峰人流，就成为选择上的难题，最终的结果就是以应对春运高峰人流为规模控制要点，平时就会略显空旷。

3. 空间形态与空间性边界

美国建筑师程大锦（Francis D.K.Ching）对空间组织形态进行了归纳，他认为空间组织就是将零散的各个空间根据一定的规则组织成有序的空间集合。在组织结构上，空间与空间之间的组织方式可以归纳为向心式、线性式、辐射式、群聚式、格子式五种基本的组织方式（图4-41）。在空间关系上，空间与空间之间存在四种基本的关系，分别是空间中的空间、空间连锁、空间邻接、空间以公共空间相连接四种[1]（图4-42）。他的这些想法很好地简化了物质空间的组织形态，体现了形态的组织秩序，但并未涉及形式背后的社会生活，以及行为体验。

汉斯·罗易德[2]归纳了空间界定的不同边界的形式，包括地面、柱体、墙体等不同的围合度形成的空间，空间的通透与流动取决于不同的边界形式，包括完全隔离的空间、以隔离为主的空间、边界明确有流通性的空间、有主次组合的空间、完全开放的空间。他从空间边界的封闭方式和程度解析了不同边界界定的空间特质，他的这一想法，与空间的边界效应有相通之处所呼应，也间接体现了空间私密性的层次与变化（图4-43）。

两相比较，我们会发现就物质空间形态而言，程大锦关注空间本身的内在组织秩序，汉斯·罗易德则关注空间形成的边界，以及这种边界的封闭程度对空间本身的影响。这两种思想互为补充，透过这两种观念，我们会发现，空间与空间的组织形态固然重要，空间的边界却涉及空间本体的形成以及空间与空间之间的连接，似乎具有更加重要的结构关联。

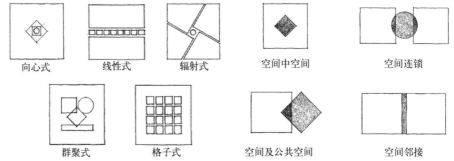

图4-41 空间组织方式（左）
图4-42 空间基本关系（右）
（引用FRANCIS D.K. CHING《建筑：造型·空间与秩序》）

向心式　线性式　辐射式　空间中空间　空间连锁
群聚式　格子式　空间及公共空间　空间邻接

---

① 弗朗西斯 D.K. 钦 . 建筑：形式·空间与秩序 [M]. 邹德侬，方千里，译 . 北京：中国建筑工业出版社，1986：186.

② 汉斯·罗易德，斯蒂芬·伯拉德 . 开放空间设计 [M]. 北京：中国电力出版社，2007.

在真实的景观环境中，由于空间的活动引导，绝大部分均为游憩娱乐，其对应的社会组织结构相对简单。这时候空间的边界效应就自然彰显出来。在景观环境中，我们很容易会发现空间的界定方式与材料多种多样，如植物、景墙、高差变化、铺装、水面等，组合方式更加多种多样，特别是具有生命力的乔木、灌木、地被花卉等带来的变化极大地丰富了空间的边界，在空间与空间之间形成了一道道丰富的边界，而当这一边界相对人而言，具有可进入的空间深度时，就产生了一种特殊"空间性边界"，比如拙政园中的小飞虹，既分隔了空间，自身也具有空间属性（图4-44），我们也可以认为这是过渡空间。在建筑学领域，过渡空间受到了广泛的重视，被誉为新陈代谢主义大师的黑川纪章特别将建筑与其外部环境之间的过渡空间称为"灰空间"，如建筑的柱廊、檐下等。

4. 空间句法与内在秩序

程大锦提出的是在空间抽象的基础上形成的空间组合的方法，伦敦大学巴利特学院的比尔·希列尔（Bill Hillier）、朱利安妮·汉森（Julienne Hanson）等人提出的空间句法[1]是一种通过对包括建筑、聚落、城市甚至景观在内的人居空间结构的量化描述，是面向真实

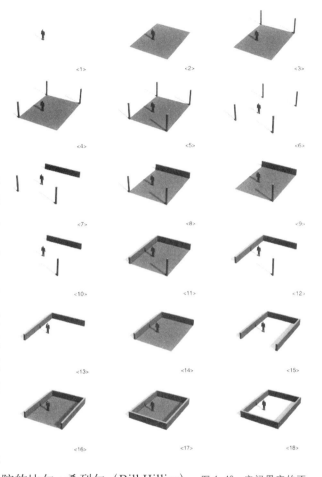

图4-43 空间界定的不同边界的形式
（引用 汉斯·罗易德，斯蒂芬·伯拉德《开放空间设计》）

图4-44 作为空间性边界的拙政园小飞虹

---

① Hillier, B., & Hanson, J. The Social Logic of Space [M]. Cambridge : Cambridge University Press, 1984.

具体的物质空间展开研究的工具性方法，是可用来研究空间组织与人类社会之间关系的理论和方法（Bafna, 2003）①，空间句法与人们体验和使用空间的方式相关。

比尔·希列尔一开始就着眼空间与社会的关系，他看到了城市的物质空间组织与社会组织存在着同构性，基于"抽象性的社会结构中应该考虑空间因素，而物质性的空间结构中应该考虑社会因素"这一观点，提出了空间结构中的社会逻辑问题以及其中的空间法则。空间句法的重要性不仅在于其理论与方法契合了当代心理学、环境行为学、社会学、人文地理学等学科的观点，还在于其把空间与社会的关系通过一系列可测度的指标的量化，构建了一个可定量描述、计算的理论与方法体系。

如果空间是认知系统建构的潜在机制，那关联性则是空间获得客观存在的手段，它使空间变得真实，并赋予其内涵。空间句法使得人们能够从组构（Configuration）②的角度对空间系统进行认知。通过对个体占据空间的暗示，空间句法情景感知图示能够具有丰富的内涵。空间句法使用图解符式（Graphic-notation）表达空间（如视线的长度、视域的面积），同时意识到个体占据一个空间所具有的物质及社会的牵连。这些空间符式（特别是轴线符式）能够捕捉到人们是如何在头脑中内化、存储和获取空间描述的方法③。

空间句法问世以来，有关空间句法的实践应用研究也取得了一定进展，已经在空间可达性、空间网络格局、空间结构与人类活动关系、城市土地利用、城市形态分析、建筑室内空间分析等方面得到了具体应用④。其中，东南大学建筑学院的段进教授将空间句法进行了大量的翻译和引用，其空间研究丛书之三《空间句法与城市规划》，是国内极少数的专门针对空间句法理论及应用的书籍。潘云新⑤基于空间句法的理论研究了校园绿化景观的可达性，通过 Depthmap 软件对每条轴线进行分析，计算轴线句法相关变量，做了空间的集成度分析，最终提出了提升校园廊道绿化的密度，提升道路空间品质，提高对人群的吸引力的策略；李志明等⑥运用了空间句法的理论与方

①　Sonit Bafna. Space Syntax : A Brief Introduction to Its Logic and Analytical Techniques [J]. Environment and Behavior, 35（1）, 2003 : 17-29.

②　空间句法中"组构"一词用来形容一组空间的联系，每一区域的空间关联都会对整体产生影响，一个局部的变化会引起整体的改变。

③　茹斯·康罗伊·戴尔顿，窦强 . 空间句法与空间认知 [J]. 世界建筑，2005（11）：33-37.

④　张红，王新生，余瑞林 . 空间句法及其研究进展 [J]. 地理空间信息，2006，4（4）：37-39.

⑤　潘云新 . 基于空间句法理论的高校校园绿化景观格局研究——以江西理工大学为例 [J]. 中外建筑，2016（09）：126-128.

⑥　李志明 . 基于空间句法的南京瞻园空间结构研究 [A]// 中国风景园林学会 . 中国风景园林学会 2011 年会论文集（上册）. 北京：中国建筑工业出版社，2011 : 4.

法，对 20 世纪 30 年代、60 年代及 2007 年以来三个时期瞻园空间的视觉整合度进行了对比分析，发现在古典园林空间中，并不是某个地方塑造了某个一成不变的"景观"，而是人在空间中的行径与空间的组织共同完成了特定的"景观"；陈铭等[①] 通过空间句法细致研究了南屏村的空间组构与传统生活的关联，研究了村落孔家的显性特征与隐性问题，提出了对特色场所的保护策略。

综上，由于空间句法是基于空间内在的组织秩序的研究方法，在研究空间的同时能够直接触及生活的原型与积淀，能够发现并引导人的空间行为，因此空间句法的运用范围也越来越广泛，不仅是对城市建成空间、景观空间、村落空间等有意义，甚至也涉及了考古空间。

---

① 陈铭，李汉川 . 基于空间句法的南屏村失落空间探寻 [J]. 中国园林，2018，34（08）：68-73.

第 5 章

环境影响行为

气候
风
光照
色彩
声音

"寂寞是一种清福。我在小小的书斋里，焚起一炉香，袅袅的一缕烟线笔直地上升，一直戳到顶棚，好像屋里的空气是绝对的静止，我的呼吸都没有搅动出一点儿波澜似的。我独自暗暗地望着那条烟线发怔。屋外庭院中的紫丁香树还带着不少嫣红焦黄的叶子，枯叶乱枝时时的声响可以很清晰地听到，先是一小声清脆的折断声，然后是撞击着枝干的磕碰声，最后是落到空阶上的拍打声。这时节，我感到了寂寞。在这寂寞中我意识到了我自己的存在——片刻的孤立的存在。这种境界并不太易得，与环境有关，但更与心境有关。"

梁实秋《闲暇处才是生活》

从这段话中，我们好像感到了静止的空气，闻到了烟的香气，听到了枯叶的声音，看到了焦黄的叶子，折断声、磕碰声、拍打声让我们如同梁实秋先生一样，感受到了来自环境的大量信息，这些信息唤醒了梁先生的寂寞，他感受了他的孤独，我们感受了他的心境，而他的心境成就了我们的意境。闲暇处才是生活，想象中行为就是生活。

让我们暂时从意境中走出，我们会发现来自环境的信息刺激包括空气，这来自气候和风环境；包括了声音，这些枯叶发出的噪声也能唤动我们的情绪；包括了颜色，色彩在环境中无处不在，焦黄代表了枯寂，代表了生命的结束；包括了在意境中感受到的月光，以及月光带来的氛围。

环境通过这些信息刺激影响行为。梅拉比安（Mehrabian，1976）[①] 把这些环境传递给人的信息称为环境负荷（environmental load）。他认为通过调整环境负荷，可以提高或降低人们的紧张情绪并有利于提升工作效率。高负荷的环境是指传递大量新的、不常见的、无规律的、未知的信息的环境；低负荷的环境是指刺激信息量较少、传递已知信息、有规律的信息的环境。梅拉比安认为环境信息从三个方面影响环境负荷：强度、新奇性和复杂性。强度决定了信息量，新奇性决定了信息对人的刺激程度和持久性，复杂性则决定人们认知及适应环境负荷的过程。

环境负荷是指环境对人的影响因素，包括环境中的信息类型、强度和复杂程度等几个方面。景观环境中人的行为，受到来自环境的各种环境负荷的影响。本章针对景观环境中的环境负荷展开，研究其动态变化带给人们的不同体验及对人们行为活动产生的影响。1960 年 伊特尔森（William H. Ittelson）将人与物质环境的相互作用区分为七个领域[②]，文中提到的"有表现力的领域"，指的是有关环境中的色彩、形状、音响、有象征性的意义，等等，其中色彩会影响

---

① Mehrabian，A. Public Places and Private Spaces：The Psychology of Work，Play，and Living Environments[M]. New York：Basic Books，1974.

② 李道增 . 环境行为学概论 [M]. 北京：清华大学出版社，1999. 3：114.

人们的心理情绪与活动，已为人们熟知。如今我们按照信息刺激的强度及复杂性来分类，可以将景观环境中的气候、季节变化、声音、风、光照、色彩等作为环境负荷因子进行研究。

5.1　气候

5.1.1　气候及其要素

人类文明发展史上，一直有气候决定行为的说法，还有所谓气候决定论、地理决定论等相关理论。在中国一直有句谚语"一方水土一方人"，也从侧面印证了这一说法。

气候是指一个地区在较长时期内（通常在30年以上）的天气特征。包括常有的天气情况和极端的天气情况，具有相对稳定性。天气是指自然界寒、暖、阴、晴等现象[1]。狭义的气候要素即气象要素，主要有：气温、气压、风、湿度、云、降水以及各种天气现象[2]。通常气候要素之间实际上是相互关联的，特定区域内的"气候"取决于长期稳定的若干要素之间的整体平衡与变化特性。

针对不同的地域气候特征，了解其与人们行为之间的关联，可以为分析及预判在特定地域环境中的人的行为提供参考。研究气候与人的行为之间的相关性，必须结合特定的地域环境，不能一概论之，例如从行为学角度审视旅游行为，其本质是外来的游客体验不同气候特征的地区景观，感受环境负荷带来的强刺激能力远远大于本地居民。

5.1.2　气候与环境差异

在中国，北方以温带季风气候为主，夏季高温多雨，冬季寒冷干燥。南方以亚热带季风气候为主，夏季炎热多雨，冬季湿冷少雨。由于我国幅员辽阔，南北气候差异较大，植物种类、形态与习性也有所不同，由此形成了不同的自然环境。

冬季的极端气候差异带来了南北方自然环境的差异。北方的部分地区从寒露开始气温逐渐降低，大部分地区温度逐渐降低到10℃以下，此时不耐寒的植物将停止生长，树叶逐渐变成红黄色，直至枯萎、凋落。与此同时在南方仍有鲜花盛开，广东、云南依然百花齐放，甚至昆明有四季如春之说。

气候作为稳定的地带性特征，对人们的生活方式、行为方式有着强烈的导向作用，其中包括衣食住行等方方面面，对人们的行为发生有着长期稳定的影

---

① 新华字典 [M]. 5 版 . 北京：商务印书馆，1979. 12：355.
② 周淑贞等 . 气象学与气候学 [M]. 3 版 . 北京：高等教育出版社，1997.

响，特别体现在人流量方面。扬·盖尔[①]提及一个
名为"美好冬季城市"加拿大－斯堪的那威亚团体
倡议的"冬季友好"的气候适应性设计理念，这种
思路能够对寒地城市的户外行为具有积极的影响。

北方地区通常冬季低温持续时间长、温度低、
日照短，且多寒风暴雪。冬天的雪景、冰雕、雾凇
等成为地区性、标志性景观，吸引着来自全国各地
的游客。即使局部气温低至零下30℃，也抵挡不

图 5-1　哈尔滨雪雕

住游客的热情。这样的气候一定程度上降低了出行的可能，影响了人们出行的
舒适度。长期稳定的低温气候，改变了北方地区居民户外活动的频率、活动的
方式以及可能性。北方地区人们的冬季活动多以冰雪为主题，例如冰雪节活动
通常由冰雪艺术活动、冰雪娱乐活动、冰雪体育活动、冰雪文化活动四大板块
组成，鉴于冰雪持续时间长，这样的活动可以持续几个月，往往与元旦、春节、
元宵节等传统节日相结合。如欣赏冰灯、冰雕、雪雕（图 5-1），在冰面上抽
冰嘎、拉爬犁、滑冰等各种冰雪活动，每年一度的哈尔滨冰雕节已经成为当地
著名的景观，吸引各地游客多达百万。此外，还有冬泳等健身活动。北方地区
到了夏季又成为避暑胜地，会迎来大量的游客。

南方地区的气候特点是夏季高温多雨，雨多则水网密布，具有丰富的水景
观资源，形成了南方城市的独有特征。在南方热带、亚热带地区，夏季持续时
间长，气候炎热，夏季景观环境的利用率最低，但通常晚间凉风习习之时，城
市绿地、公园、滨水景观带等景观环境中，会迎来大量的人流。基于此，植物
配置应选择树冠幅大遮阴好的中、大乔木，多设置水景，以调节小气候。同时
鉴于雨量多，雨季长等特点，景观环境中应充分利用有顶的亭廊等设施提供活
动空间和休闲空间。

5.1.3　微气候

1. 大气候、小气候、微气候

按照人气统计平均状态的影响和空间尺度，可将气候分为大气候和小气候
两大类。其中，将较大地区范围内各地所具有的一般气候特点或带有共性的气
候状况称为大气候；把小范围内因受各种局部因素影响而形成的具有和大气候
不同特点的气候称为小气候。有学者根据下垫面构造特性影响范围的水平和垂
直尺度以及时间尺度，将小气候又分为地区气候和微气候，把介于大气候和地
区气候中间的气候称为中气候（表 5-1）。

———————————

① Pressman, Norman, ed. Reshaping Winter Cities. Waterloo, Ontario：University of Waterloo
Press，1985- 引自（丹麦）扬·盖尔. 交往与空间 [M]. 何人可，译. 北京：中国建筑工业出版社，
1991：178.

气候的空间制度和时间范围表 　　　　表 5-1

气候范围	空间尺寸		时间范围
	水平范围（km²）	垂直范围（km）	
大气候（全球气候带）	2000	3 ~ 10	1 ~ 6 个月
中气候	500 ~ 1000	1 ~ 10	1 ~ 6 个月
地区气候	1 ~ 10	0.1 ~ 1	1 ~ 24 小时
微气候	0.1 ~ 1	0.01 ~ 0.1	24 小时内

在现代气象学中，兰斯博格（Landsburg，1947）定义了"微气候"（Microclimate）为地面边界层部分，其温度和湿度受地面植被、土壤和地形影响（Geiger，1959）[1]。具体是指在具有相同的大气候特点的范围内，由于下垫面条件、地形方位等各种因素不一致而在局部地区形成的独特气候状况[2]。正因为微气候受地面植被、土壤和地形影响，所以 Alan W. Meerow[3] 等强调微气候的可改善性，通常城市公园、绿地等景观环境中的微气候条件对改善城市生态环境，为市民、游客提供更适宜的休憩、观赏和活动场所具有重要的意义。

Nikolopoulou[4] 对微气候影响人们行为的作用度进行评估，研究分别对行为特征和微气候进行数据统计、分析，结果表明微气候对人在空间中的行为具有一定的作用，同时人的自身心理适应（包括热感知、记忆程度、可选择度）等同样对行为产生影响。除此之外，研究人员进一步对心理适应的不同要素：期望、经验、曝光时间等与户外活动舒适性进行量化分析研究，并评估了它们的相对重要性。

2. 微气候调节

扎克拉尔斯（John Zacharias）[5] 发现微气候条件对于城市公共空间行为具有显著的影响，行为发生与风速、阳光等都呈现相关性。他选择了位于旧金山的七个广场进行实地观测，在每个观察周期内记录广场上每个人的行为方式与位置以及微气候因素。结果发现整个样本中阳光区的人均密度是阴影区的 4.5 倍，说明享受阳光照射的人们对于拥挤的人群的忍受度更高。除了风速和阳光，场地中的下垫面、植物形态及其布局方式对局部微气候都有影响，其中，植物

① J.k.Pag：Application of building climatology to the problems of housing and building for human settlements[J]. World Meteorological Organization，WMO-NO，1976：441.

② 庄晓林，段玉侠，金荷仙. 城市风景园林小气候研究进展[J]. 中国园林，2017（4）：23.

③ Alan W. Meerow. Robert J.Black. Energy Informaiton Handbook，Energy Information Document1028，a series of the Florida Energy Extension Service，Florida Cooperative Extension Service[M]. Institute of Food and Agricultural Sciences，University of Florida，1991.

④ Nikolopoulou M，Steemers K. Thermal Comfort and Psychological Adaptation as A Guide for Designing Urban Spaces[J]. Energy and Buildings，2003，35（1）：95-101.

⑤ John Zacharias，Ted Stathopoulos，Hanqing Wu. Spatial behavior in San Francisco's plazas：The Effects of Microclimate，Other People，and Environmental Design[J]. Environment and Behavior，2004，7（36）：638-658.

的影响最大。赵晓龙[1] 等通过植被带来的微气候调节研究了对人们活动强度的影响，发现能够激发寒地市民的活动意愿，增强活动强度，提升运动健康效能。

在景观环境中植物能够通过蒸腾作用和遮蔽作用有效降低空气温度、增加相对湿度。树叶可以阻挡大部分入射的太阳辐射，也干扰了来自地面、建筑表面和天空的长波辐射。一方面阳光在树叶间多重反射中被吸收掉，另一方面植物的叶绿素通过光合作用将吸收的小部分辐射能转化为化学能。据测定一般干裸地区对太阳辐射的反射率为 45% 左右，地表接受的太阳辐射为 40%~50%；相邻的植被覆盖区域反射率约为 15%，而 70% 的太阳辐射被植物所吸收，用于植物的光合作用和蒸散耗热作用，透过林冠到达地表的太阳辐射仅为 15%[2]（表 5-2）。

不同植物类型对太阳辐射的反射率表　　　　　　　　表 5-2

植被类型	草地	小麦	树丛	树林	落叶林	常绿林
反射率（%）	20~30	15~25	15~20	5~20	10~20	5~16

植物通过遮挡阳光辐射，以及减少天空中扩散的短波辐射和墙壁、地面反射的太阳辐射，从而限制了人体所吸收的能量。同时植物的蒸腾作用也大幅降低周边气温。植物对太阳辐射的反射量的大小取决于植物的类型和组合方式[3]。植物类型中，乔木能有效遮挡太阳辐射，大幅度降低温度，对调节小气候舒适度最为有利，同时针叶乔木的增湿能力较阔叶乔木弱，阔叶乔木也具有更大的降温优势。浅水体和草坪降温能力不明显，具有一定的增湿效果。

植物对空气湿度的调节主要表现为对自然降水的截留作用，$1hm^2$ 的林地可以蓄水 30 万 L，相当于 $300m^3$ 的蓄水池。其次，叶面、草茎、花梗的蒸发表面要超过这类植物所占土壤面积的 20 倍，$1hm^2$ 的林地每年可蒸发 4500~7500t 的水[4]。

水体的影响主要体现在蒸发降温、产生水陆微风、提高环境湿度、稳定气温等方面。由于水体对太阳辐射的反射率小，透射率大，在白天可以吸收大量的太阳辐射，而且通过传导和对流将热量储存于深层水体。水的热容量大，温度升高很小，因此水面上空的温度比临近地面的上空的温度低；到了晚上，水体冷却，它又能通过水下的湍流交换和水面辐射交换及蒸发将热量送回邻近的空气，起到"热源"的作用。

---

① 赵晓龙，卞晴，赵冬琪，张波 . 寒地城市公园春季休闲体力活动强度与植被群落微气候调节效应适应性研究 [J]. 中国园林，2018（02）：42-47.

② 罗哲贤 . 人类活动与气候变化 [M]. 北京：气象出版社，1993：13.

③ Brown RD，Gillespie TJ. Microclimate landscape design [M]. New York：Wiley，1995：123.

④ 王祥荣 . 生态与环境——城市可持续发展与生态环境调控新论南京 [M]. 南京：南京大学出版社，2000.

微气候调节能改善人体舒适度，但并不决定人们的行为方式和频率等。这是因为人体具有很强的自我适应能力，陈睿智[①]等研究了特定气候条件下的微气候舒适度阈值与游憩行为的关联，从量化的角度提出了人体自我调节相对限度，对微气候调节提供了技术性指标。

5.1.4 温度和湿度

1. 温度

温度和湿度都是影响人们热适应和热舒适最重要的环境变量。温度是指气象台站发布的百叶箱内距离地面1.5m处的干球温度表的气温读数，1.5m高处的气温考虑了下垫面的影响，变化平缓，且1.5m高度是人类活动的标准高度范围。

温度对人们的出行影响较大。低温伴随雨雪、强风天气影响人的出行，高温暴晒或低温冰冻天气阻碍人的出行。阳光明媚、温度湿度适宜的环境使人感到愉悦，有利于人在环境中的游憩、交往、观赏、休息等行为。正如杜甫在诗中所描绘的那样："三月三日气象新，长安水边多丽人。"春游、秋游通常都是在温度适宜、阳光明媚、空气质量新鲜的条件下进行的。

人的核心体温应一般维持在37±0.5℃左右，超过或低于标准体温2℃时，人们就会感觉不舒服，如果持续时间过长，就会损害健康。一般来说，气温在20~22℃时，人体感觉最为舒适；当气温超过28℃的时候，人体会感觉稍有不适；气温超过30℃时，对流和辐射散热就大为减少，大部分体热要靠汗液的蒸发放散；温度超过34℃时，人不仅大汗淋漓，而且心情烦躁。相反，当周围气温低于15℃时，人体与外界的热量交换以人体失热为主，需要保暖；当气温下降到4℃时，体内热量入不敷出，人体发冷，需要运动保持机体活跃，当气温低于−8℃时，人体会感到难以忍受的严寒。

2. 相对湿度

空气中水蒸气的含量或空气的干湿程度称之为湿度。湿度主要取决于气温和气压。它有多种表达方式，主要有绝对湿度和相对湿度这两种表示方法。

绝对湿度是指大气中实际含水的总量。我们通常说的湿度，一般是指相对湿度，是离地面1.5m高处空气中的实际水气压与同温度下饱和水汽压的比用百分数表示，因此它更能反映空气水分的实际情况。

相对湿度对人的影响是通过与气温的综合作用体现的。统计规律表明，在高温环境下，相对湿度在75%以上时，空气流速的作用非常重要，如果空气处于静止状态，则会造成靠近皮肤的空气层水蒸气分压力较大，人体表面蒸发

---

① 陈睿智，董靓.基于游憩行为的湿热地区景区夏季微气候舒适度阈值研究——以成都杜甫草堂为例[J].风景园林，2015（06）：57-59.

受阻，从而导致不舒适[①]。干热和湿热气候区人们的生理和行为适应性有很大不同。干热地区人们的舒适温度通常比湿热条件下要高出 2~3℃。在夏季通常服装为长衣长裤，而湿热地区通常为裙子、背心、短裤。

人通过与环境的交互作用，以及生理和心理的反复调节，进而改变个人的行为方式，具有时间性和动态性。夏季气温高，人们多选择滨水区域进行活动，如水游园、儿童戏水的相关设施喷水可以进行降温，使水景观设计更加具有吸引力。

对于干燥的地区来说，空气中的湿度水平能使人们感到舒适。因此，设计中常常利用喷泉水景的快速蒸发效果，有效提高周边空气湿度。世博会上的喷雾降温设施也是同样的原理，其喷雾装置利用高压使水流撞击喷嘴中的撞针后形成直径 4μm 左右的雾滴。把水变成雾滴更容易蒸发，雾滴蒸发会吸收空气中的热量，就会使温度降低。

3. 热舒适性

美国供暖制冷空调工程师学会标准（ASHRAE Standard 55—2013）将热舒适定义为：对热环境表示满意的意识状态[②]。目前关于热舒适的研究有两个倾向，一种认为热舒适就是人对温度产生的热感觉，或者说热感觉为中性时（不冷不热）就是热舒适。Gagge 认为热舒适为"一种对环境既不感到热也不感到冷的舒适状态，也就是人们在这种舒适状态下会有'中性'的热感觉"[③]。Fanger 对热舒适解释为"热中性和热舒适是一样的"[④]。另一种认为热舒适只存在于某些过程中，而不存在于稳态环境中。其中，亨塞尔（Hensel，1981）[⑤]认为舒适的含义是满意、高兴和愉快；德里克（Derek Clements-Croome，2006）[⑥]认为热舒适可以由"愉快"和"不愉快"这类术语来描述，且认为"愉快是暂时的、动态的，是一种有用的刺激信号，它实际上只能在动态条件下才能被观察到……"从上述观点可以看出，热舒适就是一种感知判断，由于知觉适应的特点，所以热舒适应该始终处于一种动态平衡之中，从心理学上定义，就是对外界刺激的适应水平。

从 20 世纪 60 年代末，基于人体热平衡机理模型的研究大量出现。目前已有许多成熟的针对室外空间的热舒适性评价方法，如 PMV、PET、OUT-SET*、COMFA 等，这些评价方法都是建立在稳态模型基础之上。其中使用最

---

① 杨柳. 建筑气候学 [M]. 北京：中国建筑工业出版社，2010. 4.

② ASHRAE Standard 55-2013. Thermal Environmental Conditionsfor Human Occupancy[S]. Atlanta：American Society of Heating，Refrigerating Air-Conditioning Engineer，Inc，2013.

③ Gagge AP. Introduction to thermal comfort[M]. INSERM，1977，75：11-24.

④ Fanger PO. Thermal comfort[M]. New York：Mc Graw Hill，1972.

⑤ Hensel H. Thermoreception and temperature regulation[J]. Monographs of the Physiological Society，1981，38（1）：1-321.

⑥ Derek Clements-Croome. Creating the productive workplace[M]. USA and Canada. Taylor & Francis，2006.

为广泛的是由丹麦的范格尔（P.O.Fanger）提出的预测平均投票数（Predicted Mean Vote，PMV），该指标是根据荷兰和美国共计 1300 多名参与调查活动的人员的热感觉和冷感觉，采用回归分析法以个体的热负荷和热感觉的关系作为热舒适性的评价指标。

此外，最早的基于经验模型的舒适度指数是由霍顿和雅尔塔（Houghten，Yaglou，1923）[1] 提出的有效温度（Effective Temperature，ET），是用主观方法获得的条件性数据，用静止大气背景下的舒适温度来表示各种气温、各种湿度和各种风速带给人的相同感觉；湿黑球温度指数（Wet Bulb Globe Temperature，WBGT）是一种应用十分广泛的经验模型，在国际上，WBGT 指标已被 ISO7243 标准体系认证，在我国，热环境根据 WBGT 指数（湿球黑球温度）对作业人员热负荷的评价 GB/T 17244—1998 中也采用 WBGT 作为热环境的评价指标[2]，是纯物理的简单热应力指标。

普罗尚斯基（Proshanky，2003）[3] 认为热适应是一种人体对热环境的一种适应性的调试过程，人通过接受环境气候状态的刺激，以达到心理及生理上的平衡，进而在心理及行为上产生适应性或调试性反应，其两者内在适应性的关系是改变对环境刺激的反应，也是改变刺激的过程。

影响人体热舒适性的心理因素被 Nikolopoulou 等学者归纳为：自然性、经历、知觉控制、暴露时间、环境刺激和期望 6 个方面，并建立了各因素间的相互关系结构[4]。由于心理要素过于复杂，目前仍没有建立起要素之间的定量研究模型。但在研究室外热舒适问题时，大多数研究者都会将心理因素纳入考虑的范围内。如托尔松等人（Thorsson，2004）[5] 在对瑞典的哥德堡市热生物气候条件与人们在公园中行为之间的关系的研究中发现瞬时的热体验和热期望是影响人们热舒适性评价的主要因素。

由于涉及生理及心理因素，不同地区的人们对热舒适的偏好并不一致。如林（Lin，2009）[6] 对中国台湾新竹市的一个公共广场进行了户外热舒适性的研究。通过大量的问卷调查以及观察记录，发现中国台湾居民热舒适区的对应的 PET 值要比欧洲居民的高。并且，如果公众自愿来到广场，他们在评价热

① Houghten F C，Yaglou C P. Determining lines of equal comfort [J]. Transactions of the American Society of Heating and Ventilating Engineers，1923，29：165-176.

② 张磊，孟庆林，赵立华等. 湿热地区城市热环境评价指标的简化计算方法 [J]. 华南理工大学学报，2008（11）：96-100.

③ Proshanky H M.Ittelxon W. 环境心理学——建筑之行为因素 [M]. 台北，2003.

④ Nikolopoulou M，Steemers K. Thermal Comfort and Psychological Adaptation as a Guide for Designing Urban Spaces[J]. Energy and Buildings，2003，35（1）：95-101.

⑤ Thorsson S，Lindqvist M，Lindqvist S. Thermal Bioclimatic Conditions and Patterns of Behaviour in an Urban Park in Goteborg[J]. International Journal of Biometeorology，2004（48）：149-156.

⑥ Lin T. Thermal Perception，Adaptation and Attendance in a Public Square in Hot and Humid Regions[J]. Building and Environment，2009（44）：2017-2026.

舒适时就会作出较高的评价，因此热舒适评价与知觉控制有密切的关系。

5.1.5 植物的季相变化

植物是自然环境及人工景观环境中最重要的环境要素，气候对景观环境的影响，首先表现在对景观环境中植物的影响上。植物的生长随季节而变化，经历抽枝、发芽、吐叶、落叶、开花、结果等过程。花开花谢，万物凋零，既是自然界的写照，也是人们在景观环境中认知、感触最深的部分。

通常季相变化包括植物开花落叶过程中的整体色彩变化、叶色变化、落叶植物带来的树形变化，以及由此形成的植物景观整体氛围的变化。在景观环境中种植植物，往往强调植物配置能够反映四时的季节变化，使园林景观因季节变化而有所不同。例如，春季赏花，如樱花、梅花（图 5-2）、玉兰、海棠、桃花、牡丹等；夏季赏风，如荷花摇曳、芒草飘飞；秋季赏叶，如银杏、鸡爪槭、鹅掌楸等；冬季赏雪，如雪松树形、枫杨的虬枝等。

受大量季节变化带来的环境信息刺激，历代文人对景抒情，留下众多诗词，这些诗词都可以看做是景观意象的文字表达。春天万物复苏，植物充满生气，有贺知章的《咏柳》"碧玉妆成一树高，万条垂下绿丝绦。不知细叶谁裁出，二月春风似剪刀"；夏日炎炎，有杨万里的《晓出净慈寺送林子方》"接天莲叶无穷碧，映日荷花别样红"；秋风萧瑟，落叶缤纷，有杜牧著名的《山行》"停车坐爱枫林晚，霜叶红于二月花"；也有王禹偁的《村行·马穿山径菊初黄》"棠梨叶落胭脂色，荞麦花开白雪香"；冬季描述"岁寒三友"——松竹梅的诗词，更是数不胜数，如宋杜耒的"寻常一样窗前月，才有梅花便不同"等。

南北方植物季相变化差异明显。夏季南方炎热多雨，植物生长茂盛；冬季北方寒冷干燥，东北地区多雪，可欣赏雪覆盖下的植物银装素裹的景色，南方

图 5-2 南京春季梅花山梅花

图 5-3　夏季西湖荷花

温和湿润，广东等地区少雪，可欣赏繁花似锦的景色。

　　植物季相变化改变景观环境的整体氛围，这些变化进而会影响人们的出游。比如说，春天樱花开的时候，蔚然一片，十分壮观。人们纷纷外出赏樱、拍照或写生等。再如草长莺飞的人间四月天，适合踏春散心、赏花。如菏泽、洛阳的牡丹花会，江浙地区的梅花节，杭州的西湖荷花节（图 5-3），大连的槐花节，北京的樱花节等。大人们踏青观景，儿童们在草地上奔跑、踢球、玩耍，此外还有采摘、露营、烧烤活动等，都是人们在景观环境中自然地接受春天带来的生机和活力，同时作为大自然的信息刺激，年复一年，虽然不再具有新奇性，但来自大自然的编码天然同样具有复杂性和高强度。

　　同样，大自然的信息刺激会在不同的季节去引导人们的环境行为。夏季凉风习习，人们欣赏凉风拂动中植物形态，观赏并拍摄荷花盛开的景色；秋季人们欣赏"万山红遍、层林尽染"、写生爱好者描绘秋叶景色，秋游爱好者进行登山运动等。如香山公园红叶节持续两个月左右，红叶霜降后呈现深紫红色，观赏者在霜降时节上山观赏香山红叶，美不胜收；冬季"银装素裹、分外妖娆"，寒冷依然挡不住人们去感受大自然的欲望，打雪仗、堆雪人、看"大雪压青松"、观傲雪梅花等。由于人的行为与环境之间的互动关系，南京梅花山上逐渐植梅达三万多株，350 多个品种，号称"天下第一梅山"。此外，深圳马峦山公园有号称万株青梅、杭州植物园也植有梅树约 5000 株等。由此可见，人与环境之间的互动关系，改变了环境的认知，也改变了人们的生活方式。在这里，环境负荷的强度表现为种植规模带来的震撼力。

5.1.6　水景观资源的变化

　　景观环境中不缺乏水资源，不同的气候条件下水资源的形态有不同的呈现方式。不同地域的气候变化，会形成不同的水体景观，同时也构成了特殊的环境负荷。

　　通常水景观大部分时间以可流动的液态形式出现，是最好的调温剂，也是最具有持久性信息刺激的景观资源。自然界中的水形态丰富多彩，古人将水形态做过详尽的分类，结合感受体验，大概有：沼、塘、洼、泽、泷、矶、池、潭、渊、山溪、泉、河、海、滩、汀、瀑、湖、滨、源、渠、岬、津等。

在南方热带亚热带地区，除了自然水景观外，人工水景观经常与人工泳池和人造沙滩相结合，在泳池底部铺上天蓝色的瓷砖，往往能营造出热带海洋的感觉。成都活水公园以水为主题，将水循环与水净化的过程展现在游人面前，使游人参与其中，寓教于乐，是生态水景观设计的典范。2012年春天在瑞士的杜塞尔多夫（Duebendorf）水边（图5-4），利用当时的流行文化"小黄鸭"的模型，沿溪流释放顺水而下，家长带着儿童一路徒步郊游，一路捞取小黄鸭，同时宣传对水资源的保护，寓教于乐，水资源构成了景观环境的核心，引起孩子们强烈的参与愿望。

图5-4 瑞士的Duebendorf
水边

在北方寒带地区，水景观会出现一段时间的冰冻现象，从而构成不同的景观形式，如冰冻带来的可承载人的冰面提供滑冰的运动场地、带来冰雪、冰雕，进而引起人们赏雪、玩雪的活动。在著名的冰雪旅游胜地哈尔滨，雪雕、冰灯、松花江冬泳、高山滑雪等冰雪景观和活动受人喜爱。春暖花开、积雪融化，薄冰消融等都是引人入胜的美景。

气候变化还能用于营造冬日水雾景观，如济南趵突泉冬季"云雾润蒸"构成奇观，吸引游人前往观赏并感受泉水蒸腾热气的温度。南京幕府山西侧的数块山石岩缝被白色烟雾笼罩，有温度的热气冒出来后，使周围形成"温室效应"，也就有了这些原本在冬季要枯死的植物重新焕发生机的奇特景观。幕府山的岩石富含碳酸钙、碳酸镁等物质，下面有喀斯特地貌特征，有地热从岩缝中冒出后，遇冷形成雾气，雾气缭绕，犹如仙境，给游人增添了许多游玩的乐趣。

彼得沃克在1984年设计的哈佛大学的唐纳喷泉（图5-5），同样也是利用水雾形成喷泉，这些水雾从32个喷管中喷出，覆盖在柏油路、草坪

图 5-5 唐纳花园

上和树木周围，虚无缥缈的雾给整个校园增添奇幻色彩，为来往行人和学
生增添了富有动态的景观。冬天当水雾冻结时，利用建筑的供热系统喷雾。
所有季节，唐纳喷泉都在被高强度的使用着。各种活动因唐纳喷泉开展，
这些活动又相应地强化了喷泉的存在。

5.2　风

5.2.1　环境中的风

1. 风的指数

风是由于地球表面接受的太阳辐射不均匀所造成的气压差和温度差所引起
的空气流动，是一种自然现象。风的属性包括风速、风向等。不同季节的风、
不同温度的风、不同气味的风给人以不同的感受。

最早、最著名的衡量风的指数是弗朗西斯·蒲福（Francis Beaufort）于
1805 年提出的蒲福风级（Beaufort Scale），一开始是为了海上活动而设计的，
用以表示风强度等级。现在蒲福风级已经成为鉴定风力大小的常用指标，蒲福
风级对应不同的风速范围，不同的风速下又对人的活动具有不同程度的影响。

在北半球中纬度地区，一般风速的年最大值出现在冬季，最小值出现在夏
季。我国大部分地区春季是冷暖空气交替时期，所以春季风速最大[1]。

2. 风吹云动

从"温带季风性气候"的名称上看，就能看出风的重要性。温带季风性气
候是中国的一个典型气候，夏季刮东南季风，东南季风温暖湿润；冬季刮西北
季风，西北季风寒冷干燥。

---

[1]　包云轩. 气象学 [M]. 北京：中国农业出版社，2002：126.

俗话说风吹云动，风能促使干冷和暖湿空气发生交换，使大范围的热量和水汽混合、均衡，调节空气的温度和湿度。"云腾致雨，露结为霜"是古人对水的三态变化的一个形象的认识。说明了云雨霜露自然现象的形成，"地气上升为云，天气下降为雨"。风带来水分的移动和交换，霜和露是同质的东西。

由于水陆下垫面不同，两者上部的温度不同，因而两者上部的空气容易形成环流。通常在滨水环境中，这种环流能使人感到凉爽、清新、湿润，这种空气环流被称为"水陆风"（根据位置不同又称为"海陆风""河谷风"等）。因此炎热夏季时，人们在河边、湖边或海边会感受到明显舒适的风，滨水地带会出现更多的户外活动，人们在这里健身、散步、娱乐、赏景。

风带来雨量的变化。我国多数地方受季风影响。夏季从海洋上吹来的暖湿气流，带来了丰富的雨量。中国属于东亚季风区，冬夏温度相差剧烈，最冷月份和最热月份的平均气温差至少在20℃以上，而且有明显的雨季[1]。

3. 风速和温度

气候变化中气压梯度力的变化导致风向和风速的变化，高空大气受气压梯度力和地转偏向力共同作用，风向与等压线平行。近地面风还受到摩擦力的影响。同时，气压差越大，风速越大。

风的流动能改变温度，形成热交换。不同季节的风温度、湿度、风速、污染情况等特性不同，对环境及人的行为的影响也不同。古诗有"夜来南风起，小麦覆陇黄"，说的是夜里吹来暖暖南风，地里小麦盖垄熟黄，是风形成热交换的形象写照。南风送暖，北风骤寒。我国西北地区的冬天寒冷干燥，北风凛冽，一年中大部分时间热量损失严重，最低温度低于零下15℃。寒冷气候下人的行动缓慢、衣着较为厚重，此时的人们喜爱户外活动受温暖阳光照射和能够提供热源的景观。在空间选择上，光照状况好、避风的位置更加受人欢迎。

由于冷风降低温度带来不适，在设计中应考虑防风、抗风、挡风措施。例如，在位于澳大利亚维多利亚的澳大利亚花园中，该花园表现的主题是从海洋到沙漠的演变（图5-6）。考虑到空旷的沙漠表现主题以及冬季风环境的影响，设计师在花园入口处设置有一个防风等待区（图5-7），充分体现了人文关怀。

图5-6 澳大利亚花园的红土沙漠（左）
图5-7 澳大利亚花园防风等待区（右）

① 包云轩.气象学[M].北京：中国农业出版社，2002：118.

同样的，由斯诺赫塔建筑事务所设计的挪威野生驯鹿中心（图5-8），位于多夫勒山脉国家公园,这里海拔约1250m,冬季非常寒冷。为抵御严酷的寒风，设计重点放在材料的质量和耐久性性上，方形结构的钢铁玻璃（面向景观面的透明材料）有效地营造出避风、安全而温暖的观景场所。

5.2.2　风环境

1.风的两面性

风的影响具有两面性。风能传播花香，具有净化空气的作用，但也有扩大污染范围、扩散污染的作用；近地面空气由郊区流向市区，可以对城市起到增湿、降温的效果。但是当风速超过一定限速时，就会对环境产生不利影响。风速过大会引起人不良反应，强风可造成植物折枝损叶、拔根、倒伏等。当风速过小，发生静风现象时，也会对人和环境造成不良影响。中国北方城市春秋季节风速过小，静风频发，因此雾霾天气更加频繁。随着城市建设密度增加，城市内部通风条件不断恶化，平均风速持续减小，更容易出现长时间的静风天气，污染物难以稀释，大气环境受到污染等情况。

全球变暖背景下，发生频率增加、强度增强的台风，以强风、暴雨、风暴潮三种方式造成潮灾和浪灾。应对狂风、大风可以设置防风林带，防护林带有防风沙、防台风暴雨的防灾作用。在中国"三北地区"(包括西北、华北地区北部、东北地区西部)，由于风沙危害和水土流失都很严重，建设了大型防护林体系，简称三北防护林（图5-9）。防风林要达到最好的防风效果，应由10行以上的树组成，选择具有抗风性能强、根系发达的树种种植成行、成网、成带、成片的防风林，能起到抗风护岸、防风固沙、降低风速、增加空气湿度、调节水源、改善环境和维持生态平衡的作用。城市公园中的植物布局一样能够对风起到引导作用，合理的种植密度和方式能够带来局部良好的风环境，从而对人们的活动行为产生间接影响。

城市的平均风速相比同高度的开阔郊区较小。在城市覆盖层内部，风的局地性差异也很大，有些地方风速极微，被称为"风影区"；在特殊情况下，某些地点的风速亦可大于同高度同时间段的郊区。城市的风向有明显的季变化与日变化，在季风区内进行景观环境规划与设计时，一定要考虑城市风的热点，

图 5-8　挪威野生驯鹿中心（左）

图 5-9　三北防护林（右）

考虑最小风频的变率。建成环境中，适合人们长期稳定活动的区域，如居住区、城市开放空间、城市广场等应当置于最小风频的下风位，有利于城市居民的身体健康。

2. 舒适的风

对风的感知有物质层面的，也有心理层面的。人们对风的知觉大多数情况下是依靠皮肤上的压力感知风的强度，风是冷或热、湿或干，人们皮肤的温度感受器也会觉察到。肌肉对风的抵抗也可以觉察到风力的大小；当风力足够大时，我们还能听到风声，风声也是觉察风力大小的一个线索；甚至风还能带来异味，也许能够就此闻到花香或从污染处吹来的难闻的气息。在室内，通过观察被风吹动的树叶等可以了解到风力的大小。人们能够感受到风，就能感受到风带来的各种自然信息，进而激发人们的情感，"等闲识得东风面，万紫千红总是春""北国风光，千里冰封，万里雪飘"，这些都是涉及景观意象的"风"的情怀。

四季气候变化会引起风产生规律性变化，气候变化导致的气压差，也会改变风向和风速。人感觉到舒适的风，指的是在风速和温度两个方面适合人感受的风。人们活动场所的选择倾向于通风散热的环境，例如在树荫下乘凉、在水边活动等，有利于降温散热。夏季遮阳的位置受人喜欢。人们喜欢待在凉爽通风的树荫、花架下或凉亭里。"暖风熏得游人醉"，在南方，舒适的暖风让人的精神振奋、行动自如，人的活动频率和范围较寒冷气候下会大幅度提升。

环境中的植物也需要"舒适"的风。风影响植物的繁殖及生长发育。适当的风速能够调节空气中的二氧化碳浓度，有利于植物的光合作用；能促进空气中的水分交换、热量交换，有利于植物的生长发育；微风还能帮助一些植物散发出诱人的香味，招引来了昆虫和动物替它们授粉和散布种子。这些就需要在景观环境设计时，充分考虑对风环境的营造，舒适了的植物才能营造出更好的户外活动场所。

对风环境的评价有多种方法，但无统一标准，其中行人高度处的风速舒适度感受（图5-10）[1] 和行人相对舒适度（Beaufort）评估法[2] 应用广泛。

适宜的风速、通风良好的环境使人舒适，宜人舒适的风大多出现在春秋季。冬季凛冽的寒风能加大雨雪天气的破坏程度，夏季的飒爽凉风使人感到愉悦舒适，因此，冬季应考虑防风保暖设施，夏季应考虑通风庇荫植物或设施。冬季人们会更愿意选择有阳光照射、相对温暖以及可以进行动态游憩活动的场所开

---

① 希缪 E，斯坎伦 R. 风对结构的作用——风工程导论 [M]. 刘尚培，译. 上海：同济大学出版社，1992：352.

② Soligo，Michael J，Irwin. A comprehensive assessment of pedestriancomfort including thermal effects [J]. Journal of Wind Engineering and Industrial Aerodynamics，1998，77（8）：753-766. // 曾忠忠，佀颖鑫. 基于三种空间尺度的城市风环境研究 [J]. 城市发展研究，2017，24（4）：35-42.

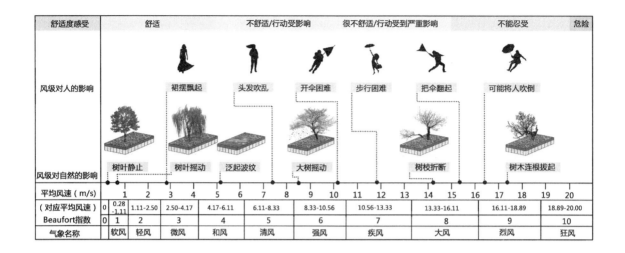

舒适度感受		舒适		不舒适/行动受影响		很不舒适/行动受到严重影响		不能忍受		危险
风级对人的影响		裙摆飘起	头发吹乱	开伞困难	步行困难	把伞翻起		可能将人吹倒		
风级对自然的影响	树叶静止	树叶摇动	泛起波纹	大树摇动		树枝折断		树木连根拔起		
平均风速（m/s）	1　2	3　4	5　6　7	8　9　10	11　12　13	14　15	16	17　18	19　20	
（对应平均风速）	0	0.28-1.11	1.11-2.50	2.50-4.17	4.17-6.11	6.11-8.33	8.33-10.56	10.56-13.33	13.33-16.11	16.11-18.89	18.89-20.00
Beaufort指数	0	1	2	3	4	5	6	7	8	9	10
气象名称		软风	轻风	微风	和风	清风	强风	疾风	大风	烈风	狂风

图 5-10　室外风速和热舒适图

展休憩行为、交往行为等；夏季人们更愿意在水边或浓密的树荫下进行休闲活动，如喝茶、下棋、打牌、观荷、休憩等。

根据风向、风速的规律，结合人的行为合理组织自然通风，使景观环境给人以好的风环境感受是环境设计的基本要求。不过，人们对风的感受是多方面的，除了生理上的舒适之外，还有心理上的追求。无形的风一旦被巧妙地赋予形式，自然就成为一道动态的风景。例如在意大利罗马，紧邻扎哈·哈迪德设计的 MAXXI 旁有一个由设计师 Bam 设计的大型透明帐篷——"HE"（图 5-11）。微风吹拂下，"HE"随风轻盈波动，变换的形状和色彩构建了一个特殊的、能够感受风的活动场所，巨大的力场吸引着人们前来放松休闲。

3. 住区风环境

住区环境是一个非常特殊的行为环境，当代住区就相当于一个城市空间的缩小版，是城市空间的一个基本单元，也是人类城市生活行为的发起点。这里有建筑，也有景观环境，住区的户外活动空间成为居民休闲放松、享受生活而需要的身边的景观环境。

图 5-11　罗马装置设计不一样的他（HE）

一直以来，住区的规划重技术指标，这些指标包括日照间距、容积率、楼层限高、户均面积，户型及有效使用面积等，住区景观环境的微气候条件以及环境的舒适度其实是更值得关注的部分。其中，影响环境舒适度的核心要素就是日照和风环境。居住区的风环境研究是涉及住区规划、建筑设计、景观设计等多个学科的研究热点。对住区户外空间的气候舒适度研究，主要集中在风环境改善及热环境优化两个方面。当前对风环境的研究办法包括现场实测、计算机模拟、风洞实验等。

针对严寒或寒冷地区的研究较多，且大多数集中在建筑学或城乡规划领域，主要针对住区的整体建筑布局。如英国建筑师拉尔夫·厄斯金提出了"风屏蔽"的对策 [1]。在场地北侧建造围绕的板式多层建筑，为基地内的开放空间、公共设施、儿童嬉戏及较底层住宅提供有效的屏蔽。

对小区风环境及微气候的研究成果一定程度上更能够体现对人的感受及其行为的关怀。如翟炳哲,林波荣 [2] 等利用计算流体力学模拟得到的小区风环境，发现小区上部平均风速大于地面，风速越大，两者差值越大。此外，小区绿地率越高，空气相对湿度越大；水滔滔 [3] 等针对当前常见的底层架空住区的风环境做了评估方案，认为合理的绿色建筑风环境一方面要保证冬季不会因为过大的风速给住区居民行走造成困难，带来过大的冷风不适感；另一方面在过渡季和夏季维持良好的自然通风以提高室外环境的舒适度及室内自然通风效果。他们的研究成果发现架空层对小区风环境并没有明显的好处；刘滨谊 [4] 等通过CFD 模拟研究发现，通过绿地布局优化可以改善住区风环境。在另一篇研究成果中 [5]，提出通过减少使用人群活动空间的顶面郁闭度，提升空间内部太阳辐射强度，改善热环境。通过形成均质半封闭围合物，避免形成明显风道以改善风环境。适当减少乔灌草多层复合的立面及顶面围合空间，降低相对湿度以改善湿环境。

住区的布局最终需要权衡冬夏季太阳高度角以及冬夏季主导风向差异，并利用住区绿化形成遮蔽、围合、半围合，以及规模等参与调解整体的微气候。在活动行为的协调上，应当充分考虑风向、风速的规律，合理利用风环境，为需要风资源的活动（放风筝）以及不需要风资源的活动（乒乓球、羽毛球等）设定各自不同的策略。

---

① 柏春.城市气候设计——城市空间形态气候合理性实现的途径 [M].北京：中国建筑工业出版社，2009：102-103.

② 翟炳哲，林波荣，毛其智，等.郑州小区形态与微气候的实验研究 [J].动感：生态城市与绿色建筑，2014（3）：119-124.

③ 水滔滔等.底部架空住区风环境风洞试验研究 [J].建筑科学，2017.

④ 刘滨谊，司润泽.基于数据实测与 CFD 模拟的住区风环境景观适应性策略——以同济大学彰武路宿舍区为例 [J].中国园林，2018，34（02）：24-28.

⑤ 梅敏，刘滨谊.上海住区风景园林空间冬季微气候感受分析 [J].中国园林，2017，33（04）：12-17.

5.3　光照

5.3.1　光照环境

　　光通过反射、折射和衍射等方式，作用于环境。光有三要素：强度、方向及色彩。光在照射的过程中由于空间地域、季节变换和时辰的不同而会发生改变。有了光，通过人的感知，才有了对环境空间与时间的观念，人们通过接受这些信息刺激获得存在感，获得不同的空间体验。建筑大师路易斯·康以关注光线对空间、形体的塑造而知名，他认为："如果没有天然光，我不认为它是一个真正的空间……天然光通过、进入并改变空间，赋予空间以活力"[①]。

　　通常理想的光照环境标准包括照度足够、分布合理、环境的各个面反射率适当、光线柔和且无刺眼眩光等。在功能性空间环境中，如办公空间、观演空间等会有不同的光照要求。与功能性空间不同，在景观环境中自然日光照射可以影响整体环境氛围、改变环境温度、影响景物特征，人们来此追求放松闲暇的空间氛围，对理想的光照环境的要求并不具有特定的标准，需要应景、应时而变。例如类似"青山依旧在，几度夕阳红"这样描述夕阳的诗句，不仅注意到夕阳带来的一片红色，同时描述了夕阳带来的氛围以及背后的情感，观赏者与阅读者之间也有了行为及心理的互动。因此，充分考虑不同光照带来的心理暗示与生理调节作用，可以通过应景、应时的手法巧妙组织光线，使光照的变化作用于人的心理活动，进而引导不同的行为发生。

5.3.2　白天与夜晚

　　景观环境中白天是自然光线，夜晚则是月光与人工光源。白天的自然光线带来丰富的光影变化，光照强度、角度、色彩都随着时间而变化，营造着不同的环境氛围，具有强烈的艺术感染力和表现力；到了夜晚，人们利用人工光源延续自己活动的时间，扩大自己活动的空间。人工光源带来了稳定的光照条件，现代技术可以帮助我们制造不同色光（冷、暖、中性）的电光源，能够营造并引导各种环境氛围，以适应不同的需要。

　　白天的自然光在景观环境中能清晰地反映观赏对象的固有形体和颜色，也能在某个特定的时间段影响和改变环境中的各种固有色，起到统一景观色调和修饰景观色彩的作用。如对夕阳晚霞的描述："落霞与孤鹜齐飞，秋水共长天一色""半江瑟瑟半江红"，晚霞会给景物如水面、建筑、树木花草、山石等蒙上一层红色，使环境色彩更加富有层次感和丰富感。这样的光线，除了能够激发人们的情感，让人产生吟诗作画的冲动外，还能与人们的游憩行为形成交互

---

① 李大厦.路易·康[M].北京：中国建筑工业出版社，1993.8：23.

图 5-12 Bostanli 人行桥
和日落休息室

作用。在位于土耳其卡西亚卡西部一处直接面向大海的位置上，有个由逐层下降的碳化木覆盖的平台组成的 Bostanli 日落休息室（图 5-12）。在树荫遮蔽的人造斜坡和堤岸之间形成一个友好的观赏日落的场所，鼓励游人直接与夕阳和大海接触，邀请市民来到海岸边观看日落，度过一段美好的时光。

自然光线带来的信息刺激是多种多样的，朝阳与晚霞、日光与月光，以其对环境氛围的强烈影响力，能够直透人心；自然光带来的树影婆娑、摇曳生姿，为自然环境提供了持续变化的可能，保持了持续的新鲜感和持久力；此外，可直接称为光景观的七色彩虹、极光、漫天繁星、日食月食、海市蜃楼等能够带来新奇的观景感受，吸引人们驻足迷失，流连忘返。

夜晚人工光照带来的信息刺激同样是多元的，并且由于其得天独厚的可控性，因而具有更强的稳定性、功能性和针对性，更容易与人们的休闲活动组织在一起。2006 年，南京玄武湖举办了意大利国际灯光雕塑艺术节（图 5-13），以 56 万只 LED 可变色光源组成的巴洛克风格的大型户外景观——"光雕"为主题，表现了圣马克大教堂、香格里拉广场、荣耀之堡、罗马竞技场、辉煌之门、希望之城、时光隧道、美丽的兰帕德等。布展线路将玄武湖主要景区串联起来，将异域风情与地域风景交汇在一起，不仅激发了游客的浪漫幻想，同时也构建了海市蜃楼般壮丽唯美的景象，结合园内其他活动的组织，将城市公园的夜晚完全激活，吸引了数十万人。

在号称世界第八大奇迹的英格兰康沃尔伊甸园项目中，光线和其他材料的结合更加突出了光的形体表现力。灯光设计师 Bruce Munro 和 5 名助手花了三天时间安装完成原野灯光装置，该装置被安放在中心屋顶的草皮上面，整个装置大小为 60m×20m，由 6000 个丙烯酸管子上覆盖玻璃球体构成，制作的发光体酷似蒲公英，蔓延长达 1.2km。在夜晚，24000m 长的光导纤维营造了如彩色的璀璨星光。这个号称"原野之光（Field of Light）"的装置（图 5-14）将自然作为灵感和表

图 5-13 玄武湖意大利
国际灯光雕塑艺术节

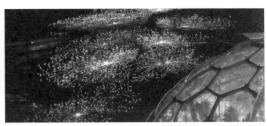

图 5-14 Field of Light 原野之光装置艺术

现客体，展现出一种形似自然又兼具人工性的"光之风景"[1]。

5.3.3 光负荷强度

按照光线与照射物之间的作用关系，可将光源分为直射光源、反射光源以及透射光源三种。如果直射和反射光源设计的角度不合适，都会产生眩光来刺激眼睛，导致眼疲劳。通常在景观环境中，波光粼粼的水面反射会让人放飞心灵，但行走的路面、直视的玻璃墙面在强烈阳光照射下都有可能产生眩光，会让人产生不适的感觉。

太阳照射使环境温度升高，冬季人们愿意到户外的阳光场地晒太阳、进行活动，低平的太阳入射角带来了柔和的光照；夏季的阳光则要强烈的多，人们为了避免阳光暴晒，通常会减少出行，尤其会避开强反射的硬质铺装地面，去寻找林荫空间。相较而言，某些以"城市美化"为目的的城市广场，堆积了华贵的石材，精美的喷泉，但往往由于缺少对地区气候及夏季光照的行为学研究，没有为人们在夏季的户外行为提供良好的户外条件。如在南京雨花台景区调研时，由于恢宏的空间中缺乏栖息遮阴场所，人群明显聚集在大台阶上的阴影之中，成为有趣的"人文风景"（图 5-15）。

与自然光源不同，人工光源稳定可控，但不容易产生历时性变化，一般用于晚间活动的功能性照明。人们对光照环境的需求包括生理性需求与心理性需求，生理性的需求，包括了亮度、清晰度的要求。如广场舞、打牌、下棋等这样具有人流聚集特点的活动，一般需要足够的强光，在保证安全舒适的情况下，光照范围内的人们可以产生积极的交互行为；对于晚间轮滑这样的青少年热门活动，环境中的照明光源一般强度都不足，经常出现自带强光灯的情况，既不安全，对其他人也会形成困扰。

在南京南湖公园的调查中，我们发现了光照不足的情况。在南入口广场边，有不少打牌的居民自带了诸如台灯之类的灯具以弥补照明强度的不足（图 5-16）。

图 5-15 南京雨花台景区纪念碑前大楼梯的坐憩人群分布情况

① 赵玮. 原野之光 [J]. 景观设计，2010，1：93.

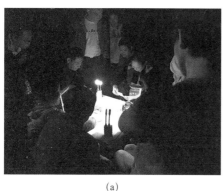

(a)   (b)

图 5-16　南湖公园中的
居民活动
(a) 居民自备灯具；
(b) 自带悬挂灯具

在进一步针对南湖公园内各大广场的光照环境调研中，我们发现了更多的
问题，如光照边界、光照分布、强度问题等（表 5-3）：

南湖公园照明情况调研表　　　　　　　　　　表 5-3

	北入口广场	西入口广场	南入口广场	东小广场
面积（m²）	3500	750	800	225
灯具分布	沿水一侧有蓝色灯带及路灯。广场地面有地灯	篮球场有强光源，可以照亮此处场地，沿路设路灯	沿广场周围设置路灯	无
照度	中间几乎为0，沿水边照度较高，灯下距光源1m照度为130lx	照度较低，广场中心区域照度为2.4lx，相对较为平均。	广场周围因为路灯的设计有较为明确的边界，灯下1m照度达130lx，然而广场中心照度为0	
活动	广场舞、轮滑、锻炼身体、交谈	广场舞、休憩	广场舞、打牌、休憩	亲密性交往、广场舞
备注	光照不够，边缘灯光较亮。出现自带灯具的情况	外部强光干扰，边缘灯光较亮	出现较为集中的自带灯具现象，边缘灯光较亮	没有灯光

根据调研结果，我们发现了光照与活动之间的交互作用与相互制约。
如在北广场，广场舞及轮滑区域需要增设路灯或打开地灯，在台阶上加设
柔和、照度低的地灯以制造更加轻柔的氛围，在大台阶处应当增加地灯、
台阶灯或座椅灯。儿童活动区域光照偏强，强光照射下孩童眼睛容易受到
刺激。

在心理层面，对光线的要求不仅是光照强度，还包括了色彩、柔和度、变
化、氛围等，如情侣亲密交谈空间、休息闲坐等行为，就需要柔和朦胧的光源；
户外观演活动，则需要动态多变的光源；历史遗存、建筑的照片，则需要带有
黄晕的光线，强化历史沧桑的感觉。整体灯光效果还可以形成良好的夜景灯带、
勾勒夜景轮廓，引导人流动向等。

5.3.4　光照氛围

从上述几个案例可以发现，光照能够赋予环境全新的形象、营造动人的氛围、带来积极的活力和影响力。人们通过听觉、视觉、嗅觉、味觉和触觉认识世界，在所获得的信息中有 80% 来自光引起的视觉。人们对光照环境的感受包含温度感觉、明亮度感觉和舒适感觉。

1. 温度感觉与氛围

由于地球不断围绕太阳转动，太阳在地球上的入射角和位置随着一天内时间的不同而发生改变。早晚的位置最低，照度和色温也相对较低，容易令人精神松弛，有着"一日之计在于晨"和"夕阳无限好"之说，适合户外活动，同时也是摄影的合适时间；太阳在正午入射角高，色温照度值也达到最高，往往令人精神紧张，时间长了就会困顿。

在自然光中，低色温的暖白光会让人觉得更加适应，感觉心里温暖舒适，对行为具有积极的促进作用。有学者做过相关实验发现不同色温的冷暖光环境会引发被试者产生不同的心理感受和情绪体验："社交过程中表现出更高的容忍度及对负面性生活事件的抱怨更少。在博弈任务中表现出更多的利他行为。事后测验发现，暖色光照条件组被试在情绪量表（PANAS）正性情绪维度上的评分显著高于高色温光照组，且被试自我评价心理暖的程度更高。"[1]

另一个案例恰好说明了人们对暖光源的偏好。为了节能，意大利罗马古城从 2017 年 6 月开始陆续将全市 10 万个高压钠汽灯换成了 LED 灯（图 5-17），据说一年能节约 4700 万欧元。罗马古城充满历史情调的黄光高压钠汽灯换成了 led 白光灯，那种撒在古建筑上的那层淡淡的朦胧美、充满了历史感的灯光氛围消失了。效果出来后，遭到了市民的强烈反对，包括市议会委员 Nathalie Naim 等人组成联盟抗议政府这个举动。"重要的是这个气氛" Naim 在纽约时报的采访中说道，"这些气氛就是罗马美和历史中重要的一部分"。事实上，美国、加拿大等很多城市都在做出这一尝试，这种矛盾还将持续下去。

图 5-17　意大利罗马古城换灯前（左）后（右）

---

① 汝涛涛等. 暖色光能让人感觉心理暖吗——不同色温光环境对个体亲社会行为的影响 [A]// 中国心理学会. 第十八届全国心理学学术会议摘要集——心理学与社会发展. 中国知网. 2015：1.

2. 明亮度感觉与预期定式

工作时人们喜欢明亮的光线，休闲时则更倾向于柔和的光线。明亮的光线让人觉得空间开阔、舒适、安全、稳定，适合工作与学习。柔和的弱光会给人以空间聚焦、宁静、温馨的感受，适合人们休息、放松。但在光线昏暗不明的环境中，人会容易失去安全感，并觉得压抑、恐惧、情绪不安宁。

在景观环境中，通常自然光线下的光影氛围有着一定的审美倾向，如光影摇曳、树影婆娑、波光粼粼等，都是符合人们审美预期的景观对象，即使夏日炎炎，水面反光过于强烈，也不至于引起人们的不安宁的情绪；晚间自然光线的强度大幅度下降，但看到的草坪上的月光，静静地如水般流淌在墨染的夜色之中，散发着独有的清辉，即使相对于白天而言亮度微不足道，也不会让人产生不安全、昏暗的感觉，相反带来的是慢慢的宁静与平和；即使环境昏暗甚至伸手不见五指，如果此时人们看到萤火虫之光，依然会感受到来自心灵的激动，因为这些代表了大自然的灵气和高质量的生态环境。

景观环境中的人工照明，如草坪灯、庭院灯、投树灯等都同时具有功能性与装饰性，这些照明带来了晚间的活动氛围。通常人们的休憩行为，如聊天、约会、散步等，大约需要的水平照度为 1~3lx；激烈活动行为，如集体舞、球类运动等，大约需要的垂直照度为 200lx，水平照度为 1~3lx。这些与白天所能达到的 1000~4000lx 有着巨大的差距，但在符合人们心理预期的情况下，依然能够被人们认可接受。

3. 舒适感觉与生理调谐

自然光中的绿光俗称正绿光，是大自然的保护色，占太阳光线的 50% 以上，它的波长处于可见光谱的中间位置，是适应于眼睛休息的颜色，是灵敏度最高的自然之色。在景观环境中，影响人们视觉并奠定环境舒适感觉的光照，主要依赖于从大量绿叶反射到人眼的绿光，与人们在自然环境中感受到的轻松的氛围息息相关。

自然光线是天然的兴奋剂。有研究发现皮肤细胞在光照下会产生阿片类物质，血液中的阿片类物质升高有助于改善情绪体验[1]，这就能理解为什么强度适当的光照能改善并调节人们的情绪。

视交叉上核接受整合外环境的光信息，使生物的内在节律与外环境同步。视交叉上核是指大脑前侧下丘脑核。其上方是哺乳动物脑内的昼夜节律起搏器，可调节身体内各种昼夜节律活动，使内环境以一合适的时间顺序对外部环境做出最大的适应。由于光照能影响视交叉上核，而这里是调节褪黑激素分泌的昼夜节律中枢[2]，因此光照（尤其是夜间）能够通过影响生物节律来影响心理健康。

---

[1] Sher, L. Role of endogenous opioids in the effects of lighto mood and behavior[J]. Medical hypotheses, 2001, 57（5）: 609-611.

[2] Figueiro, M. G., et al. On light as an alerting stimulus atnight[J]. Acta neurobiologiae experimentalis, 2007, 67（2）: 171.

由此可以理解在景观环境中的夜间照明的重要性，强度合适的照明能够提高人体舒适度。同样也能够理解为什么打破昼夜节律熬夜的人会影响身体健康，因为破坏了身体节奏。

在生理上，大脑的不同波段同样受到光线的影响。高强度光照能够提高大脑 beta 波的水平[①]，脑电的变化可能也是光照影响心理的机制之一。在白天午间阳光强度形成高色温时，大脑 alpha 波衰减较大，beta 波增强，能提高认知能力，但易疲劳；早晚阳光强度减弱形成中等色温时，枕叶 alpha 波增多，疲劳感较低[②]，但认知能力也降低，工作压力减小，舒适度相应提高。

5.3.5 不同人群的需求

1. 老人

老人与儿童是景观环境中的主体人群，同时也是需要特别关照的人群，由于其生理与心理的特殊性，光照带来的影响也有所不同。

老人视觉退化、老花，光感越来越弱。老龄化引起视觉器官退化（如晶状体发黄、瞳孔变小等）、病变（如老年性黄斑变性、白内障、青光眼、由糖尿病和高血压引起的视网膜病变等），从而造成视觉下降、视觉感知和认知困难。研究者给老年被试者施加超出常规的明亮光照，发现不仅没有改善老年人的情绪体验，反而使他们产生了更多急躁、焦虑、不安等负性情绪。这个实验并没有从生理上解释原因，但至少说明了老人并不需要太强的光补偿，可能和老人应对刺激的机能退化有关。这就从一定程度解释了老人为什么偏好在清晨、黄昏去公园散步、活动，一般不会在强光照下出行活动。

老人喜欢自然光线，如果不下雨，绝大部分老人都喜欢在室外活动，健康的光照时间是至少应在 3000lx 日光下户外活动 1h 以上。其次是室内活动包括棋牌、桌球、阅读、书画、健身、静坐聊天等。因此，人工光源中更喜欢接近自然光线的白色光源，视物更容易；其次才是暖色光，暖色光在某些室内空间如餐厅、卧室等，能给老人以温暖、柔和、放松的感觉；而冷色光因是带蓝色的白光，略显清冷，很少有老人喜欢。

老人夜视能力逐渐变差、明暗适应能力减弱、对比敏感度降低、视觉敏锐度下降、视野受损、颜色知觉缺失等，并对与视觉相关的行为活动造成障碍，如视觉作业、方向定位、寻路、标志识别等[③]。由于对明暗变化的适应也需要更多的时间，对于闪烁的灯光，老人会觉得眩晕。晚间灯光不足时，老人们去公园、广场散步，有时候会自带光源。往往到了八九点时还有老人在打太极，

① Badia, P., et al. Bright light effects on body temperature, alertness, EEG and behavior[J]. Physiology & behavior, 1991, 50（3）: 583-588.

② 张腾霄，韩布新. 照明与心理健康 [J]. 照明工程学报，2013（24）: 27-30.

③ SHARIFUL Shikder. Therapeutic lighting design for the elderly : a review [J]. Perspectives in Public Health, 2012, 132 : 282.

进行相对静态的活动。

2. 儿童

儿童是最需要、也最容易创造并接受环境信息刺激的群体。他们在玩耍活动中寻找信息刺激，从而得到来自视觉、听觉、触觉、味觉、运动觉多种感官的刺激信息和体验。当环境中有强光、有光照变化、有光照反差时，会引起儿童极大的兴趣。

他们对强光的忍受程度高，但容易注意力分散。而注意力分散、兴趣点多也会大幅度降低儿童对光照的关注和舒适度的依赖。不过，强光照依旧对儿童具有一定的导向作用。白色光中，暖白光（3000K）令儿童安静、放松，中性白（4000K）和冷白光（6000K）让儿童注意力集中，头脑清醒。大量研究表明，自然光有助于增强儿童的活动[1]。

2013年的一项关于环境变量与儿童情绪与行为的研究[2]，对光的抚慰情绪作用进行了细分。研究揭示以下结论：

（1）自然光最有助于儿童的专注力，过于刺眼的日光则导致注意力分散；

（2）人工光环令儿童通过被动探求来抚慰情绪；

（3）通过调节度，可以帮助儿童舒缓压力，缓解大脑疲劳；

（4）儿童特别喜欢人工光或自然光产生的反射光、光斑或影子的形状，这些会激发儿童积极情绪，促进主动探求；

（5）眩光会严重影响儿童情绪。

总体而言，儿童对光照的要求不高，适应性较强。儿童更容易接受来自环境的各种刺激。

5.3.6 艺术感染力

对于光环境，不止需要关注照度，除了明亮、舒适的功能性要求，还有让人动心的艺术感染力。普通人能感受到夕阳美好，文化人更能感受到光影美妙。光与景在古语中是一体的，洪兴祖补注："《说文》云：景，光也。"清代俞樾在《茶香室三钞·俞园假山》中言："夜月下照，光景零乱。"光是产生景观的源头，而景观是让人心动的视觉信息刺激。

传统自然观讲究人与自然合一。在中国传统园林中，光影变化就代表了自然的信息，因此，四时变换，天时渲染，景象的明暗与色调不时变化。早晨、晌午、黄昏、夜晚；日光、云辉、月色、星光，反映在园林中就是粉墙动影、晚风弄影、半窗梅影、暗香疏影等，都是形容传统园林中光影景观意蕴的经典

① Catherine Docherty，Andrew Kendrick，Paul Sloan，et al. Designing with Care. Interior Design and Residential ChildCare[J]. Final Report by Farm 7 Scottish institute forResidential Child Care，2006.

② 李德胜，邹琳，曹帆等. 不同光源的显色性比较试验研究 [J]. 照明工程学报，2012，23（5）：43-46.

词句，园冶有"因时而借"之说，也是看到了时间带来的变化和艺术感染力。王维在《竹里馆》一诗中，用短短四句诗"独坐幽篁里，弹琴复长啸。深林人不知，明月来相照。"，将竹林、琴声、月光、人物组成的诗情画意展现出来，表现出古代人文的文化意趣。

现代的人工光影在表达文化方面有了更多的自由度，除了满足功能性照明外，也融入了对文化的表达，组织了更多的信息。如日本京都路上的小竹灯（图 5-18），通过竹节的造型增加了对禅意的表达。

图 5-18 日本京都小竹灯

由 RIOS CLEMENTI HALE 工作室在美国加利福尼亚州格伦代尔设计的象棋公园（图 5-19），是一个将照明与公园主题结合起来的典型案例。这个项目是基于一条废弃路径的改造，设计师以可循环利用的塑料和木材制成五个有趣的棋子状的抽象造型灯塔，灯塔贴墙而立，贯穿了整个狭长的矩形场地。这些灯塔散发出暖色光线，激励着人们挑战智力和发挥创造力。

图 5-19 美国加利福尼亚州格伦代尔国际象棋公园

5.4 色彩

5.4.1 光谱、色彩和孟塞尔系统

1666年，英国物理学家牛顿通过三棱镜发现了光谱，并于1704发表经典著作《光谱》，开启了色彩研究。1810年歌德著《色彩学》[1]，从观察者的生理机能角度细致描述了人对色彩的感受，是理性向感性领域探求的起步。

色彩是指颜色，由物体发射、反射的光通过视觉而产生的印象[2]，是视觉系统接受光刺激后的产物，是个体对可见光谱上不同波长光线刺激的主观印象。既然是主观印象，就会有差别。在不同的光线下、不同的角度、不同的背景、不同的色彩组合，以及被不同的人看，都会有所差异。

色彩具有三种属性：明度、色相、饱和度。由于色彩是人们对光谱的主观印象，因此可以说这是色彩的三个心理特征。明度指色的明暗程度，人对明度变化要比色相、纯度变化的感受强烈[3]。明度与光的物理刺激强度相对应，强度是彩色和非彩色刺激的共同特性。色相主要用以区分色彩的不同种类的属性。色相与其物理刺激的光波波长相对应，不同波长的光所引起的不同感觉就是色相。基本色相为太阳色散出来的七色光。

图 5-20 图片纯度示例
(a) 低纯度示例；
(b) 高纯度示例

饱和度指色彩的纯净程度，也称之为纯度或者彩度。饱和度与光纯度的物理特性相对应，纯的颜色即高饱和度的，是指没有混入白色的窄带单色光波。色调和纯度只有彩色刺激才有（图5-20）。

色调是指色彩外观给人的基本倾向。色调兼顾三要素，在明度、纯度、色相这三个要素中，某种因素起主导作用，可以称之为某种色调，如明亮色调、紫色调或深色调等。根据人们的不同认知及需求，还可以有朴素色调、甜美的色调等。

孟塞尔色彩系统（Munsell Color System）是由美国艺术家阿尔伯特·孟塞尔（Albert H. Munsell，1858—1918）在1898年创制的，是色度学（或比色法）里透过明度、色相及色度三个维度来描述色彩的方法（图5-21）。

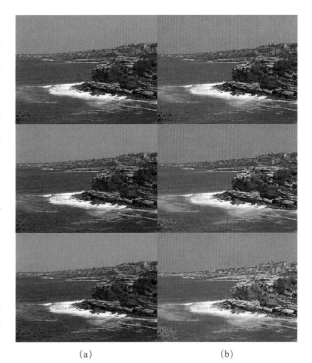

(a)　　　　　(b)

---

① Johann Wolfgang von Goethe，Deane B. Judd. Theory of Colours [M]，MIT Press，1994.

② 新华字典 [M]. 5 版 . 北京：商务印书馆，1979-12：387.

③ Trevor L，Janine B. Color：art and science [M].London：Cambridge university press，2000.

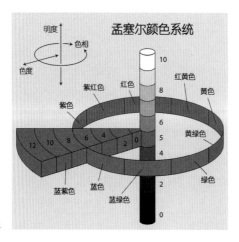

图 5-21　孟塞尔颜色系统

孟塞尔色彩系统常用一个圆柱表示：圆柱的高由下至上表示明度（V）增加；圆柱的圆周表示色相（H），沿圆周循环；圆柱的半径由内至外表示彩度（C）增加，至圆周处彩度最高。孟塞尔模型的中央轴代表无彩色黑白系列中性色的明度等级，黑色在底部，白色在顶部，称为孟塞尔明度值。色彩离开中央轴的水平距离代表饱和度的变化，称之为孟塞尔彩度。不同色相（H）的色彩相加，明度（V）提高，但彩度（C）降低。

5.4.2　色彩的感知

色彩具有温度感、面积感、动静感、距离感、轻重感。按人们的主观感觉，色彩可以分为暖色和冷色，前者指刺激性强引起皮层兴奋的红、橙、黄色；而冷色则指刺激性弱，引起皮层抑制的绿、蓝、紫色。红紫和黄绿等属于中性色，既不冷又不暖。非彩色的白、黑也给人不同的感觉。黑色使人感觉集中、压迫、重且低。白色给人感觉宽广、开放、轻且高。色彩的冷暖还与对比有关，若紫色与橙色放在一起，则紫色偏冷；若紫色和蓝色放在一起，则紫色偏暖（图 5-22）。

除了温度感，人们逐渐还发现色彩与物质空间对象的各种属性都有关联。比如色彩产生距离感：明度高的暖色使人感到距离缩小，明度低的冷色使人感到距离增大。色彩具有轻重感：深色感觉重，浅色感觉轻；暗淡色感觉重，明

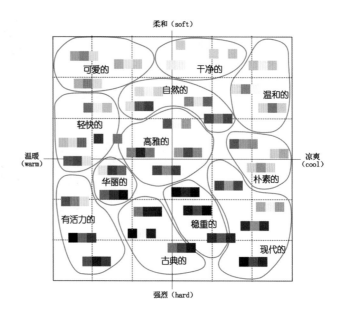

图 5-22　色彩意象坐标

图 5-23 社区彩虹通道
安道 AHA 团队

亮色感觉轻。明度一样时，暖色感觉重，冷色感觉轻。色彩的面积感：面积一样大的两种色彩，明度高而色浅的有放大的感觉；反之则有缩小的感觉。线条也是如此，明色的显得粗些，暗色的显得细些[1]。色彩使人产生动静感：暖色是动感色彩，使人兴奋；冷色反之。

5.4.3 色彩心理

感知色彩是一个主观行为，人们根据自身的感觉获得色彩表达的空间感、温度感等，进而激发人们的精神需求。色彩心理是指颜色能影响脑电波，色彩的直接心理效应来自色彩的物理光刺激对人的生理发生的直接影响。

在景观设计中，设计师有时候会采用一些充满活力的明快、鲜艳的色彩去刺激、激活人们的行动力。在上海的南翔地铁站与格林公馆之间，安道 AHA 团队就用一个充满色彩的景观小品（图 5-23），改变了人们对路的认知印象，斑斓的色彩塑造了彩虹色的梦幻般通道，七彩渐变色和变幻的光影刺激，让行走在其中的人们心情都变得愉悦起来，脚步也欢快起来，让回家的人们感到光和温暖，产生了积极的效应。

最重要的色彩心理是联想，是心灵的移情、寄托。从而产生精神上的需求与追求，达到心灵的平衡。因此，在描述目标对象的整体印象时，对颜色表现

图 5-24 墨尔本联邦广场

出来的整体效果会有不同倾向的定位。在自然环境中，人们更倾向去尊重环境的自然美，去欣赏植物、草地、河流、大海、山石的自然色。而在人工营造的景观环境中，则会通过不同环境的色彩塑造，探求各自不同方向和主题的表达，以激发不同的情感和活力。

曾获得 1997 年的伦敦雷博建筑设计大奖的墨尔本联邦广场（图 5-24），建造的目的就是希望成为真正的市民广场和城市生活的中心，除了具有标志性的形象的多功能建筑

[1] 林玉莲，胡正凡.环境心理学[M].北京：中国建筑工业出版社，2000：8-9.

群外，主广场为各种自发性节庆活动、文化活动、公共集会提供了理想的场地，广场上的暖色调铺装与周边街区的灰色地面材质形成了鲜明的对比，这种暖色调石材的色彩正是澳大利亚红土地的象征，能够激发人们的地域文化情感，迅速形成场所认同感。

5.4.4 景观环境中的色彩

大自然的色彩是最生动的，在以绿色植物为背景的大环境中，充满了丰富多彩的物质对象，如山石、花卉、水流、鸟禽等，元代白朴在《天净沙·秋》中将自然风景凝练为："青山绿水，白草红叶黄花。"是用色彩概括了风光。在西方园林中，特别是英国园林中，往往会利用花卉的丰富色彩变化来丰富景观环境。如今在设计中会利用植物的叶色变化结合花卉，以及不同的植物空间、层次、规模等设计方法来丰富景观环境中的色彩。

在中国传统园林中，也会利用花卉的色彩变化来营造环境氛围。清·陈淏子在《花境》中论及植物的位置搭配时，对每一种花卉的色相、花姿、香气等做了详尽描述："其中色相配合之巧，又不可以不论也。……榴之红，葵之灿，宜粉壁绿惄；夜月晓风，时闻异香，指尘尾以消长夏。……因其质之高下，随其花之时候，配其色之浅深，多多方巧搭。虽药苗野卉，皆可点缀姿容，以补园林之不足。使四时有不谢之花，方不愧名园二字，大为主人生色。"

景观环境中常常通过色彩主题来凸显整体色调。在风景游览目的地中，北京的香山红叶、南京的栖霞山红叶都已经成为地方的标志性景观。色调的使用因人、因地而异，传统私家园林强调"淡雅朴实"的色彩氛围，这和古代文人的情感追求是分不开的。皇家园林强调"富丽堂皇"的色彩氛围，则是为了彰显皇家气派。

环境中植物色彩的不同倾向对应的是相应的植物品种，也对应了不同的色彩心理感受（表5-4）。通常绿色是景观环境中的基调色，阳光下的一片绿色代表了生机和活力；植物叶色的变化主要表现出黄色、褐色、红色等季相色彩；花卉的色彩更加丰富多彩，一年中开黄花的植物较多，在高强度的日照下，给人以温暖、灿烂、华丽、明亮的感觉，能够活跃环境氛围；红色是环境中最具跳跃感的颜色，如红色的鸡冠花、红枫，一片红色的氛围会让人激昂，常与强烈的感情相联系，如"霜叶红于二月花""红叶黄花秋意晚"等名句。

植物色彩对应的心理感受

表5-4

颜色	植物	心理感受
红色	鸡冠花、红花藤本月季、一串红、红花夹竹桃、红花紫荆等	艳丽、芬芳、好运、朝气
橙色	金盏菊、旱金莲、万寿菊、康乃馨、孔雀草、柑橘、柿子等	明快、华丽、温暖、香甜

续表

颜色	植物	心理感受
蓝色	蓝星花、鼠尾草、鸢尾花、亚麻籽花、瓜叶菊、风信子等	沉静、空旷、冷静、远离世俗、超脱
绿色	绿叶植物、草坪等	希望、青春、和平、宁静、休闲
黄色	金丝桃、金盏菊、迎春、连翘、黄花美人蕉等	光明、辉煌、灿烂、纯洁、天真
紫色	郁金香、鸢尾、大丽花、薰衣草、矮牵牛、三色堇、石竹等	浪漫、庄重、优美、高雅
白色	茉莉、白桦树、白兰、水仙花、白玉兰、白花矮牵牛等	干净、纯洁，清新、简洁

现代景观环境中，也常巧妙搭配植物的叶色和花色品种，通过色彩的组织塑造环境氛围。位于加拿大布伦特伍德湾的布查特花园（Butchart Gardens）（图5-25），每年利用盛开的花卉，形成丰富多彩的天然色彩拼盘，吸引了众多游客，人们游赏于花卉的海洋之中。春天，花园内盛开着超过25万株的黄水仙和郁金香，各种杜鹃和花木也都竞相绽放，黄色和红色等暖色调充满了春天的烂漫芬芳气息；夏天，玫瑰园中超过250种玫瑰相继开放，给人们带来缤纷的色彩和诱人的花香；秋天是海棠和大丽花盛开的时候，晚秋时日本园中遍布红褐色和金黄色；冬天园内遍布成千上万的彩灯和各种装饰遍布全园，迎接圣诞；冬季过完后，又迎来一年初春，热带植物开始生长，樱花绽放，春天的气息又弥漫开来。一年四季周而复始，布查特花园内的植物色彩从来没有单调过，这也是用植物色彩塑造环境的一个鲜明案例。

图5-25 布查特花园
Butchart Gardens

5.4.5 色彩的影响力

色彩具有可读性，感知色彩是主观行为，因此色彩的影响力和效果因人而异。儿童大多喜欢高纯度的、高明亮度的、高饱和度的色彩，对色彩刺激的接受能力较强。统计表明婴儿喜爱红色和黄色，4~9岁儿童最喜欢红色，9岁儿童又喜欢绿色，7~15岁的小学生中男生的色彩爱好依次是绿、红、青、黄、白、

图 5-26　北京颐堤港儿童游乐场／BAM

黑，女生的爱好依次是绿、红、白、青、黄、黑。因此，景观环境中通常使用鲜明的色彩吸引儿童进入、引导儿童运动。公园里往往通过醒目、饱和度高的色彩来提示游人，尤其是提示儿童注意安全，以此起到行为警示的作用。

位于北京市朝阳区的颐堤港儿童游乐场（图 5-26）就利用了鲜艳的颜色来吸引儿童活动。橙色的圆盘构成天棚为孩子们遮挡些许阳光，底下是一块微微下沉的玩沙场，地面主要由黄色构成。另一个游乐场所是由黄色、橙色与红色相间组成的"王者之山"，热爱冒险的孩子可以在这攀爬登顶。整个游乐场的色彩都是使用的高饱和度的暖色调，明快鲜艳的色彩吸引儿童们来此游玩。

某些鲜明的色彩具有相对稳定的倾向性，常常容易产生相对稳定的联想。例如红色使人联想到炽热的火焰、流动的鲜血；橙色使人想起丰硕的果实；金色使人想到温暖的太阳；绿色与茂密的森林和草原相关；蓝色象征天空和大海；紫色给人以印象深刻的神秘感和浪漫等。这些联想产生于人们在长期生活中获得的感知经验，在受到刺激后被唤醒，进而持续影响人的感知和行为。

在丹麦缤纷城市公园（Superkilen Urban Park）[①]（图 5-27），在一个 800m 长的街区空间中，分别用红色系、绿色系、黑色系三种颜色塑造空间氛围，形成了强烈的视觉冲击力，色彩对比强烈的多彩之地对应多元化的社会街区。红色街区具有充满活力的色彩刺激，适用于组织文化活动和体育活动；绿色街区遍布高低起伏的绿色小丘，象征着城市山林，对应于休闲及野餐；黑色区域作为城市客厅，成为公共聚会场所。三色系对应的功能设置都非常契合色彩本身具有的色彩感知倾向。

此外，文化背景也会影响人们的色彩感知。如中国江南水乡的灰瓦白墙，希腊的白屋和蓝顶，德国城市的红瓦黄墙，荷兰城市的多彩特征等，都是不同民族传统文化中具有的色彩，会对来自该文化背景的人们的感知倾向起到潜移默化的作用。

---

① 穆尼等著．"心"景观：景观设计感知与心理 [M]. 武汉：华中科技大学出版社，2014：212-223.

图 5-27 丹麦缤纷城市公园

5.5 声音

5.5.1 作为环境负荷的声音

1. 声音的定义

法国学者米歇尔·希翁在《声音》[1]一书中指出，声音存在主客观两种定义。心理学定义是："声音是一个感觉，是感觉器官的经验。"；物理学定义是："声音是一种由分子组成的运动，通过诸如空气、水或岩石这样的介质，由一个振动体导致。"简而言之，声音是指物体振动时所产生的能引起听觉的波[2]，是一种能够刺激人们听觉的物理环境变量。正因为是对人们听觉的刺激，因此除了物理强度外，还有基于生理反应的心理作用强度。

科学研究发现，正常人能听到的声音频率在 20~20K 赫兹之间（波长

---

[1] 米歇尔·希翁.声音[M].张艾弓，译.北京：北京大学出版社，2013：64.
[2] 新华字典[M].5 版.北京：商务印书馆，1979，12：401.

17mm~17m)，测量声音相对响度的单位是分贝（dB, deci Bel）。适合人类生存、工作、学习和生活的最佳环境为 15~45dB，大于这一标准的声音称为噪声[①]。最弱音约为 10dB，最强音约为 130dB，其他情况见表 5-5：

常见声音分贝 表 5-5

分贝	声音
10~20dB	人的呼吸声（基本感受不到）
20~40dB	轻声说话
40~60dB	室内交谈
60~70dB	大声喧哗
70~90dB	闹市环境声
90~100dB	载重汽车 / 喧嚣马路
100~120dB	交响乐最强音 / 柴油机
120~140dB	喷气机起飞 / 高射机枪
140~160dB	火箭导弹发射

声音可由内容、频谱、频率领域、时间领域等分类：自然音，即大自然的声音，如水流声、风声等；纯音，由人工制作的讯号产生器震荡出来的声波，是一种正弦波的单一波形；复合音，由好几个不同的频率所组成的频率；协和音，由两个单一的纯音组合的，但是这些音与基音有整数比的关系。音的协和性本来是音乐的理论，现在也可以运用到声音的音色理论；噪声，令人不悦的声音；超音波，超过人耳低频可闻以下的频率或超过人耳高频可闻以上的频率，叫作超音波。

2. 噪声的相对性

1931 年，英国物理学家乔治·凯（George W.C.Kaye）把"噪声"定义为"不合时宜的声音"[②]。噪声具有相对性，即使是音乐，对于不想听的人来说，就是超强负荷的噪声。公园里唱歌声、跳舞音乐声对于观众和表演者来说是悦耳动听的声音，但对于想要清净和闭目养神的人来说就是噪声。因此，噪声是个相对的概念，噪声的概念包括两部分：一是心理成分（不想要的）；二是物理成分（声音必须被耳朵接收，被大脑感知到）[③]。

1999 年，李国棋对北京市民作了调查（表 5-6）[④]，调查的目的是测定人们对不同的声音的反应，结果发现，大自然的声音最让人怀念，城市中的机械电气设备和交通噪声占 36.4%，人们极为厌恶这些噪声，这些已经成为城市生活的主要噪声源。

---

① 张国泰 . 环境保护概论 [M]. 北京：中国轻工业出版社，1999：136.
② 迈克·戈德史密斯 . 吵－噪声的历史 [M]. 赵祖华，译 . 北京：时代华文书局，2014：1.
③ 贝尔等 . 环境心理学 [M]. 朱建军，等译 . 北京：中国人民大学出版社，2009：139-156.
④ 李国棋 . Soundscape 通告：声音景观研究 [J]. 北京联合大学学报，2001，15（1）：98-99.

声音调查汇总表（改绘）　　　　　　　表 5-6

	分项	数量	喜欢	厌恶		分项	数量	喜欢	厌恶
水	雨	44	6	37	机械设备	空调机	24	2	18
	河流小溪	9	8	1		气泵	2	0	2
	海	33	29	2		锤子敲打	4	1	3
	水滴	2	0	2		其他	44		
风雷火	狂风	24	0	24	交通	汽车	57	1	43
	雷雨	54	3	49		列车	45	8	30
	燃火	4	3	0		飞机	44	9	25
	其他	11				汽笛	8	6	0
人	人声	55	27	20		其他	73		
	婴儿哭声	6	4	2	其他声音	乐器	47	40	0
	哭	8	0	8		各种音乐	44	34	1
	笑声	46	41	3		高音广播	13	0	11
	脚步	3	0	3		异常音响	2	0	2
	性爱	12	12	0		门	6	0	6
	口哨	8	4	4		时钟	66	54	11
动物	鸟叫	14	11	3		电话	71	32	37
	昆虫	8	4	4		铃声	56	5	41
	其他	21				枪炮声	45	8	35
机械设备	一般机械	20	0	12		厨房	35	26	6
	建筑机械	54	0	41		黑板写字	2	0	2
	汽锤	51	0	45		沉默	0	0	0
	磨牙机	3	0	3	合计		1178	378	536

　　事实上，自然环境中的噪声带来的负面影响也越来越大。塔兰特（Tarrant，1995）等[1]研究表明，在国家公园和自然保护区内出现城市噪声和机械噪声会对旅游者产生更多负面的影响。马斯（Mace，2013）[2]等对国家公园的噪声污染进行了研究，并用条件价值法（CVM）评估了旅游者愿意为减少噪声所进行的支付补偿，结果发现，室外噪声（包括游客人声和交通噪声）都对游客的声景体验产生影响，游客愿意通过支付门票费等方式，支付噪声减低的成本，从而提升声景和旅游体验的质量。

　　自然环境中，植物本身对噪声就有削弱作用。弗里克（Fricke，1984）[3]认为林带对噪声的减弱现象主要有三种：①直接声波和地面反射波之间的干涉。②树木枝叶的散射，地面和空气的湍流。③植物、地面和空气的吸收。并且通

---

　　① Tarrant M，Haas G，Manfredo M. Factors affecting visitor evaluations of aircraft overflights of wilderness[J]. Society and Natural Resources，1995，8（4）：351-360.

　　② Mace B.L.Corser G C，Zitting L，et al. Effects of overflights on the national park experience[J]. Journal of Environmental Psychology，2013，35：30-39.

　　③ F.Fricke. Sound sttenuation in forests[J]. Journal of sound and vibration，1984，92（1）：149-158.

过研究声音随时间延长的衰减量和声音随距离增加的衰减量之间的关系，得出声音在中频阶段（250~1000Hz）主要靠散射作用，在高频阶段（2~8kHz）主要靠吸收作用的结论。

当然，也有学者认为，从宏观来看一般认为是没有意思的、人为的、工业的、科技的声音，甚至是噪声，换一个角度观察，它们都可能值得关注和欣赏。雷姆伯特和迪布瓦（Raimbault，Dubois，2005）[①] 指出，如果我们只想通过减少噪声级别或消除噪声的方式来改善声环境是不够的，创造宜人的新声景才是声景改善的重要方向。

5.5.2 声音三要素与认知过程

人耳对不同强度和不同频率的声音存在一定的听觉范围，这个范围称为声域。在声域范围内，声音听觉心理的主观感受主要有响度、音高、音色等特征和掩蔽效应、高频定位等特性。其中响度、音高、音色可以在主观上用来描述具有振幅、频率和相位三个物理量的任何复杂的声音，故又称为声音"三要素"。而对于多种音源场合的人耳掩蔽效应等特性尤为重要，它是心理声学的基础[②]。一个较弱的声音（被掩蔽音）的听觉感受被另一个较强的声音（掩蔽音）影响的现象称为人耳的"掩蔽效应"。

《乐记》中有："凡音之起，由人心生也，人心之动，物使之然也。感于物而动，故形于声。"这是古人粗浅的看法，但道理类同。声音进入由耳朵形成的听觉通道，进而影响大脑的听觉中枢，使人对声音信息接收并产生相应的认知和判断。声音进入人脑而"形于声"，大体要经过物理、生理、心理三个过程。由此可以看出，声波带来的刺激与受体的主观感受并非能够简单对应，因为受体本身的认知经验对声音的认知产生影响，如听到鸟鸣声，就可能联想起林间溪径、鸟鸣树梢的意象。

图 5-28 乌龙潭公园小草坡

乌龙潭公园是南京城市街心公园的一个典型例子，整个公园场地不大，但周边居民区和医院经常有人在公园游玩。靠近东北边入口的藕香榭对面有一块阳光充裕的小草坡（图 5-28），上面稀疏地种植着几棵小乔木。周边爱好遛鸟的老人们将这块场地充分利用，时常把各自的鸟笼挂在

---

① Raimbault M，Dubois D. Urban soundscape：Experiences and knowledge[J]. Cities，2005，22（5）：339-350.

② 周祥平.声音的听觉心理特性 [J]. 音响技术，1999，5：27-29.

树上，一边听着清脆的鸟声，一边晒着太阳聊天。鸟笼子不大，在树叶的掩映下更是不仔细看不会察觉，但路过的人们只要听见叽叽喳喳的小鸟叫声，都会停下来注视一会。因为鸟叫声的响度、音色都与其他的环境音截然不同，人们会被这种较强的遮蔽音吸引，继而联想到鸟鸣树梢的意象。

前文提及的澳大利亚悉尼的天使广场上的悬浮的鸟笼，使得人们有机会在没有绿色森林的城市街道中重温 Tank Stream 区的历史。充满灵气的鸟鸣声、柔和的灯光、熟悉的环境，营造了一个特殊的氛围。值得说明的是这里的鸟笼中并没有鸟，鸟鸣来自持续播放的声音，但正是这样的声音激发人们的联想，唤醒了人们曾经的美好体验。

《乐记》中还有"是故知声而不知音者，禽兽是也，知音而不知乐者，众庶是也，唯君子为能知乐。"这样的语句，从这句话可以看出在古代"声""音""乐"是有区别的，有着各自不同的意义，有着层次上的划分。从"声"到听出"音"，指的是音色上的要求；从"音"到"乐"，这是音律节奏上的要求[①]。

在日本庭院中，作为一种排水装置而设计的水琴窟（图5-29、图5-30）被造园匠人上升到了乐器的范畴。匠人通过倒置水缸制造空洞，放大水滴落下的声音，当水滴落下撞击水面时，缸内的空气受到震动，便会发出各种悦耳的声音，这就是水琴窟的基本原理。水缸的形状、制作材料、空间大小、水滴的撞击高度、缸的周边碎石材料决定了音质和音色。水琴窟产生的空灵缥缈的回音，能让人联想起远古大地的回响，从而达到净化及升华心灵的作用。持续间隔的水滴，也会产生音律节奏上的意义，使得单一的"音"也有了"乐"的基础，引人遐思。

5.5.3 声音具有的景观意义

1. 声景的提出

Daugstad 在研究中指出，可视性的霸权地位（hegemony of visuality）在景观研究过程中受到了挑战，景观感知导向正在经历由景观化（spectacularization）

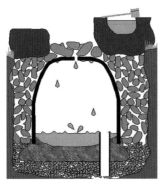

图 5-29 水琴窟的横切面（左）
图 5-30 京都圆光寺的水琴窟（右）

---

① 王光祈. 声音心理学 [J]. 中华教育界，1927，17（15）.

向多感官感知的转变①。相对应地提出了声景（soundscape）、嗅景（smellscape）、味景（tastescape）的概念。

其中，声景（soundscape）是在1960年代由加拿大作曲家和生态学家谢弗（Schafer，1997）②提出的，是"一种强调个体或社会感知和理解方式的声音环境"，决定人与声环境之间的关系。根据最近国际标准化组织的定义，声景是"个体、群体或社区所感知的在给定场景下的声环境"③。

声景研究"重视感知而非仅物理量，考虑积极正面的声音而非仅噪声"，更多地关注了声音所体现的社会性、历史性和空间文化意义，从而使声景研究具有更多的情绪和声音的情感维度（emotional and affective dimensions）④。

2. 视听联觉的景观效应

虽然在人体的感官中还有嗅觉、味觉、触觉，但毫无疑问视觉和听觉是在环境感知中最重要的，视觉体验和听觉体验也是相互蕴涵、相辅相成的。

视听联合并非声音知觉与视知觉的简单相加，而是空间与时间组织的知觉所生成的效果。"在视觉和听觉中，形状、色彩、运动、声音等，很容易被结合成各种明确的和高度复杂多样的空间和时间的组织结构，所以这两种感觉就成了理智活动得以行使和发挥的卓越的（或最理想的）媒介和场地。"⑤

中国传统文化中山水园、山水诗、山水文三位一体，也可以看作是视听联觉的拓展。通常我们描述环境中的虫鸣鸟叫、古刹钟声、流水潺潺、雨打芭蕉等，都会在意境中显现一幅动人的画卷。中国传统诗词中的相关描述更是数不胜数，如"姑苏城外寒山寺，夜半钟声到客船""二十四桥明月夜，玉人何处教吹箫""留连戏蝶时时舞，自在娇莺恰恰啼""明月别枝惊鹊，清风半夜鸣蝉"等，都是情景交融、声情并茂、画面感极强的千古名句。

中国古典园林中也有很多景点的营造与声音相关。如西湖十景中的"柳浪闻莺""曲院风荷""南屏晚钟"等。古人喜好听松涛缥缈的声音，如南宋陶弘景，据《南宋陶弘景传》记："（弘景）特爱松风，庭院皆植松，每闻其响，欣然为乐"；承德避暑山庄松鹤斋之北，有名为"万壑松风"的一组风格独特的建筑群，周边通过回廊围合，形成丰富的空间层次。在参天古松的环绕

---

① Daugstad K. Negotiating landscape in rural tourism [J]. Annals of Tourism Research，2008，35（2）：402-426.

② Schafer, R. M.（1969）. The New Soundscape：A Handbook for the Modern Music Teacher. New York：Associated Music Publishers.

③ Kang Jian. Soundscape：Current progress and future development [J]. New Architecture，2014，（5）：4-7. // 康健. 声景：现状及前景 [J]. 新建筑，2014，（5）：4-7.

④ 刘爱利，刘福承，邓志勇等. 文化地理学视角下的声景研究及相关进展 [J]. 地理科学进展，2014，33（11）：1452-1461.

⑤ 鲁道夫·阿恩海姆. 视觉思维：审美直觉心理学 [M]. 滕守尧，译. 成都：四川人民出版社，1998：23.

掩映下，壑虚风渡，松涛阵阵，犹如杭州西湖万松岭，形成一个极其寂静安谧的小环境。

视听联觉还体现在自然寂静的环境中通过声音的回响，让人感受空间的开阔以及环境的宁静氛围，使人身心沉静，如悟禅声。如王维《鸟鸣涧》的"月出惊山鸟，时鸣春涧中"，是通过山间鸟鸣烘托静寂的氛围。此外，还有"弹噪林逾静，鸟鸣山更幽""春眠不觉晓，处处闻啼鸟""稻花香里说丰年，听取蛙声一片"等。

鸟鸣之外，还有雨声、水声、风声，如李商隐的"秋阴不散霜飞晚，留得枯荷听雨声"、陆游的"小楼昨夜听春雨，声响明早卖杏花"。听雨声的拙政园的"听雨轩"，听水声的苏州藕园的"听橹楼"，听风声的扬州平山堂御苑的"听石山房"更是用名称直接点名了意境与人的行为之间的关联，文人雅趣，意境尤深。

在英国德比郡的乡间，Studio Weave 设计了"大自然传声器（The Hear Heres）"（图 5-31），通过巨大的乐器，将没有形状的声音与视觉联系在一起，强化了视听联觉的效果。各种自然背景声源发出的声音通过这种装置被扩大数倍，强化了原有细微的自然之声，也强化了声音被人们感知的途径。这些独特的乐器装置用玻璃纤维制成，被放置在不同的区域，放在湖面上，面向天空，缠绕着树木等，在不同的位置能让人听到不同的大自然的声音。

3. 环境中的背景声

自然环境与人工景观环境的动人之处，还在于其不同于城市环境的背景之声。这里有潺潺的流水声、清脆的鸟鸣声、秋天落叶的沙沙声、树影摇曳的哗哗声等，也有船桨划过水面的声音、老人晨练的声音、儿童嬉戏的声音等，这些共同构成了景观环境中的背景之声。这些声音对人们心灵的吸引力构成了对城市噪声的"掩蔽效应"，这里不是没有环境噪声，而是利用植物或其他美好的自然之声遮蔽了让人烦躁的噪声。

通过视听联觉的触发，形成或唤醒人们的联想视境，环境中的风声、雨声、雷电声、流水声、动植物声、人声等，共同构成了景观环境中的背景音，能够激发人们的视听体验，并带动听者情绪，产生愉快、忧郁、悲伤等情感反应。

图 5-31 大自然传声器／
Studio Weave

美国"国家公园之父"、自然学家约翰·缪尔（Muir，2015）[①]在描述约塞米蒂瀑布时写道："这处宏伟瀑布的声音是山谷中所有瀑布中最洪亮，也是最有威力的。它的声调多变，有时候像风刮过小橡树的阔叶时所发出的高音调的嘶嘶声和沙沙声，以及扫过松树时发出的温柔的筛动声和渐归沉寂声，有时候仿佛暴风雷电在高峰山顶的绝壁间席卷而过时发出的低沉冲击声和轰鸣声。"缪尔描述的体验极其丰富，使人不禁产生对自然的向往。

清代张潮《幽梦影》中有这样的描述："……春听鸟声，夏听蝉声，秋听虫声，冬听雪声，白昼听棋声，月下听箫声，山中听松风声，水际听欸乃声，方不虚生此耳。"道出了古人对自然环境之声的追求。

法国作曲家皮埃尔·索瓦诺（Pierre Sauvageot）[②]用捕风的形式创作了大型声音装置作品"和谐的田野"（Harmonic Fields）[③]，用乐器捕捉来自自然的风之声音，让风去吹奏自然的和谐之音。这个大型装置被描述为"由500件风神乐器和移动的听众的交响游行"。作品位于阿尔弗斯顿的一个捕风地点，靠近湖区，背靠山峰。500件不同的风动发声装置，在气流中发出各种声音，仿佛大自然的合奏。

在中国传统园林中，人们更是充分利用水、风、雨、植物来营造声景观。水分为静和动两种基本形态、静水面一般用来倒映，扩大空间视觉感受，流动的水可以由不同高差间的叠石产生跌水景观（图5-32（a）），营造潺潺流水声。风声和雨声是人们经常听到的自然声音，园林中可以借助植物或构筑物将声音扩大，如风声与松林营造的松涛之声，扬州个园利用南墙上的24个圆孔发出箫鸣声；如在建筑一角种植芭蕉，听"芭蕉叶上潇潇雨，梦里犹闻碎玉声"的雨打芭蕉之声（图5-32（b））。

图 5-32 传统园林声景观营造
(a) 跌水；
(b) 雨打芭蕉

(a)　　　　　　(b)

① 特雷弗·考克斯，陈蕾．声音的奇境—— 一段探寻世界好声音的科学长征 [J]．杨亦龙，译．北京：新世界出版社，2015：168-169．

② 特雷弗·考克斯，陈蕾．声音的奇境—— 一段探寻世界好声音的科学长征 [J]．杨亦龙，译．北京：新世界出版社，2015：240-242．

③ https://www.telegraph.co.uk/culture/music/classicalmusic/8536558/Harmonic-Fields-Pierre-Sauvageots-wind-chimes.html.

5.5.4 声音的空间场与场所认知

声音具有难以想象的潜在空间塑造能力和感知能力。人们在景观空间中移动，对环境中的声音体验，从脚下的沙砾开始，在行走的过程中感觉到移动的声响，听着环境中的各种声音，包括水流声、风声、人声、鸟鸣声……以及环境的回音，人们通过对声音的方位及强度感知，能够判断音源的空间距离和位置。

在物理学上，声波传播的空间叫声场，声音在声场中的距离、方位所造成的关系可以称为声音的远近配置关系。因为声音可以被周围物体的形态与结构进行反射和重构，所以我们能感受到四周的空间环境，并识别我们自身所处的位置，让我们产生空间感，进而形成场所感。相对稳定的音源能够加强这种场所感，能够形成某种特定场合具有识别性的声音，而熟悉的声音能够起到强烈的唤醒作用，能激发人们的记忆，加强场所的特性。

特定的声音不仅是视觉探索的引导，还能引起对场所的感知，提升有关特定地点的记忆和联想。例如清代张潮在《幽梦影》中写道："闻鹅声如在白门，闻橹声如在三吴，闻滩声如在浙江，闻骡马项下铃铎声如在长安道上。"

场所的声音特征是长期积淀而来。1993年，由日本音景学会组织，声景研究工作者对多个地区和城市的声景进行了调研，并总结出日本100个需要保护的声音景观。日本官方也组织开展了各种活动，最著名的就是"百种日本音景：保护我们的遗产"，对具有地域性特征的代表性声音景观，例如海潮、蛙鸣、钟声等自然声音及人文声音予以重点保护。

场所的声音是文化追求与传承的重要组成部分。在传统园林中，理想的山水环境是人们所追求向往的，人们更愿意体验沉浸其中的感觉。因此，环境的幽深、空寂是人们的追求。大量的古典诗词，正是通过声音的鸣响来反衬环境的特有魅力，如南朝王籍的《入若耶溪》中"蝉噪林愈静，鸟鸣山更幽"写的是眺望远山时所见到的景色，以动显静的手法来渲染山林的幽静。唐代王维的"倚杖柴门外，临风听暮蝉""空山不见人，但闻人语响"，杜甫的"春山无伴独相求，伐木丁丁山更幽"，也都是用声响来衬托一种静的境界。

近年来，苏州推出"夜游网师园"的体验项目，重点是通过评弹、昆曲、昆剧、古琴、箫笛、古筝、江南丝竹、古典舞蹈等表演，将传统园林的魅力与灯光、声音相结合，夜色削弱了白天的浮躁，声音加强了古典园林的特有魅力。散步于夜色中，步移景异，声光变换，极大地丰富了文化内涵和空间层次。桥上有吹箫，树下有琴音，厅堂听评弹，凉亭唱昆曲，丰富的声乐烘托了夜间的氛围，形成了具有场所新意的、沉浸式的文化体验。

声音能够强化场所特征，赋予场所以灵魂之音。在德国柏林犹太博物馆的"落叶"（图5-33）通道中，布满了一张张用第二次世界大战的弹壳做成的人脸，

图 5-33 柏林犹太博物
馆"落叶"（左、中）
图 5-34 9·11 国家纪
念博物馆（右）

艺术家为这个作品取名"落叶"，意味着生命的陨落。当人们走进这里，双脚就必须踩在一张张人脸形的铁块上，伴着脚步这些人脸发出刺耳的响声，如同绝望的呐喊。声音回响，激发人们的心灵体验，仿佛身临其境般地体验了第二次世界大战集中营的苦难。

在纽约世贸"归零地"（Ground Zero），"9·11"十年后建成了纪念性的"倒映池"（图 5-34），倒映池四壁有水幕围合，四边都镌刻了罹难者的姓名，供亲人好友凭吊。对置身于昔日灾难现场的缅怀者而言，水流的声音是一种安抚，同时水流下落的轰鸣声也能警醒人们对世贸大楼倒塌的记忆，敲响灵魂的警钟，形成了场所蕴含历史底蕴的特有声音。但是，环境心理学教授艾琳·布朗扎夫特（Arline L. Bronzaft）却又撰文指出倒映池的水景观设计在声音问题上欠缺考虑[①]。她认为归零地位于曼哈顿下城的闹市区，交通噪声量很高，噪声很容易吞噬水流声。如果加大水流以提高水的音量，让它足以盖过交通噪声时，那时候的水声也一定音量大到难以让人去静默和追思了。其实，无论是水声，还是噪声，都是场所本身具有的特征。

5.5.5　体验声音的丰富层次

1. 听觉无意识与主动性

我们能够听见声音，这包括了生理反应和物理过程。有时候我们是被动地无意识听见声音，有时候又是主动地体验声音。是体验的主动性带来的声音意识的觉醒，作为听觉主体的人对声音的认知亦随之改变。

当人们习惯了自然环境中的背景音，不再主动去分辨、去探寻声音中的新意，也就无意识地失去了主动积极的聆听声音的能力，经验往往会使我们失去动力，以至于无意识去发现听觉世界的丰富性。

这种听觉无意识的特点，也能帮助我们自然地将环境中的各种噪声略去。"持续倾听互相遮蔽的噪声，会将我们的注意力调动起来从众声喧哗中萃取某

---

① Arline L. Bronzaft. Reflecting on the lack of acoustic considerations at ground Zero [J]. Soundscape，2005：26-27.

个声音片段，或者从嘈杂的人声中提取某一声音"[1]，这是所谓"鸡尾酒会效应"，是指人的一种听力选择能力，该效应揭示了人类听觉系统中令人惊奇的能力。鸡尾酒会现象是图形-背景现象的听觉版本。这里的"图形"是我们所注意或引起我们注意的声音，"背景"是其他的声音。

图 5-35　南京玄奘寺新年敲钟

在景观环境中，我们能够在无意识的情况下忽略环境背景声音，去关注充满文化气息的钟鼓鸣音、去关注明朗活泼的鸟鸣蝉唱、去关注富有生活气息儿童嬉戏打闹声等。当我们静心鸣响，主动聆听，甚至能够听到细微的微风飘拂树叶、吹皱一池碧水之声。

南京古城历史悠久，玄武湖旁的鸡鸣寺与玄奘寺在每年跨年的时候都会推出撞钟活动，人们可以前往寺庙撞钟迎新（图 5-35），祈求平安。在新年特有的情境下，清澈响亮的钟声会变得格外悦耳，人们往往会无意识地忽略拥挤的人潮带来的环境背景声，专注于铜钟带来的振聋发聩的新年之音。

2. 听觉联想

听觉联想是人们体验声音、体验环境氛围、体验场所精神的重要途径。听觉联想受听者的文化背景制约，同样的声音有人毫无意识反应，有人却触动灵魂。

对于普通的生活背景音，诗人北岛在作品《声音》中有着极其生动的描述："我六七岁时发明：一边哼音乐，一边插入几声汽车喇叭。这两种声音叠加在一起，于我，就意味着大都市。……

成群麻雀呼啦啦落在房顶，叽叽喳喳，啄着铁皮排水管，发出空洞的回声。其中一只叫声最亮，翅膀扑腾最欢。冬天，锅炉房工人开始添煤加温，热水顺暖气管道哗哗循环流动，伴随着嘶嘶的排气声及冷暖气流撞击时噼啪的爆裂声。我似乎置身于一个庞大的消化排泄系统中。

楼下出现人声。脚步纷杂却清晰可辨：男重女轻，劳力者浊，劳心者稳，老人滞中有间歇，孩子则多变，有的活蹦乱跳，有的拖着地走——费鞋。自行车声被清晨的寂静放大：辐条呼啸带风，轮胎飞沙走石，链条铿锵蹭着链套，铃声响起，洪钟般震耳欲聋。"[2] 这些文字，体现了北岛对声音的敏感，以及通过听觉联想，得到的丰富的生活画面。

事实上，听觉联想还可以通过形态加强，达到视听联觉的丰富效果。在伦敦布鲁姆斯伯里区有个 Great Ormond Street 儿童医院，西边高楼耸立，交错分布的管道和通风口就成了小病人们惨兮兮的景色，为了改善这一状况，Studio Weave 团队从工厂回收旧水龙头、仪表甚至锅炉，转换成好玩的成群的喇叭们，有轻轻的摇篮曲传出来。在原色砖墙或是洁白的墙壁上，绽放着一朵朵大小各异的喇叭花。它们带着独有的金属色，金属材质的管子传播声音会带有点点空灵，可以想象自己在这些管道上面奔跑探险的情景。有些喇叭花形成的奇幻景观达到十层楼高度和 32m 的长度，使得这里的每个人——小病人、家长甚至医院工作人员无不激发了丰富的想象力，通过混合视觉与听觉，让人恍如进入了几米漫画的奇幻旅程、宫崎骏大师的异世界，被称为摇篮曲工厂（The Lullaby Factory）（图 5-36）。

图 5-36 The Lullaby Factory /Studio Weave

　　毫无疑问，优秀的设计不但能强化听觉联想，还能让人通过联想，体验声音的丰富层次以及文化底蕴。在中国古代，利用八种物质金、石、丝、竹、匏、土、革、木八种不同材质发声特点制作成的八种乐器，称为"八音"。江南无锡寄畅园内的八音洞（图 5-37），巧妙利用景点提名，将水声与传统的八种乐器构成联想途径，营造了丰富的文化想象空间。八音洞用黄石堆砌而成，上有茂林，下流清泉。涓涓流水，巧引二泉水伏流入园，经曲潭轻泻，顿生"金、石、丝、竹、匏、土、革、木"八音，被喻为由八类乐器合奏出的"高山流水"天

图 5-37　八音洞

然乐章。此时水声是否真有八音已经不再重要，因为人们在心理体验中已经构成了八音的想象。

在克罗地亚西部名城扎达尔的海边，在2005年设计师尼古拉·巴希奇 (Nikola Baši) 受古希腊水动风琴的启发，巧施因借，利用技术将自然的海风与风琴管结合构成了一套无与伦比的管风琴乐器，被称为"海洋风琴"（图5-38）。每当亚得里亚海的海风拂过，它会演奏出一阵阵美妙和谐的风琴声。堤岸上方的石头台阶上有着一排排开口，台阶侧面内部连接着35条风琴管，每7根为一组，不一样的长短直径让它们发出不同音阶的乐声。海浪拍岸把空气通过一条浸入海水的塑料管道推入风琴管中，可以演奏出多达五个声调七种和弦的乐曲。每个风琴管都有自己的管道与和弦。当人们沿着海岸散步，站在七级不同的台阶上，不仅可以感觉到声音和协奏的变化，还能通过听觉展开联想，在心中构建了一座巨大的自然风琴（图5-39）。

图 5-38　扎达尔海风琴（左）
图 5-39　扎达尔海风琴原理示意图（右）

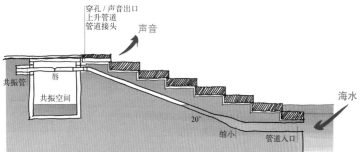

第6章

环境行为的特征与评价

6.1 环境行为调研与分析

6.1.1 学会观察

景观环境是人们休闲放松的主要场所，与建筑空间有很大区别。建筑空间中的行为与功能关联性较大，功能空间的组合与流线的组织对人们的行为存在较大的约束力。与之相比，景观环境空间功能性约束力相对较弱，空间布局与流线组织具有较大的弹性。同样一片广场、草坪，能够适应多种不同的休闲行为，即使铺设好明确清晰的道路，也会存在有人不沿着道路行走的现象。

在景观环境中观察人的行为动态，是一件有趣的事情。因为在这里，没有严格意义的私密空间，被阿尔伯特·J·拉特利奇看重的"人看人"[①]行为是最主要的行为之一，除此之外在这里还能看到其他各种丰富的社会性行为，集中体现了休闲、放松、自由的乐趣。

环境行为的调研始于观察，如何作为一个专业的旁观者，对周边发生的各种活动行为进行审慎观察，是需要具备一定的专业技巧的。阿尔伯特·J·拉特利奇提出 5W 观察人们行为的方法：什么活动（What）、什么人（Who）、什么地方（Where）、什么时间（When）、为什么（Why）。对于其中的"为什么（Why）"，他认为，需要经过观察，克服重重困难获取第一手资料，然后再通过推理，作出合理设想[②]。

阿尔伯特·J·拉特利奇的 5W 观察法富有逻辑地指出了观察者需要观察的基本内容，基本包括了大众行为的特征和发生逻辑，对于后续的研究提供了很大帮助。今天，我们同样以审慎的眼光去回顾、去思考这一观察法的时候，会发现两点问题：

（1）首先"为什么（Why）"不能完全靠观察和推理，在强调理性、数字分析方法的今天，"为什么（Why）"应当靠后续理性的分析提供更为可靠全面的信息。

（2）从环境负荷（Environmental Load）影响行为的角度出发，天气因素应当成为一个主要的影响因素，下雨中、下雨后对景观环境影响，对大众而言具有完全不同的吸引力。温湿度变化带来的不同舒适度体验，也一样会左右大众的行为。

本文在上述基础上，提出修正后的 5W 方法：人（Who）、时间（When）、

---

① 阿尔伯特·J·拉特利奇 . 大众行为与公园设计 [M]. 王求是，高峰，译 . 北京：中国建筑工业出版社，1990：1.

② 阿尔伯特·J·拉特利奇 . 大众行为与公园设计 [M]. 王求是，高峰，译 . 北京：中国建筑工业出版社，1990：167-172.

天气（Weather）、场所（Where）、活动（What）。其次，除了上述可以直接观察到的显性因素外，还可以包括一些隐性因素，如出行目的、出行频率、出行方式、出行时长、结伴方式等，这些信息可以通过采访、问卷等方式得到。

1. 人 Who

人是研究的主体，环境是我们研究的客体。人们在环境中的活动行为，总是根据自身的需求而来，同时也受到社会行为规范的制约。Moore 以场所（Places）、使用者（User Groups）、社会行为现象（Sociobehavioral Phenomena）三个方面为基础，导入时间（Time），建立了环境行为学的研究框架，指出环境行为学应立足于场所或环境的空间性状况、使用者、社会行为现象，以及研究、政策制定、设计、结果评价的过程在时间上的反复循环和发展[1]。在 Moore 的观点中，使用者和社会行为现象是两个重要组成部分，社会行为与个体行为相对应，是多个个体集结成群，相互影响，相互作用的种种表现。

我们在观察时，注意从不同的角度区分人、人群的分类特征是重要的基本环节。稳定的行为通常都与人群规模有关，我们可以根据数量分类，系统地分析观察对象是一个人、两个人，还是一群人。一个人作为基本单元存在，两个人可能是情侣、夫妻、伙伴、朋友，从三个人开始，就体现了"三五成群"的意义。

在数量作为基本要素的前提下，还需要根据年龄、性别有所区分，进一步还有社会阶层、文化背景、职业、家庭情况等信息。不同的信息组合可能分析出不同类型的行为特征。比如，老年人群有其固有的特征，但仍需要对不同职业、不同素质的老人做进一步的区分。

2. 时间 When

人们出行都有自己的时间规律，时间在整个行为发生体系中的作用，体现在具体的时间节点、发生并持续的时间长度以及发生频率等三大环节上。

时间包含了年月日时。不同年份，会涉及不同的时代特征下的社会行为特征，不同行为引导规范等。比如说 2000 年以后，国内各大公园陆陆续续取消了门票，极大地提升了前往公园活动的人群数量；不同月份，会有四季的变化带来的环境负荷变化，在夏季和冬季，发生类似行为的可能性和持续的时间都会不一样。比如说，炎炎夏日的高温度低湿度因素导致人们室外的舒适度急剧下降，但夜晚的人数会有所增多；具体到哪一天，应该更容易理解，平时、周末、节假日都会引起人们出行规律的改变；至于在一天中的不同时段，则充分体现在不同人群的活动行为规律中，例如作为景观环境的行为主体人群，老人通常会在早晚去景观环境中锻炼身体、散步、跳舞等，而年轻人、外来游客等

① MOORE G T. Environment and behavior research in North America：History，developments，and unresolved issues[M]// STOKOLS D，ALTMAN I. Handbook of environmental psychology. New York：John Wiley and Sons，1987：1359-1410.

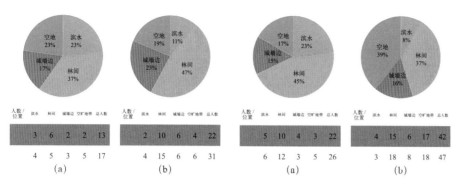

图 6-1 神策门公园工作日活动人数（左）
(a) 日间活动人数；
(b) 晚上活动人数
图 6-2 神策门公园休息日活动人数（右）
(a) 日间活动人数；
(b) 晚上活动人数

却会因为某个目的出现在白天的大部分时间，但很少会在清晨的时间出现；至于摄影爱好者，在适合摄影的季节，他们会在凌晨和黄昏出现在具有美丽天光的景观环境之中。

因此，为了得到全面的观察数据，为了分析的深度更透彻，需要我们选取合理的时间节点，对景观环境进行实地调研。可选择同一天中的不同时刻，也可选择几天内的同一时刻。除此之外，选取的时间节点要有对比价值，以便研究早中晚、工作日与周末或者节假日与非节假日等不同时间段使用者的行为变化，从而使调研的数据更加严谨，更具说服力。

在南京神策门公园的调研中，考虑到工作日与休息日会有不同的人群以及游园目的，因此针对工作日与休息日，以及日间与晚间做了区分。经过观察统计（图 6-1~图 6-2）发现工作日日间在林间活动人数较多，而在城墙边活动人数较少；由图 6-1（b）可知工作日晚间在林间活动人数仍然占比最大，在城墙边活动人数有所增加；由图 6-2（a）可知休息日日间在林间活动人数较多，而在城墙边、大片空地处活动人数较少；由图 6-2（b）可知休息日晚间在林间活动人数仍然占比最大，在大片空地上活动人数大幅度增加，而滨水处活动人群较少；工作日和休息日比较，最大的区别在于休息日晚间的空地上的人群增幅较大，对我们针对性的引导规划会有一定的启发（表 6-1）。

神策门公园行为活动调查表　　　　　　表 6-1

调查日期	天气	性别比例（%）		游人行为活动比例（%）					
		男	女	锻炼	娱乐	穿行	拍照	观景	坐憩
2018.05.17	晴	49	51	9	12	24	23	23	9
2018.05.26	多云	52	48	10	13	22	22	21	11
2018.06.04	阴转雨	51	49	14	9	51	10	14	2
2018.06.16	晴	53	47	7	33	21	20	14	5

3. 天气 Weather

梅拉比安提出了环境负荷（Environmental Load）概念，将环境信息变量对行为的影响提升到一个特殊的高度。事实上，场所与环境信息变量构成了整个行为发生环节链的客体部分，这其中，天气变化是我们能够观察到的、针对特定区域特定场所的关键影响因子。

天气是指自然界寒、暖、阴、晴等现象①。天气是指短时间的大气运动状况，气候是长时间的大气平均状况。狭义的气候要素即气象要素，主要有：气温、气压、风、湿度、云、降水以及各种天气现象②。通常气候要素之间实际上是相互关联的，一个地区长期稳定的若干要素之间的整体平衡与变化特性构成的天气特征就是气候。

在各要素中，通过观察可以看出寒、暖、阴、晴等基本特征，更深层次的特征，如气温、气压、温湿度等就需要根据相关专业气象资料记录，或者自行携带相关监测设备。

除了场所这样固定的物质形态外，天气变化代表了来自自然的环境信息刺激，天气对行为的影响，毫无疑问是至关重要的。通常"秋高气爽""春色宜人""风和日暖""冬雨凛冽"等词汇，都表达了人们对天气的感觉，以及是否适合出行的内在认知判断。

4. 场所 Where

场所是行为的发起点，人是行为的执行者，环境行为学的核心内容就是研究环境与空间关系如何影响人，物质环境如何支持或妨碍发生于其中的行为。

生态心理学家巴克（R.Barker）在"人—环境"的研究中提出了行为模式理论，在 20 世纪 40 年代提出了行为场所（Behavior Setting）的概念，并把它作为分析环境—行为关系的基本单元。行为场所的概念揭示了人们观察和总结行为与环境的对应关系。凯文·林奇在 20 世纪 60 年代给行为场所的定义为："指一个场所，物质环境与重复的行为模式在这一场所中始终保持密切的关系。"Moore 在 20 世纪 80 年代提出研究框架时，将场所（Places）、使用者（User Groups）、社会行为现象（Sociobehavioral Phenomena）和时间（Time）作为四大组成部分。指出环境行为学应立足于场所或环境的理念。③

对场所的观察，包括外围信息：场所区位、历史文化、场所周边环境、周边交通情况等，此外还要包括内部信息，如景观资源、空间布局、设施状况、人群密度、使用情况等。

专业的观察记录，首先需要一个相对准确的平面布局图，进而在图纸上标注相关信息资料，包括广场草坪等活动空间的位置及大小、道路分布、植物资料、人群散布形态等。

例如，在白鹭洲公园进行现场调研时，我们重点观察了人们对场所的偏好，

① 新华字典 [M]. 5 版 . 北京：商务印书馆，1979，12：355.
② 周淑贞，等 . 气象学与气候学 [M]. 3 版 . 北京：高等教育出版社，1997.
③ MOORE G T. Environment and behavior research in North America：History，developments，and unresolved issues[M]// STOKOLS D，ALTMAN I. Handbook of environmental psychology. New York：John Wiley and Sons，1987：1359–1410.

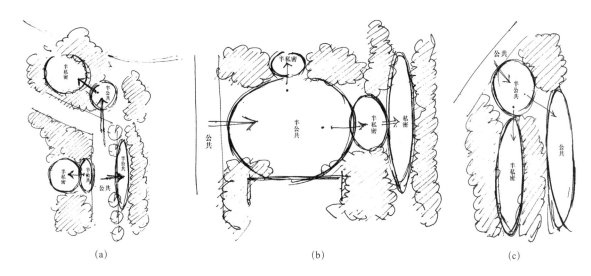

图6-3 白鹭洲公园空间
层次

以及空间的公共性与私密性的影响力。空间（a）中（图6-3），游人聚集的区
域都是在有植物与建筑围合的、遮蔽性较好的半公共区域，同时也有良好的视
野，可以满足人们停留、休息、聊天，和观察周边以提高安全性需求；空间（b）（图
6-4）的半公共空间尺度适宜，在离主道路很近的地方很少有坐憩者，坐憩主
要发生在半公共向半私密过渡的区域。这里有一定的空间围合度，周边植物群
落丰富，遮蔽性好，形成"凹陷"形空间，人们容易获得休憩的安全感；在空
间 C（图6-4）中，女性人群占据的比例较大，主要在公共空间的滨水栈道上
活动，以群体出现的方式进行拍照活动，说明滨水的空间以及景观对于这类人
群有较大吸引力。由此可见，在景观环境中对私密性及安全的需求是下意识的
本能行为，观景行为才是最具有主导性的行为方式。

5. 行为 What

在行为发生的过程中，有一系列的潜在驱动力。什么因素促使人的行为发
生在特定的场所？在场所空间中，人是如何确定位置、方向和空间的？人的行
为是否具有预期？是否具有规律性？诸如这些问题只是研究人们行为的起点。

仅从观察的角度来说，观察并记录人们的行为要简单得多，我们可以暂时
不深究在表面上发生的行为背后的心理活动，也不需要研究人的心理活动和环
境之间的交互作用，我们只要记录其行为的表象就可以。

丹麦建筑理论家杨·盖尔的《交往与空间》一书中，将人在户外的活动划
分为三种类型：必要性活动、自发性活动、社会性活动。这是一个很好的归纳，
比如人们每天上下班就是必要性的活动，经常去逛公园则是非必要的自发性活
动，而随处可见的广场舞则是具有社会学意义的社会性活动。不过，每个人都
可以有自己的分类原则，针对不同的环境场所、不同的人群，目的在于通过观
察分析能够找到行为发生的真正驱动力。

学会从专业的角度归纳总结，是一个很好的观察起点。我们可以拥有自己
的归纳体系，如景观环境中经常发生的行为，事实上绝大多数都是自发休闲娱

穿行、坐憩、站立停留

太极、书法、遛鸟、玩耍

图6-4　景观环境中自发的休闲娱乐行为

乐行为，但我们依然可以从规模的角度归纳为个体型行为、群体型行为；可以根据内容分为健身行为、观景行为、文化娱乐行为等（图6-4）。

　　大众的行为离不开需求，我们以改善景观环境为目的去研究环境行为，就需要考虑哪些行为是有规律的、是有一定体系的、是可以预期的、是受环境设施影响的，哪些行为是具有关联性的、是受到社会、文化影响的、是有地域特征的，等等，这样就有了关注点，之后我们可以通过使用后评价提出一系列的针对性改善措施，反映在后期的环境设计原则与方法中。

6.1.2　学会调研

　　环境行为学调查研究方法可以分为信息调研、实地调研、采访问询、实验研究四大类。

　　贝特尔（Bechtel）在《环境行为研究方法》[①]中将数据采集的具体方法归纳为14类：开放式访谈、结构访谈、认知地图、行为地图、行为日志、直接观察、参与性观察、时间间隔拍照、运动画面摄影术、问卷调查、心理测验、形容词核查法、动态分析法。这是更为细致的分类。这些方法从观察到交流、实验、分析等涉及各个层面，至今依然有效。

　　在数字化技术高速发展的今天，环境行为的调研已经不再满足于拍照和摄像的技术支持了，当代调研手段采用了更多的数字化设备进行数据采集以及科学分析，如GPS定位系统、眼动仪、传感器、动态识别、人脸识别等技术，还可以利用虚拟现实技术进行室内试验。

　　1. 信息调研

　　当代研究范围和对象的背景资料的调研不仅仅包括传统的文献资料，还包括大量存在于网络上的信息资料。文献信息调研资料应该是所有科学研究的基础部分，大量的现有资料、数据中，存在着有价值的潜在资源。需要我们根据科研的目的去各种信息库中挖掘整理。针对环境行为研究的资料大致有以下几类：

---

①　Bechtel R B, Marans R W, Michelson W E. Methods in environmental and behavioral research[M]. Van Nostrand Reinhold Co, 1987.

1）目标场所的平面图纸，包括原始设计图、种植设计图纸、粗略的地图或者影像地图等。

2）目标场所的区位、文化背景、周边环境、周边交通等。这些都能很好地辅助理解目标场所潜在的活动人群，以及人群的成分，前往该场所的方式、目的和可能的持续时间。

3）可能收集到的相关影像资料、照片。

4）相关网站的大数据采集，根据研究目的，可能的网站包括地理类信息，如百度地图平台；社交类信息，如大众点评等旅游点评网站；专业类信息，如政府官方网站等。

5）历史相关的公共文献，如文字介绍、报纸、专业期刊。

6）早期的环境行为研究成果等。

2. 实地观察

1）行为观察

行为观察法，就是按照 5W 方法观察对象在环境中的行为特征。如前文所述，观察法需要在特定的时间段去选择不同的观察对象在特定场所中的行为特征，寻找并记录其具有代表性的行为特征信息，如年龄分布、人群数量、活动类型、持续时间等。

由于需要尽可能保持数据信息收集的客观性和全面性，同时选取有代表性的且事件发生率高的场所，并在典型时间内进行集中观察。实地观察通常都不会一次到位，需要针对性的多次调研、补充调研。

通常会通过预观察选取几个代表性的空间节点，这些节点中人群活动特征需要满足以下几点：具备一定的集聚性人群，或事件发生频率较高，或活动行为形式与内容丰富，或活动行为具有典型性的特征。例如通常面积较大的广场会有大量的人流集聚，广场上会发生诸如聊天、嬉戏、锻炼身体等活动；滨水沿线环境人流集聚性不高，但使用频率较高，大多数人来此就是凭栏远眺或散步。在此基础上，进一步选择多个时间节点以便统计分析、比较研究，如早、中、晚的对比分析，或者工作日与周末的对比分析、普通日与节假日的对比分析等。

人群的空间分布、年龄分布等也是一个很重要的信息，人们总是设法停留在隐蔽但又有较好的视野的区域，满足人看人的基本需求。而人们之间的熟悉程度决定了相对之间的距离以及空间内分布的方式。

此外，景观环境中的行为动线也是一个重要的关键点。如图，在公园中调研时碰到父母带着约6岁的孩子一起入园，以出游为目的，带有风筝等娱乐工具。对一家三口的行为动线进行记录（图6-5），发现他们在不同的节点停留

图 6-5 对一家三口行为动线的记录

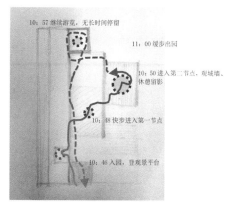

图 6-6　一家三口的游憩
行为

时间均不长，该场地也不适合放风筝。结合具体的时间，估计已经放过了风筝，只是来此稍作停留，留影、休憩（图 6-6）。人们来到景观环境中，通常会不间断地散步休闲，行为驻点以及在驻点发生的行为内容、驻点的分布和景观环境之间的关联、人们在空间中的动向选择、速度、行走方式等都能对我们理解环境和行为之间的关联提供帮助，并对未来的设计思路和策略提供更为准确的决策。

2）物理痕迹

物理痕迹法，主要根据人们活动以后留下来的物理痕迹去推测环境行为的相关信息。如环境中留下的垃圾、环境中设施、物品的磨损程度及其分布规律来判断行为的强度、分布和频率。研究者可以据此推断人们活动类型、行为对环境造成的影响、人们的感受等。

物理痕迹法需要观察者具有较强的洞察力和推理能力，可以从环境中发现相关线索，有利于整体分析判断环境存在的问题以及行为的实际发生情况。但物理痕迹法也会因为观察者个人的倾向而造成某些偏差，因此一般作为辅助手段。例如在南京午朝门公园中发现，人们自发地采用矿泉水瓶盖子压在土中形成了球场的边界，树上还遗留有大量的自制挂钩，基于此我们能迅速判断，这里一定是长期作为某种运动场地而存在的。

3. 采访问询

1）语言交流

观察方法是获得第一手资料的重要手段，但有时候调查者敏锐的洞察力也并不能看出行为发生者的真实想法。这时候就需要直接与观察对象进行交谈采访，针对关键问题提出问询，从而获得观察对象的真实意图和内在心理。观察结合采访，可以做到相互印证，保证调研成果更加理性客观，调查质量得以升华。

语言交流（图 6-7）是与场所使用者直接沟通交流获取样本信息，其优点是获取的信息快速、丰富。但由于受访者的专业知识不足会导致表达不清、缺乏倾向性想法等问题，或者基于隐私的原因可能不会直接回答某些问题，甚至

图 6-7 对南湖公园夜晚
光环境满意度进行采访

可能为美化自己的形象而作答。因此采访结果的真实度还需要进一步验证，且往往耗时较长。并且，使用者的个体差异、谈话时的突发状况也会影响访谈的结果。因此，采访时需要控制并筛选问题，且需要一定的沟通技巧。

语言交流与问卷调查法相似，相当于采用了隐性的问卷，采访记录需要采访者自行填写。

2）问卷调查

问卷调查可以得到稳定而大量的可比较、可统计、可分析信息。问卷调查适合重要场所的典型行为调研，通过问卷的信息进行相对准确的统计分析，从而实现定量化的研究并得到定量化的结论。

问卷调查的关键在于问卷的设计，问卷设计成功与否直接决定调查结果的质量。根据调研目标设定的系列问题，应充分考虑到对样本人群的选择、偏好以及回答的可能性的评估，以利于评判样本人群的价值取向。问卷的设计通常分为四个版块：样本人群的基础信息并避免涉及隐私问题；活动环境相关的问题；活动内容相关问题；心理相关问题，如自我评价、获得感与满足感等。

问卷中包含的问题数量要适中，言辞凝练，太长会导致样本人群不耐烦而仓促结束；提问的方式应简洁、通俗易懂，以使用者能够准确快速回答为准，一般采用选择题的形式，在设计选项时应全面考虑到可能的情况，并将这些可能用简练的语言表述清楚，避免过于主观性的答案；问卷提问要保持中立的立场，并注意保护使用者的隐私。

问卷调查的有效率与回收率直接影响到后期的量化评价（图 6-8）。图中所示包含了老年人的年龄构成、活动时间、喜爱的活动类型、通常活动地点等信息，其中有不少信息通常无法直接用观察法得到，需要通过严谨的问卷设计才能获取。问卷调查广泛运用于设计的前期和建成后期，是与被调查对象较为直接便捷的交流方式之一。如果找到合适的发卷渠道，问卷调查可节省大量人力，并可扩大调查范围，如通过成建制发放问卷、邮寄、报刊发送问卷等办法，还可以利用网络资源，选择特定的网站或手机 App 达到目的。

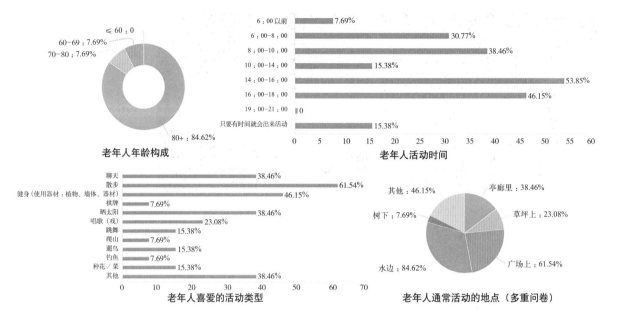

3）自评量表

调研中常用通过一些设定的表格来采集定量化的数据，这一类的量表的特点是通过将选择项分级的方式采集相应的分级数据，以便于后期统计分析。这一类的量表有李克特量表（Likert Scale）、语义分析量表（method of semantic differential）、瑟斯顿量表（Thurstone scale）、斯塔普量表（The "Stapel" Scale）等。

其中李克特量表（Likert Scale）是最常用的一种评分加总式量表，由美国社会心理学家李克特于 1932 年在原有的总加量表基础上改进而成，也叫做累加量表（summative scale）。

李克特量表是在特定问题的基础上，基于文字表述的状态来区分的，每一组状态分为五级，"非常不同意、不太同意、不一定、比较同意、非常同意"五种回答，通常分别记为 5、4、3、2、1，也可以记为 -2、-1、0、1、2。每个被调查者的态度总分就是他对各道题的回答所得分数的加总，这一总分可说明他的态度强弱或他在这一量表上的不同状态。

李克特量表是在文字表述识别基础上的分数统计，被调查者需要根据文字表述的程度，找到对应的感觉来选择，选择过程中由于多了一个环节，所以容易产生系统误差。

本书认为分级量表可以根据需要作出不同的分级，如 5、7、9 等单数级。并且直接在"非常不同意——非常同意"之间形成数字分级，这样被调查者可以根据自身的模糊感受直接在两者之间选择数字等级，既避免了文字表述的转译过程，又可以将感觉直接通过精细分级得到量化统计结论。

4）语义分析

语义分析法又常被称为 SD 法（semantic differential），也有翻为语义差别法。

SD 法是由美国心理学家奥斯顾德（C·E·Osgood）在 1957 年提出的一种心理测定方法，又称为感受记录法，最早应用于心理学领域，通过语言尺度进行心理感受的测定，20 世纪 90 年代以后在建筑、风景园林和规划领域受到越来越广泛的应用。

语义分析法使用"双极端形容词量表"，量表的编制简便实用。根据测量的场所环境特征，选取若干对"双极端"的形容词，就是两两对应的反义词。反义词对列在量表的两端。被测试者在量表上作出相应的选择并记录下来。词对的设定是通过被测试者对各形容词对的内涵意义去"评定"环境品质的内涵意义。

形容词对的内涵意义一般均可纳入一个三向度构成的"语义空间"之内。这三个向度为：

评价向度：对研究对象进行评价，如"热闹—宁静""美—丑""丰富—简单"等；

活动向度：对研究对象的形式表现进行描述，如"积极—消极""明亮的—灰暗的""狭窄的—宽阔的"等；

力量向度：对研究对象的强度进行描述，如"强—弱""高—矮""密集—疏朗"等。

语义分析法使用灵活，易于构思。具体操作时也采用自评量表的办法，制定语义区分量表。例如在视觉景观评价中，通过筛选确定合适的形容词对，一般选择 20~30 个为最佳，然后结合场地评定尺度进行奇数分级，在特定的时间、特定的地点让使用者进行评定，以获得被调查对象的感受构造定量化数据。但是这种方法也存在一定的缺陷，往往受形容词对的选择、被调查对象理解的差异等主观因素的影响，被测试者容易倾向于选择两个极端的中间段，最终的调查结果容易产生误差。

5）认知地图

库尔特·勒温（Kurt Lewin）在 1936 年提出了著名的行为空间公式：$B=f(PE)$，在这个公式里，B 代表行为，f 是指函数关系（也可以称为一项定律），P 是指具体的一个人，E 是指全部的对心理场的解释环境[①]。他认为行为是随着人与环境这两个因素的变化而变化，人的心理环境实际在影响一个人发生某一行为。这一理论提出的人的行为和环境之间的关系，以及就此形成的心理环境，是认知地图形成的基础。

在第 3 章我们讨论过，认知地图就是将人们的心理环境呈现出来，是基于自身的心理认知，建立在过去的经验基础上，并绘制出来的一张心理环境的外在呈现。地理学家阿普兰德（Appleyard）发现认知地图存在顺序型和空间型

---

① Kurt L. Principles of topological psychology [M]. New York：Munshi Press，2008.

两种类型，顺序型认知地图以道路导向为主，而空间型认知地图则以区位导向为主。

认知地图并非属于外部的物理事物，而是存于人的头脑之中，是一种对空间知觉的模拟表征，将环境以幻灯片的形式储存在我们的记忆中，最终形成环境的"心理意象"或"心理图片"。而认知地图和实际地图之间的差异能帮助我们研究发现一些重要的心理认知途径。

认知地图获取的实验方法，是通过让被试者以某种方式描述他们对于环境的感知，在一张空白纸上画出他们所处环境的草图：

（1）草图：通过一系列的问题激活人们的心理环境，包括印象深刻的部分、具有特征的部分、路线的体系、方向等，从而帮助测试者画出他们的认知草图。

（2）区块：对草图中的不同区块进行确认，根据喜爱程度分级排序，标注熟悉与不熟悉、有吸引力与无吸引力的区域。

（3）标志物：对草图中的标志物、具有特征的元素、具有特征的空间节点进行标注。通过标志物与周边场景的关联，可以校对和纠正整体印象。同时，可以提供图片辅助判断，避免个人误差。

（4）距离：在草图中的方向及线性元素已经确定的情况下，让测试者简单估计线性要素之间的距离，并辅助以标志点之间的相互距离，目的是修正并确认测试者的心理距离，避免个人误差。

毫无疑问，认知地图来自心理感知，与真实环境之间必然存在误差。有趣的是，有误差的部分和没误差的部分，同样能给研究者提供大量的信息。研究误差产生的原因，就能探析人们认知环境的机制，同时也能引导环境设计。

4. 实验研究

1）实验基础

通过实验展开研究是科学研究的基础方法之一，是通过运用一定的方法和仪器设备，在可控的条件下获取研究成果的途径。实验研究的优势就是可以根据实验目标设定条件和变量，控制实验可能产生的变化范围，包括对实验参与者的选择条件、性别及年龄的组成比例等。

针对景观环境中的行为实验有自身的特殊性。首先，景观环境最主要的特征是以自然或人工绿化、水体为主，景观环境行为都是在室外环境中发生，并且面向全龄人群，其中主体人群为老人，因此在室内做实验的难度较大。传统室内部分的实验以实景照片及视频为主要素材，通过实验参与者的视觉感受获得实验数据。近年来，随着实验设备技术的不断提升，已经可以通过虚拟仿真技术模拟真实的景观环境了。不过，邀请老年人群前往实验室参与实验的难度依然极高。

针对景观环境的实验更倾向于在真实的环境中进行。当代便携式实验设备也能够支持在真实环境中展开实验，如便携式摄像机、穿戴式相机等，可以方便地记录实景视频，便携式脑电仪、眼动仪、皮电仪等人体数据采集设备可以记录人们在景观环境中的心理与生理动态，后期通过相关软件分析判断人的真实心理状态。

实验参与者的选择需要注意在地性原则，即处于真实场景中的人群，并且在统计时注意人员的性别及年龄比例，以及外地游客及本地市民的比例。

2）数字技术

威廉·怀特在其1980年出版《小型城市空间的社会生活》[①]中提到他使用了摄像技术记录人的活动，对美国纽约市中心公共空间的使用情况进行了历时3年的研究。如今相机、摄像机都已经成为常备工具，甚至已经逐渐被更加便携、功能强大的手机替代。

当代的科学研究已经不再满足于对观察对象、场景使用电子媒体的记录方式，越来越多的先进科研设备不仅能够帮助研究者记录所看到的、所听到的事物，还能通过一系列的科研设备实现全方位的提升。后期还能通过相应的图像语义识别软件从图片中自动识别环境中的要素及其比例；根据视频自动识别人们的活动行为，如团队还是个体、男性还是女性，以及不同年龄等。

遥感技术是大尺度空间环境下借助人造卫星、飞机或其他飞行器上收集地物目标信息的手段，解决了空间环境信息的收集需求；进一步通过无人飞机、三维空间识别软件辅助就能够实现空间环境的可量度的三维空间模型。

环境行为学认为空间问题的核心是如何定位并寻找路径，以往人们需要通过知觉体验、存储、记忆、思考、辨识才能实现的目的，如今GPS定位信号的民用化和普及，使得人们通过专业GPS设备，或者手机就可以实现在空间环境中的行为定位、记录走过的路线轨迹，知道自己在哪里、怎样到达目的地，以及如何选择路径等。

对于环境中的人，现代技术也可以通过动态识别、人脸识别等信息，对环境中的人群分类、年龄大小和性别组成等进行判断；还有前文提到的各种便携式设备监测人体各项数据。便携式眼动仪、皮电仪等设备可以记录人们在空间环境中的心理与生理动态，进而通过后期分析软件分析判断人的真实心理活动。

三维沉浸式虚拟仿真实验平台，还能够实现在实验室内模拟室外的部分场景，包括活动真实尺度的场景、季节性场景、场景中的声音等，从而进行针对性的研究。

此外，越来越多的软件还能根据人们在特定环境中的应急行为，进行自动模拟并得出相应的结论。常见的有用于消防疏散的逃生模拟软件、交通管理的行人仿真软件，还有模仿运动的人因软件等。

---

① Whyte W H. The social life of small urban spaces [M]. Washington，DC：The Conservation Foundation，1980.

6.1.3 记录方法

传统现场记录方法包括图纸记录标注、活动路线记录、文字记录、问卷访谈等；照片、摄像作为基本的电子记录档案等；如果有合适的便携设备，如各种传感器、GPS 等，可直接生成电子信息。

1. 定义问题

科学研究离不开"发现问题、研究问题、解决问题"这三大步骤，核心是问题。环境行为的现场调研，同样离不开对核心问题的定义，而这个问题将直接导向观察和研究的目的。

因此，我们需要从专业的角度去定义问题，这个问题应当简洁、清晰、精炼；其次，这个问题应当值得研究，并通过一定的方法可以展开研究。

例如，问题 1："滨水空间中的行为"，这样的问题不免过于宽泛，不具有针对性；问题 2："滨水线性空间的行为"，显然线性空间的定义较上一个更具有针对性，但作为行为研究仍有不足；问题 3："不同高程的滨水线性空间之间的互动行为"，显然，问题的定义更加清晰，特别强调的是"互动行为"，这样的行为具有潜在的滨水驱动力和场地空间布局，尤其是道路布局会有一定的冲突或矛盾，因此就具有了研究的价值。带着这样的问题去观察场所中的行为，在行为的记录和观察角度上更加有针对性。下图是在石头城公园的滨水空间展开的调研（图 6-9、图 6-10），通过跟踪研究观察人们在不同高程间的穿行行为。

图 6-9 石头城公园滨水空间游人行为记录（上）
图 6-10 石头城公园滨水空间游人行为流线记录（下）

10: 39
从坡道下来

10: 40
远望龙舟被吸引

10: 43
靠近水岸看龙舟

10: 45
走到滨水步道中间节点

10: 45
被台阶吸引，停留约5分钟

10: 50
到隐匿处方便

10: 52
沿步道奔跑

10: 53
到入口广场

10: 54
上大台阶

10: 54
父母帮忙打理衣物，停留约2分钟

2. 记录原则

（1）客观性：始终保持客观，秉持无偏见的态度，避免主观臆测。基于生活的阅历及专业知识，使得我们能够针对性地作出判断。在观察中，我们会作出很多的主观判断。如果我们有足够的理由、线索、依据，我们就是在作合理判断。反之，就是主观臆测。

（2）典型性：观察记录的过程，相当于实验的过程。在这个过程中，我们不仅需要全方位的观察，保证记录的全面性与准确性，更重要的是找到场所中典型性行为，这样才能提出针对性的改善策略。

（3）延展性：任何研究都具有潜在的价值，现场记录的繁杂数据，会为之后的数据分析提供支撑。因此，我们在记录时，要尽量完成符合逻辑、富有层次的观察记录，使得记录的数据具有延展性，具有深入研究的价值。

（4）实用性：景观环境中的行为学研究，应当充分考虑专业角度的数据筛选，数据要有专业针对性，能够提出策略性建议，保证研究成果与专业领域之间的关联，这样才具有应用的可能。

（5）准确性：这是毋庸置疑的要求，考虑到观察记录犯错的可能，应当尽可能采集更多的样本，样本越多，成果越准确。

3. 准备材料

（1）记录材料：准备为记录及后期统计分析用的调查表。通过预观察设计出相应的活动分类表，包括对象的基本属性信息、天气状况，时间等。此外，留足备注空间（图6-11），以应付未考虑到的各种相关信息，补充绘制草图信息等。

（2）场地图纸：包括平面图，Google地图、CAD地形图、现场绘制场地草图等，注意标注可能与行为相关的各种要素。

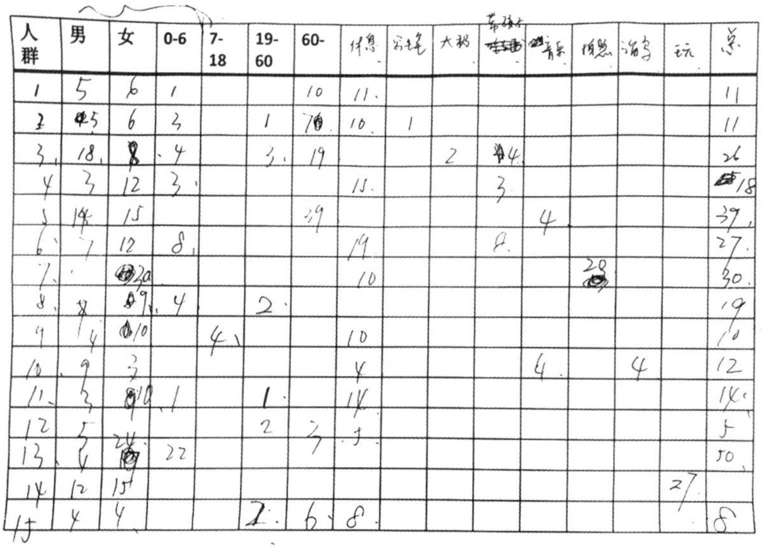

人群	男	女	0-6	7-18	19-60	60-	休憩	运动	大妈	亲子游戏	音乐	休息	散步	玩	总
1	5	6	1			10	11								11
2	45	6	3		1	70	10	1							11
3	18	8	4		3	19			2	44					26
4	3	12	3				11			3					18
5	14	15			29						4				37
6		12	8				19			8					27
7		20					10					28			30
8	8	7	4		2										19
9	4	10		4		10									10
10	9	3				4					4		4		12
11	3	10	1		1		14								16
12	3	20	22			2	3	1							5
13	4	6	22												50
14	12	15												27	
15	4	4			2	6	8								6

图6-11 统计表宜留有一定的空白，以便在观察中应对非预想行为

（3）技术工具：手持工具板、计时器、相机、绘图工具、钢卷尺、小本子、手机等系列工具。

（4）电子设备：其他必要的便携式电子设备，如温湿度计、便携式风速仪、录音笔、摄像机、iPad等。

4. 操作方法

（1）确定范围：根据场地环境条件、活动典型性和丰富度情况等，进行预判断，确定调研的范围；

（2）采集信息：依据调查目的，针对性地确定需要采集的数据信息，后期根据实际需要，增补所需的信息；

（3）工作分配：以2~4人为一个研究小组，决定各自观察的内容和需要的时间分配，包括反复调研的次数以及时间段等；

（4）信息记录：用具有摄像功能的电子设备记录连续的动态场景，记录完整的行为发生与变化的过程；用具有拍照功能的电子设备记录关键的静态场景；用具有录音功能的电子设备记录现场声音；用图纸手工记录其他信息。

（5）信息分类：将正在进行的主要活动分类，编写在记录栏中；记录下参与人的各种特征，如性别、人数、地点、时间、天气、温湿度等，以及游线、年龄的行为分布、场地分布、速率测算、出行方式等，以便后期对调研结果进行详尽的分析和研究；

（6）信息标注：在平面图或地图上将时间、人数及位置、设施情况、活动路径等必要的相关信息在图纸上标注（图6-12）。

人数
● >10 ● 6-10 • 1-5

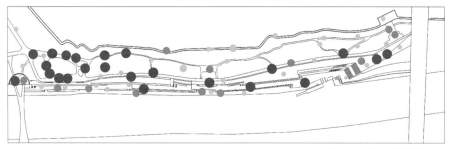

14：00-16：00人群典型分布图

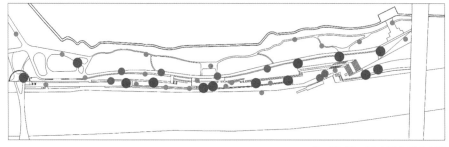

图6-12 平面图上记录人数信息

18：00-20：00人群典型分布图

6.1.4 研究分析

1. 空间分析

如果说认知地图是针对非专业人士的，那么空间分析刚好相反，需要一定的专业基础知识。

目前较为常用的空间分析法主要针对大、中型尺度空间环境，研究使用者活动规律和分布情况。空间分析包括研究的空间对象及其所处环境背景的分析。环境背景需要结合文献调研，将文字与图面分析相结合，达到综合分析的目的。研究场所与外部城市环境之间的关系，包括所处区位、内外交通、内外功能定位等，以及大尺度的空间环境中的空间形态、空间尺度、内部设施等。

通常空间分析会通过大量的图形语言，将丰富的信息进行叠加整合，进行多层次多角度的分析研究。在技术支撑上，可以与遥感、光谱摄影、GIS 定位等技术相结合，通过定点、定位的方式研究空间的变化规律。

2. 数据分析

在第二节中我们学会了调研。无论用什么方法展开调研，最终都会得到一系列的信息数据。这些数据具有客观、大数据量、类型丰富的特征，构成了后续研究的基础：

1）数据分类：数据分类要尽量避免主观性分类。除了公认的分类方式之外，数据分类应注意专业导向及目标导向，以测试者的偏好进行分类，也可采用聚类分析的方法得到。

2）比较分析

在有公认标准的情况下，通过将采集的数据与标准比较就能直接得到某些结论。比如老人的年龄标准、步行速度标准、空间容量标准、空间尺度标准、环境噪声标准、空气质量标准等。

3）统计分析

统计分析是处理数据的主要方法，需要一定的统计学知识，结合数学函数计算展开分析研究。统计分析一般包括描述分析和推论分析两大部分。对初学者来说，统计学的相关软件（如 SPSS）是更容易上手的工具，软件将统计原理及公式进行了整合，具体运用还需要掌握一定的基础知识。

4）数据相关性分析

数据相关分析是统计分析中的一种常用分析手段。通常用来分析两组或多组不同类型的数据。比如活动人群的性别与活动类型之间、活动人群的年龄与活动场地之间的相关性。

5）综合评价

当数据类型丰富多样时，综合评价是常用的研究思路。综合评价的方法较多，研究者可以根据研究目的探索不同的路径。综合评价的本质是整合、处理不同类型的数据，包括通过一定的手段处理数据之间权重、通过数学公式或拟合公式处理数据之间的关系等。

3. 研究结论

前文提到的各种数据分析属于技术层面，分析技术是研究的辅助手段，分析的过程就是研究的过程，然而结论才是研究成果。针对环境行为的研究结论，一般分为三个方面：环境现状问题；在地人群特征及其偏好；环境行为提升的思路。

以五龙潭公园的行为调研为例，通过数据采集加上分析技术，得到了相应的图纸（图 6-13、图 6-14），基于分析的内容可以有描述性的结论：全园游客年龄构成：老年 18%、中年 49%、青年 29%、儿童 4%，其中停留人数／行进人数 = 1 : 3.4。

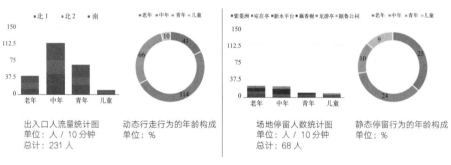

图 6-13　动态行走行为年龄构成（左）
图 6-14　静态停留行为年龄构成（右）

出入口人流量统计图
单位：人／10 分钟
总计：231 人

动态行走行为的年龄构成
单位：%

场地停留人数统计图
单位：人／10 分钟
总计：68 人

静态停留行为的年龄构成
单位：%

同时可以得出推导性结论：人流量大、停留时间短，活动人群较固定；青年人多穿越型行为，老年人多停留型行为。

进一步得出的研究性结论：该公园呈线性形态，两端分别为居住区和医院。基于上述情况，可以认为线性公园的两端如果有大量的功能性流动人群，如上班、去医院、去商业中心等，那么线性公园必然会引发大量的穿越行为。

此外，研究结论需要注意专业导向性，同样的数据分析，可能得到不同的结论，这是因为关注点及目标不同。同样以上述公园为例，我们还可以得出的这样的结论：位于医院附近的公园，可能成为病人及其家属的潜在活动场所；社区公园如果与公共性建筑衔接紧密，空间利用率会相应提升。

6.2　景观环境行为特征

6.2.1　景观环境中的人群

景观环境中的人群数量庞大而且分布广泛。人们对生活质量的追求不断加强，对景观环境的需求也更加迫切。目前，在现代化的城市中，有相当一部分景观环境是作为开放空间而存在的。这就意味着无论男女老幼，人人皆可共享美好的环境，这也形成了使用人群的多样化特征。

儿童	青少年	中青年	中年	老年

图 6-15 燕子矶风光带不同年龄段的人群行为记录

每天有大量的人群出入不同的景观环境，为我们的研究提供了丰富的样本和数据。因此，我们可以多手段、多角度、多时段地收集景观环境使用者的信息，全面地对比分析景观环境中人群的不同特征。

不同的人一定具有个体差异，而群体中的个体却存在诸多共性。为了更加深入地了解景观环境中的人群，更加精准地把握景观环境使用人群的特征，我们还需要进一步对人群进行细化分类，从而得出不同人群相应的活动特征。

1. 年龄分类

不同年龄段的人群（图 6-15）在景观环境中显现出来不同的特质。不同年龄段的人群，受到了不同时代背景的影响，具有不同的生理和心理特点，在景观环境中的行为有一定差异。而相同年龄段的人群，在景观环境中的行为则具有一定的共性特征。

景观环境中人群的年龄分布较为广泛，从蹒跚学步的孩童到白发苍苍的老人，他们都是场所的使用者和活动的参与者。调研中可将景观环境中的人群按年龄分为少年儿童、青年、中年和老年四大类，其中 18 岁以下为少年儿童，18~44 岁为青年，45~59 岁为中年，60 岁以上为老年[①]。

少年儿童包括婴幼儿、学龄前儿童、小学生、中学生等群体。年龄小的儿童身心尚未完全发育成熟，缺乏自理能力，活动范围较小，且活动时需要成人照看，通常由监护人带领进入景观环境。年龄稍长的儿童好奇心强，也会自发

① 联合国世界卫生组织最近经过对全球人体素质和平均寿命进行测定，对年龄的划分标准作出了新的规定。该规定将人的一生分为 5 个年龄段，即：44 岁以下为青年人，45~59 岁为中年人，60~74 岁为年轻的老人，75~89 岁为老年人，90 岁以上为长寿老年人。我国《老年人权益保障法》第 2 条规定老年人的年龄起点标准是 60 周岁，即凡年满 60 周岁的中华人民共和国公民都属于老年人。

开展一些景观设计师未曾想到的游戏活动。少年活泼好动具有创造力，他们喜欢在景观环境中探索未知，也有与同龄人社交的需要，会结伴在景观环境中玩耍，他们活动范围较大，而且不需要成人的看护。另外，某些学校会组织团体性的春游、秋游等活动，大量的小学生或者中学生以班级为单位，在老师的带领和看管下在景观环境中游玩。

青年人群包括大学生、上班族等群体，该群体自由时间较少，大多忙于自己的学业、事业。其中以情侣的组合出现在景观环境中的频率较高，他们倾向选择安静私密的空间。除此之外，一部分青年人携带小孩前往公园等景观环境中，是以家庭为单位的亲子游玩组合，这些人选择空间的随机性较强。还有一部分青年人会进行体育锻炼，如玄武湖环湖夜跑等。青年人的生活节奏快，闲暇时间有限，因此在景观环境中的停留时间不长。

相较青年人群而言，大部分中年人群处于一种稳定的生活状态。不过由于工作忙碌，一般会在周末、节假日才有休闲放松的时间。部分人带领小孩来到景观环境休闲，充当监护看管者的角色。还有一部分中年人会结伴锻炼、交流。中年人对景观环境的热情较高，他们喜爱自然舒适的山水环境，更加关注健康问题，因此更愿意抽出时间来到景观环境中放松、锻炼。

老年人群体的身体素质往往处于滑坡状态，因此行动速度较缓慢，也较少展开剧烈的活动。该群体的闲暇时间较多，无论什么时候，老年人群都是景观环境的主体人群。老年人喜欢安静但又希望热闹，他们希望景观环境是静谧宜人的，但同时又能看着小孩们嬉戏打闹，享受天伦之乐。有些老人需要照看小孩，另一部分文娱生活丰富的老年群体，会在景观环境中展开乐器演奏、太极、广场舞等活动，氛围总体上是轻松、愉快的。

2. 典型人群

景观环境泛指由各类自然景观资源和人文景观资源所组成的环境，包括各类城市公园、绿地，各类景区等。人们可以通过游览景观环境获得良好的体验，释放工作学习和生活中的压力。景观的功能与价值趋向多元化的同时，不同的人群去到景观环境中的目的也各不相同，由此产生了不同的行为。通过调研发现，景观环境的使用人群中，存在着许多典型的研究对象，他们在人群中占据了显著的比例，角色、身份等属性引导着他们，行为特征具有明显的共性，我们把这些特色鲜明的人群称做典型人群。

从来源分，景观环境中的人群通常为两类：本地居民，外来游客。本地居民可以根据就近原则选择景观环境，对场所的熟悉程度高于外来游客。本地居民感受草木葱郁、欣赏花鸟鱼虫，通过观赏自然景观，可以短暂地逃离城市中的钢筋混凝土森林；或者携家带口在草地上野餐，享受与家人相处的幸福快乐时光。对外来游客而言，景观环境成为他们了解这座城市的窗口。游客群体通过欣赏人文景观了解此地的历史文脉，丰富自己的知识储备，增强人文素养。

　　从年龄分，一般以中老年人群及学龄前儿童为主体。中老年人有的结伴而行，有的带领儿童在景观环境中玩耍。节假日期间，会出现大量青年夫妇带着儿童、外来游客等。据调研，大多数中青年人群平时基本无暇去公园放松。不过，也有部分人选择在工作日的晚间去景观环境中锻炼、散步等。另外，从不同年龄层的普遍兴趣爱好来看，青年人更喜欢其他社交类活动，对于游览景观环境的热情比中老年人低。

　　从性别分，根据对南京各大公园的长期跟踪调研统计，发现男女比例大致为 1∶1.1，接近 1∶1，女性偏多一些。但通常以女性为主的本地市民均以家庭周边的景观环境为主要活动范围。在某些偏远地带，如南京燕子矶滨水景观带中，女性明显偏少，儿童偏少，这是因为交通不方便、可达性不足。

　　从健康状态分，有日常生活依赖扶手、拐杖、轮椅等设施的腿脚不便的介助老人或病人；也有视力残疾、肢体残疾及其他残疾的身障人士。这一类人大多不会单独出行，对路径的通过性，安全性要求高，因此景区中需要针对的规划设计，甚至专门建设残疾人主题公园。

　　从出行方式分，经长期针对性调研，一般在建成区的景观环境，包括城市公园、绿地、滨水地带、城市广场等户外空间内，2km 范围内的步行前往的人群占 40%，使用公共交通工具的人群占 40%。其余为自行车和私家车人群；远离城区的各类国家公园、风景区、景区，以公共交通及私家车为主。

　　从结伴方式分，以家人为单位的比例占 40%，朋友结伴的 20%，其余为个人或团体。

　　典型人群在景观环境中的行为会有不同偏好，对于各类人群偏好的研究，需要结合专业的方法与技巧，需要长期的努力。一般而言，我们会发现儿童玩性重，好探索，会做出诸如奔跑、攀爬、钻洞等行为；大多数老人喜欢散步、静坐或者闲聊；女性喜欢优雅清新的环境，喜欢结伴而行，喜欢在树荫下躲避阳光暴晒等。

6.2.2　景观环境中的行为

1. 去公园的驱动力

　　首先，我们在这里使用"公园"这个词，只是用来作为景观环境的代表。那么，什么是公园呢？在国家《公园设计规范》GB 51192—2016 中对公园做了简单的定义：向公众开放，以游憩为主要功能，有较完善的设施，兼具生态、美化等作用的绿地。

　　从这段文字中，首先，我们可以看出公园的主要功能就是游憩。游憩源自拉丁文的"Recreation"，在《辞海》中定义为游览与休息。游憩空间泛指具有休息、交往、锻炼、娱乐、购物、观光、旅游等游憩功能的场所。城市游憩空间就是具有游憩功能和一定游憩设施的城市空间，它是城市空间尤其是城市开放空间的一部分，是人们体验城市精神和文化的主要场所[①]。在《雅典宪章》中，游憩与居住、交通、工作并称为城市的四大功能。

其次，公园的本质就是绿地，从认知的角度看与其他城市空间具有本质上的不同。绿地是市民最容易感知的自然要素，最能够满足人们亲近自然的心理需求，因此，许多学者认为人类对于绿色自然具有先天的积极反应。这种对绿色、对绿地、对绿色植物具有的先天亲和力，来自于人类长期的进化过程。人类生活在地球表面，丰富的水源、肥沃的土壤、充足的阳光、繁茂的植物构成的环境是人类赖以生存的基础。这种象征着良好生存环境的绿地，使得人们对绿色的积极反应在进化过程中成为本能。

因此，人们去公园，首先是为了身心的健康，用马斯洛的需求层级理论来解释，首先就是去满足最基础的生理需求；其次是进行游憩活动，游憩的动机相对宽泛，包括健身、社会交流、文化教育、娱乐、游览等方面。

2. 与景观的交互性

公园是景观环境中的典型代表，景观一词包含了主体的感受，包含了观与被观的过程和体验，包含了主体的行为与心理，对景观的认知与观景行为充满了人与环境之间的交互性。楚贝（Zube，1982）等人提出景观认知互动程序，认为景观认知是人与景观环境间的互动函数，其中包含：人、景观环境、相互作用与生成结果[②]。景观是人与景观环境间的各种交互作用所产生的结果，其认知过程包括了所有人与环境间的互动关系，这种互动关系既是人理解和获得环境意义的过程，也是产生互动行为的过程。人与景观的交互性的产生，就是人在景观环境中发生行为的过程，这些行为都是在景观认知基础上产生的。

在景观环境中发生的行为内容非常丰富，如散步、聊天、打拳、跑步、放风筝、野餐、嬉戏打闹等。我们当然可以将这些内容归类为娱乐活动、健身活动、文化活动、社交活动等，不一而足。但如果我们仔细审视，会发现这样分类存在一定的局限，现实中这些活动其实并不一定只在景观环境中发生，这样分类的问题根源就在于没有充分考虑与景观的交互性。

人与景观环境的交互性，体现在两者之间的交互作用，因此我们将景观环境中的活动分为观景行为、场景行为以及游憩行为三种（参见第4章，场所行为）。郭熙在《林泉高致》中有句被广为传咏的名言："谓山水有可行者，有可望者，有可游者，有可居者。"这句话实际描述了在山水中的四种行为，大约相当于行走、观赏、游玩、居住。其中，可望即为观景行为；可居，对应于场景行为；可行、可游对应于游憩行为。这里的游憩，既是公园的基本功能，又强调是在动态中与景观产生交互性。观景行为无处不在，场景行为体现场所特

---

① 冯维波. 城市游憩空间分析与整合研究 [D]. 重庆：重庆大学，2007.

② Zube E H，Sell J L，Taylor J G. Landscape Perception：Research Application and Theory [J]. Landscape Planning，1982（1）：1–33.

征，游憩行为强调动线特征。这三种行为的划分，并不排斥行为之间的相互作用与转换，正如一个在公园中跑步的人，也许还戴着耳机，听着音乐，同时在顾盼之间欣赏着周边环境的美好。从分类角度看，这种行为的本质还是游憩行为，园路体系对这种行为影响最大。

这种基于景观交互性的分类，还有一个显而易见的优势，那就是与景观环境的设计对应，如同楚贝的认知互动程序那样，行为、景观与设计之间也构成了特定的规划与评价的程序。游憩行为对应于设计中的不同层级的路径与人流动线的组织；场景行为对应于不同尺度规模的景观节点，以及场所的功能与主题营造等；观景行为对应具体的观景平台、建筑、设施等，受景观对象的驱动，不限于某个具体的地点。这种复合设计过程的行为分类，能够更好地提升设计思维，形成设计结合行为的思维方式。人们在景观环境中的行为并不受客观环境的完全制约，有很大的机动性。比如锻炼行为，可以有舞剑、太极、抽陀螺等，而设计师需要思考的是应当形成什么样的特定活动场所去应对。同样是锻炼行为，还可以是慢跑、散步，这时候我们需要梳理并思考的不仅是道路的流线，还包括具体的道路断面形成的空间层次，以及空间的舒适度。将景观环境中的行为按此分类，大致如表6-2所示。

景观环境中的行为分类　　　　　　表6-2

类别	活动行为	空间特征
观景	观景、拍照、驻足观望、人看人、观演	可视域
场景	休闲类：休憩、娱乐、闲坐、遛鸟、钓鱼、棋牌、麻将、放风筝、喂鱼、捞鱼 社交类：交谈、聚会 体育类：锻炼、跳舞、舞剑、太极、抽陀螺、抖空竹 文化类：阅读、练水笔字、唱歌、演奏、听广播 生活类：摘桃胶、挖野菜、睡觉、饮食（野餐）、嬉戏、看护幼儿、织毛衣	场所空间
游憩	散步、锻炼、娱乐、游赏、穿行、骑车、遛狗、遛鸟	动线空间

6.2.3 行为的景观效应

1.景观导向性效应

景观导向性效应类似聚集效应，但有时候人流并没有在某个具体的空间位置聚集，而是向着一个景观事件的发生场所聚集。由于景观事件的发生具有特殊性，因而存在聚集空间、聚集人群的流动性，或非集中性。

南京石头城公园与外秦淮河相邻，在一次调研中，我们发现了一个有趣的现象。当时正逢在秦淮河上举办龙舟赛，当龙舟开始划动时，人们纷纷从自己站着或者坐的位置离开，从楼梯、坡道，甚至越过草坪，走着、奔跑着前往水边（图6-16），因为那里正发生着具有极高吸引力的龙舟赛。大量的人不再遵守规则，他们开始"跨越"，跨越了各种边界，跨越了规则、跨越了安全和文明。因为人们心中极度渴望看一眼难得的龙舟赛带来的景观冲击力。这就是

图 6-16　人们聚集观看秦淮河赛龙舟

景观环境中特有的现象——景观效应带来的景观行为（图 6-17）。这个也算是聚集效应的一种，人们因为具有吸引力的新鲜事物聚集起来，不同的是事物的中心不是一群人，而是一条远远超过人群尺度的滨水地带，聚集的形式也不是一群，而是散乱在狭长的滨水空间中。

类似的情况还有如滨水景观带常见的水上文化宣传活动、景区中水上歌舞表演活动、景区中陆上游行活动等。这些活动的共同特点是能够制造一个具有观赏性的事件，尽管该事件的动线很长，事件发生地与人群聚集地并不稳定，但这样的空间行为会为整个景观环境带来良好的节庆氛围。

2. 健身导向的可供性

吉布森提出的可供性（Affordance），指出了物体本身的属性，强调人的能动性。物体可被不同的人感知到不同的用途，与设计中的"多功能性""弹性设计"等概念接近。在景观环境中，人们对物体感知到的"可供性"通常与健身需要具有较高的关联度。这是因为健康身心是人们来到景观环境中寻求的最基本的生理需求。

因此人们对景观环境的创造性使用（图 6-18），常常超出我们对该场所的理解。例如，很多人会找到各种可以提供压腿动作的支撑性物体，这些物体包括栏杆、石墩、垃圾箱等，吸引中老年人在观景、聊天的同时，进行压腿锻炼；对于某些长期稳定的活动场所边缘，人们还能够找到办法将树干变成挂杆，方便存放携带物，或形成吊床。在南京午朝门公园中，我们甚至发现了群众自发的用镶嵌瓶盖的办法在地面标识出的羽毛球场地，实在让人叹为观止。

图 6-17　景观效应带来的景观行为

图 6-18 对景观环境的
创造性使用

健身导向的可供性，以及人们充满智慧的创造性，给我们的启示是：我们的设计师应当关注景观环境最本质的健身需求，在设计中多思考、多提供具有更多可能性的设计作品，而不仅仅是大型体育运动场地。

3. 亲水趋向性效应

亲近自然要素，如绿色植物与水体等在内，都是在人类进化中进入潜意识层次的情感需求。我们在实际调研中，几乎随处可见人们在水边进行各种观景、散步、钓鱼等活动，甚至人们进入景观环境中，总是第一时间寻找或趋向水边行进（图 6-19）。水是生命之源，人们总是表现出对水环境的积极反应。如果我们留心观察，就会发现人们喜欢面向水边闲坐，喜欢在水边散步，小孩子更是喜欢玩水。

我们的设计师经常面对这样一种困境，如何在满足人们亲水需求的同时还能保证安全性。在景观设计安全规范中，有这样的规定：人工水体的近岸 2.0m

图 6-19 滨水活动

范围内的水深，不得大于 0.7m，达不到此要求的应设护栏。无护栏的园桥、汀步附近 2.0m 范围以内的水深不得大于 0.5m。为了满足亲水的需求和规范的要求，我们通常会在滨水 2.0m 范围内使用浅水面，当不能使用浅水面时，采用二级驳岸、水下驳岸的办法，在保证亲水的同时，提供安全保障。

近年来，城市河道驳岸纷纷改造，目的就是降低驳岸，构建亲水空间，营造亲水设施，以满足人们的亲水需求。

4. 植物季相性效应

朱自清在《春》中这样描述："桃树、杏树、梨树，你不让我，我不让你，都开满了花赶趟儿。红的像火，粉的像霞，白的像雪。花里带着甜味儿；闭了眼，树上仿佛已经满是桃儿、杏儿、梨儿。花下成千成百的蜜蜂嗡嗡地闹着，大小的蝴蝶飞来飞去。野花遍地是：杂样儿，有名字的，没名字的，散在草丛里，像眼睛，像星星，还眨呀眨的。"正如朱自清所描述的那样，春天到了，繁花盛开，吸引着各路游人踏青赏花，感受春天的气息。每年到了 3 月份，南京人都盼着鸡鸣寺樱花的花期。花开的时候，人们蜂拥而至，去鸡鸣寺打卡（图 6-20），已经成为南京人春天的一件大事。樱花花期很短，大约都是每年三月底到四月初的 10 天左右。如今，各大公园都植栽了大量樱花，中山陵樱花园的樱花树数量已经达到数千棵，蔚为壮观。到了夏天，人们去玄武湖赏荷，秋天去栖霞山观枫叶，这种植物的季相性变化带来了人流的季相性活动，称为植物季相性效应。正因为这种效应带来的环境吸引力以及季节性人群活动，植物季相性变化一直以来都是景观环境设计的核心主题之一。并且，各大公园、景区都开始重视大规模种植主题性观赏植物，就是期望利用植物的季相性效应吸引游客。

图 6-20 鸡鸣寺看樱花的人流

5. 可坐行为场

可坐，并非只针对用于休息的座椅而言，是指一切可以发生"坐"这种动作的地点或设施。个体与环境之间的相互作用，构成了事件的发生，也就构建了心理行为场。场（field）指某些事物周围存在着一种看不见摸不着的物质，能够对环境施加影响，德国心理学家勒温（Kurt Lewin，1890—1947）就此提出了心理场的概念，指相互依存的现存事实的整体，行为是随着人与环境这两个因素的变化而变化。在可坐行为场中，人们因为休息或者观景的基本需求，完成了行为。

在景观环境中人们为了完成"坐"这个动作，并未完全受到公园座椅的约束，有人会选择躺在座椅上，或直接坐在植坛边、路缘石上、草坪上、隔离墩上等各种可以提供"坐"的地方（图6-21）。一旦人完成"坐下"这种行为，就会在周边形成特有领域，并对外部环境产生一定影响。一般而言，相互熟悉的人会形成一个整体领域，而陌生人很少去侵犯这个具有私密性的领域。个人空间依托一个"可坐处"构成了小范围的临时领域，形成了属于自身的势力范围。"可坐处"同时满足了丹麦学者扬·盖尔所定义的三种户外活动，必要性活动（休息的需要）、自发性活动（观景、人看人）、社会性活动（坐下来聊天、互动、人看人）。有趣的是，我们在南京午朝门公园看到一群人，这群人在地上毫无

图6-21 不同的"坐"

规律、大小不一的石墩遗存上坐着，自发形成一个临时的戏曲排练场，使得这片场地具有了极高的社交功能。

6. 植物空间效应

景观环境中的空间是标准意义的开放空间，具有强烈的空间公共性。视线所及范围，除视力不可及的远端，大多为植物屏障阻隔，一般不存在围合的私密性空间。人们对植物具有"亲水"般天然的积极反应，对植物形成的围合空间、林下空间、树池等具有积极地融入期望。即使是一棵树，也会因为其"可靠性"而产生吸引力。同时，植物的遮蔽度并不能够达到封闭的程度，虽然只营造出半私密性空间属性，但也同样拥有视线通透带来的安全感。植物提供的半私密、半公共空间，满足了人们对安静、领域性的追求，常见有老人在此晨练、练声、奏鸣乐器等；小片林地中围合出的空地更成为三五老人聚集、锻炼聊天的有利场所（图 6-22）。

图 6-22　树荫下的人

在景观环境中，植物几乎无处不在，植物形成的空间也无处不在，既构成了各种空间的边界，又因为其林下空间的容纳性，使得植物形成的空间具有透明性、层次性，且由于植物的遮蔽度模糊了公共性与私密性之间的边界，对于人们的心理行为场的形成提供了不同于建筑空间的体验。

6.3　景观行为分析与评价

6.3.1　景观行为的五个层面

环境认知是行为发生的起步，从对环境的感知到唤醒记忆、激发情绪并产生联想。接下来就是可能的行为发生。景观环境中的行为可以划分为两个部分，即认知行为和场所行为，这两个行为也可以同时发生，作为一个连贯的行为反应，比如我们进入公园，看到远处草坪上一片二月兰，当我们踏上草坪走近去欣赏，就是发生了特定的场所行为。如果不考虑空间尺度的层级，也可以将两个行为都看做场所行为。

优秀的设计师就是应当通过设计，利用人们亲水与亲植物空间等诸般效应，强化人们的感知，激发人们积极的情绪，引导人们的行为发生，并且通过合理的规划和精彩的细节，使人与景物之间产生互动，形成参与性的活动，进而触发人们的情绪体验，诱发联想，体悟意境，感悟文化。

从针对景观环境的设计角度来说，要使得人们发生理想的景观行为，就需要关注人们的认知体验过程，从整体去展开研究。因此，如果将认知行为和场所行为看做是一个整体，我们可以将景观环境中的行为分为以下五个层面：感知、关注、情绪、行为、体悟。

1. 景观的感知

只要在景观环境中，就必然发生景观审美的过程。审美过程中的心理阶段包括感知、情感、理解、联想、想象等。不同的人的审美偏好不同，情感与理解也不同，但在感知中，信息差异是最容易发生的感知过程。我们在景观环境中看到、听到、闻到有差异的信息，都会让我们感知到景观环境的不同。比如说，公园绿地中的空气质量与城区会有明显不同，当我们闻到了空气中浓郁的芳草清香，自然能够判断出春天来了。

在成都宽窄巷子的改造中（图6-23），在地块尽端是某住宅小区的院墙，导致没有空间去完美展示老城街巷的旧貌。于是设计师将老照片按照真实比例印刷在铝板上，并巧妙地结合照片添加了实景雕塑，真真假假，相得益彰。在这个有趣的案例中，如果是真实的环境复原，反而难以体验到这种信息差异带来的强烈感受。信息差异触发了愉悦的情绪，唤醒了游客的行动力，完成了参与性的景观行为，还能在这种互动的行为之余，让游客体会到传统街巷的美感和历史文化的魅力。

2. 捕捉好奇心

关注的过程有两种不同的程度，注意到和被吸引，就是杨提斯（Yantis，

图6-23 成都宽窄巷子

图 6-24 Whale Tail Bench（左）
图 6-25 抖空竹的老人（右）

1993）① 认为的目的指向选择和刺激驱动捕获，一个是主动过程，一个是被动过程。由于在景观环境中大部分的行为属于观景行为，因此大多数属于目的指向选择过程。人们有意识地去观赏周边环境，在目光搜索中，看到有趣的目标，进而产生好奇性探索。如图 6-24 所示，设计师将一个普通的座椅设计成仿佛潜入地下的鲸鱼尾鳍，地面六边形的水泥砖也恰似海水荡起的水泡，形象逼真生动，诙谐幽默，富有想象力。可以想象，当人们看到这样的座椅，一定忍不住会坐上去，感受骑在鲸鱼尾鳍上的趣味。在南京莫愁湖公园中常常能看见有老人抖空竹（图 6-25），空竹在空中飞舞，发出嗡鸣声，声音、动作、影响的范围都具有极大的吸引力，在这种情况下，人们的注意力属于刺激驱动捕获，是被动过程。

3. 触动的情绪

伊特尔森认为情绪体验是自然或人为环境知觉的基本组成②。人们通过对环境的认知产生情绪，在心理学上称为情绪体验，因此可以说人就是通过情绪体验景观环境的。

人有哪些情绪？中国传统文化中认为人有七情六欲。科学家认为有 27 种之多，但基本情绪只有快乐、悲伤、愤怒、惊讶、恐惧和厌恶 6 种，可谓说法不一。不过在相对单一的景观环境中，除了 6 种基本情绪外，大致包含因美景度高的景观带来的浪漫、娱乐、快乐、有趣、满足情绪；见到纪念性景观对象的怀旧、钦佩、痛苦、欣赏情绪；对不理解事物或景观对象的困惑、尴尬情绪；对不满意的对象产生的厌恶、恐惧、冷静的情绪；对意料之外的事物或景观对象带来的惊喜、兴奋、惊讶、惊恐情绪等。

景观环境的设计就是要营造一种能够触动人们情绪的景观对象，通过"怦然心动"的方法使人们进入一种积极的状态，此时会有更多的多巴胺分泌，与其他和激励愉悦感有关的化学物质，在良性循环中达到休闲放松、健康身心的目的。

① Yantis S. Stimulus-driven attentional capture [J]. Current Directions in Psychological Science，1993，2（5）：156-161.

② Ittelson H W，Proshansky H M，Rivlin L G，et al. An Introduction to Environmental Psychology [M]. New York：Holt，Rinehart and Winston，Inc. U. S. A，1974：102-125.

在纽约时代广场，笔者偶然见到了一起有趣的事件。一群小姑娘碰到了蜘蛛侠，于是强烈要求合影留念（图6-26）。蜘蛛侠的扮演者成功地激发了姑娘们的惊喜、兴奋的情绪，进而两者形成了积极的互动，营造了极具喜感的氛围。在这

图 6-26　纽约时代广场的"蜘蛛侠"

里，蜘蛛侠成了激发的触媒，而这样的方法也被广泛应用在景区活动中。如在迪士尼乐园中的诸多扮演者，以及游行活动等。

4. 唤醒行动力

并不是所有的刺激都能带来行动力。布伦塔诺提出了意动心理学，把内在的感觉、判断称为意动，意动具有一种内在对象性，它总要指向一定对象或客体。每一种心理意向都指向自身之外的对象，意动和对象是不可分的[1]。意动就是俗语"心动"，俗话说"心动不如行动"，意动了，就有了明确的对象，只是生理性行动的发生，却需要一个被唤醒的过程。

唤醒的水平总是伴随着某种情绪状态，因此有了情绪，就有了行动的可能。唤醒需要触及人们已有的记忆，并根据记忆去识别、比对意动的对象，个人的偏好、唤醒的水平、信息差异带来的刺激等共同决定了行动力的强弱，一般而言，积极的情绪总是能引起参与行为的发生。

在设计中，我们把这种能够唤醒行动力的设计定义为交互性设计或参与性设计。在葡萄牙吉马良斯街头广场上，有个奇异的蜈蚣电影院（图6-27），这是一个用软木和钢结构建造起来的简易电影院，这个影院类似一个互动装置，人们可以从软木下方的钢管中钻入，再从内部冒出站着看电影，在保证了电影的光线和音效的同时，参与者的腿不知不觉就成了蜈蚣的脚。其中，趣味、神秘、刺激还有幽默的情绪构成了行动力的来源。

图 6-27　蜈蚣电影院

---

① 　Brentano F. Psychology from an Empirical Standpoint（1874）. English edition edited by LL McAlister[J]. London：Routledge & Kegan Paul. 1973：22~23.

在这个案例中，景观对象的可识别性非常重要，只有当你被声音吸引而钻入成为众多脚中的一条时，整个场景的形象才得以完整呈现，让后续游客成为观众的观众，忍俊不禁，跃跃欲试！

5. 体悟的境界

当我们看到景观对象时，知觉在原有基础上会形成内在表象，进而唤醒记忆，加工想象，如果知觉对象最终能够启发人们的开放性思维，形成心灵意象，就进入了体悟阶段。景观意象代表的是一种景观思维方式，同时具有内在的社会文化结构的影响。景观意象人人都有，但意象的层次却各有不同。意境就是景观意象结构化的层次，每个人的意境各有高低不同，最后的体悟也各有不同。

在瑞士苏黎世大学的校园内主路边有一条仅一人宽的小道，黑乎乎铺满了树皮碎块（图6-28）。当你看到在这条跑道上锻炼的人们，这条毫不起眼的跑道才纳入人们的视野。第一次来的人会忍不住上去走几步，那种松软又富有弹性的感觉，在脑中体悟出的境界是"环保、健康、生态""可持续发展""以人为本"。

在美国哥伦比亚大学校园的一角草坪上（图6-29），远远地偶然发现有几个学生围着一棵树席地而坐，近看发现有两个学生攀坐在树上，悠然自得地弹着吉他，下面草地上坐着、躺着的还有三个男生，五个人形成了一个小群体，稍远处的草地上，有两个被音乐吸引的女生，遥相呼应着，让人们能即刻感受到美国校园典型的舒适随意、青春畅想的氛围。国内的高校是很少允许踩踏草坪的，更不会让你攀上树杈。差异形成了吸引力，唤醒的是对校园自由氛围的体悟。

在南京老山国家森林公园内，有一处位于山腰的状元廊（图6-30），廊中设计有可转动的巨大竹简。在这象征着古老传承的竹简上刻有历代状元的故事。每一个登山的学子来此，看到这一片可以转动的文化长廊，阅读故事，就会触发对古人的敬仰之情，总是会忍不住去转动一下竹简。在这里，唤醒的是对传统文化的体悟。

6.3.2　景观行为的结构体系

1. 游憩行为的结构体系

研究景观环境系统结构性思维有两个研究方向，一个是针对绿色生态网络体系的绿道系统，另一个是针对人的游线组织的步道系统。

图6-28　苏黎世大学的树皮小道（左）
图6-29　哥伦比亚大学草坪上的活动（中）
图6-30　南京老山森林公园的状元廊（右）

现代绿道发源于美国和欧洲，利特（Little，1990）①认为绿道源自 19 世纪的公园道（parkway）和绿化带（greenbelt）的融合，其最初的功能是提供风景优美的车道以供休闲之用。在过去的两个多世纪里，其核心理念从注重景观功能的奥姆斯特德（Olmsted）的波士顿"翡翠项链"公园体系规划开始，逐渐发展为注重绿地生态网络功能的生态廊道。因为对生态环境的持续关注，绿道的研究成为多个学科的热点和前沿，这种热潮被称为绿道运动（greenways movement）②。20 世纪 80 年代以后，在持续关注生态价值的基础上，绿道的功能也体现了更多的复杂性与多目标特征。

步道是美国绿道网络发展的延伸和拓展。步道在美国叫 trail，在英国叫 way 或者 long-distance foot-paths、tracks、routes，一般至少要 50km 以上。美国国会在 1968 年就通过国家步道体系法案。美国国家公园管理处（National Park Service）将步道定义为用于步行、骑马、骑自行车、直排轮滑、越野滑雪和越野休闲车等休闲活动的通道③。可以看出，步道的本质是在风景环境中组织人们进行各种活动的通道。美国国家步道系统④包括国家风景步道、国家历史步道、国家休闲步道和连接步道四种类型。美国还有地方级步道，即州和大城市地区步道，以适应不同层次尺度的环境。其中，国家步道是指建设生态与人文资源丰富的山岳、水岸或郊野地区，穿越和连接具有代表性的人文与生态资源，串联多样性国家景区，为到访者提供自然人文体验，环境与文化教育，休闲健康游憩等多元机会的同时，从而实现传承保护文化遗产、利用生态资源、促进旅游产业、活跃乡村经济的步道廊道系统⑤。

据《中国旅游大辞典》中定义，"步道"又称"游步道"，指位于自然的、历史的景区或公园等户外场所，沿途有重要景观和资源，能提供户外步行活动需求或景点间通达的通道。2010 年国家体育总局中国登山协会发布了《国家登山健身步道标准(修改稿)》。其中定义了登山健身步道是以登山为基本方式，在山地上修建的、以健身为目的的步道（区别于游步道等）。

除去大尺度的风景环境，公园中道路一般称游步道或园路，也有将公园中无机动车干扰的通道定义为游步道。游步道在公园内具有交通集散、引导游览、空间组织、景观组织、生态调整、生态保护等功能。可以看出，除了层次尺度的变化，游步道与国家步道在功能上具有一定的相似性，游步道所呈现的线性景观体系，对丰富公园景观内容、联系公园景观空间和表达历史或文化内涵起到非常重要的作用。根据景区规模和人流估算，通常游步道会有不同的宽窄和

---

① Little C E. Greenways for America [J]. Baltimore and London：The Johns Hopkins，1990：7-20.
② Fabos J G. Greenways：The beginning of an international movement [J]. Landscape Urban Plann.，1995，33：1-481.
③ National Park Service. What is a rail [EB/OL]. http：//www.nps.gov/nts/nts_faq.html，2014-06-03.
④ 胡春姿. 美国的小径系统及其借鉴意义 [J]. 世界林业研究，2008（1）：68-71.
⑤ 穆晓雪. 浅析国家步道的概念及发展 [N]. 中国旅游报，2013：8-28.

体系设置。线路组织考虑覆盖面，与不同的等级的道路衔接，统筹各级道路交通、公园体系和人行道规划等。

综上所述，游步道在不同的层次尺度下，有效组织了人们的活动行为和行为场所。在行进过程中，由于场景不断的转换、增强景观体验的同时，也激发了人们不断萌发的好奇心，以及由好奇心带来的行动力。依托游步道的活动多种多样，常与自行车运动及比赛、各种游行活动、半程及全程马拉松比赛等活动相结合。如在南京老山森林公园组织的 2015 南京国际马拉松的预热赛事[①]，将近 5000 名跑友聚集在南京老山景区（图 6-31），选手们起步于曾经是南京青奥会山地自行车赛的自行车赛道上，穿越素有"南京绿肺"之称的老山森林公园，跑步爱好者们在秀丽起伏的山间道路上挥洒汗水，在青山绿树之间寻找更好的自己，留下一路欢声笑语。

从空间流动的角度看，公园内的道路实际就是在组织空间和引导人的行为。我们通常见到人们沿着路径遛狗、跑步、散步、骑车，一边观赏风景，蜿蜒的道路能起到步移景异的作用。在景观环境中有水资源的情况下，还存在以水为脉络组织空间和行为的可能，如前文提到的瑞士"小黄鸭"漂流记（第 5 章，水景观资源的变化）。还有江南水乡一带常见以游船组织水上游线，体验不同的空间特色，如古城绍兴的乌篷船（图 6-32），可以从水上体验两岸民风民俗。

2. 场景行为的场所结构

景观设计师在以步道系统构成景观环境的结构体系的基础上，同时在以步道组织空间，引导游憩行为。这些游憩行为依托于景观空间，通常在风景园林专业将这些景观空间称为景观节点。

那么这些景观节点是场所吗？场所应当包含三个部分：场所空间的物质形式、地理位置、文化价值。毫无疑问这些都是具有的。景观节点相当于在自然景观为本底的环境中，插入了人文景观。在不同的层次尺度中，或多或少都存

图 6-31　南京老山森林公园马拉松（左）
图 6-32　绍兴的乌篷船（右）

① 新华报业网－扬子晚报（南京）[EB/OL]，http://news.163.com/15/1104/06/B7IBDA7600014
AED.html，2015-11-04.

在不同密度和规模的景观节点。通常这些节点具有不同的主题，主要包含植物主题，如花卉园；纪念性主题，如纪念雕塑、广场等；文化性主题，如各种历史名人轶事等；参与性主题，具有各种交互性活动行为。各种主题空间在步道系统的整合中，提供多样性空间体验。

这些景观节点是什么样的场所？以城市公园为例，细究后我们会发现这些景观节点，虽然物质形式多样，但地理位置却具有同一性——公园。而且，虽然确实存在一些核心主题景观节点，但依然有不少景观节点，仅仅是提供休憩空间，文化价值或有或无。巴克曾提出"模式环境（molar environment），是由具有边界的和物理—时间属性的场所，以及多样化但稳定的集体行为模式组成的。"[①] 实际上，公园中各种景观节点都存在一个稳定的集体行为——休憩，这一点使得景观节点场所化成立，且稳定的集体行为在公园中具有抽象的普遍性意义，具有广泛的认同感，在这样的场所中人们的基本情感偏好就是愉悦、放松、休闲。除了少数核心景点具有较高文化价值外，人们通常会对占大多数的这一类休憩空间形成情感联结，使得在公园中实际存在着一种以休憩为主的场所——景观节点，或者称为景观场所，这就是景观节点的本质和意义。这样的景观场所可能是一座亭廊、一片草坪，或者是一个较大的广场，或者是核心主题空间，无论在怎样的景观场所中，休憩是主要的活动行为。

在营造场所空间的物质形态时，可以有很多语汇与技巧，通过地形的塑造形成空间、植物与景墙的变化带来空间的界定，抑或是树池和各种形式的座椅限定空间等，这些都是场所的显性结构。场所的文化性是看不见的隐性结构，可以通过记事构件，形成文字表达；借助各种雕塑，带来形象表达，或者通过发声装置带来特定的声效等。

增加活动的参与性是提高场所价值与定位的重要方向，也是在休憩功能的基础上增加活动行为的重要方向。通过文化层面的表达带来的更多的是心理层面的交流与互动，只有让人们在心动之上还有行动，空间的氛围才会产生具有场所意义的变化。常见的互动行为包括儿童嬉戏、聚会、遛鸟、棋牌、跳舞等。南京雨花台风景区纪念性广场上的革命教育活动，也是典型的互动行为。前文描述的南京老山国家森林公园内的状元廊，人们转动竹筒的行为，也可以看做是一个典型的案例。

南京雨花台风景区捡石广场（图6-33）是另一个有趣的案例。在入口处就常见人们与天降雨花的照壁和宝鼎合照，了解"天降雨花、坠地成石"的传说；接着沿甬道穿过问天广场，来到溪滩赏石，溪滩的捡石广场成功地吸引人们下水嬉戏、踏石捡石，岸上水中，视线与声音互动，人们与场所互动，气氛非常热烈。

① Barker R G. Ecological psychology：Concepts and methods for studying the environment of human behavior[J]. Stanford，Calif：Stanford University Press，1968：10-11.

图6-33 雨花台捡石广场

南京午朝门公园是一个值得所有设计及管理人员反思的案例。这是一个遗址公园，园内有大量的遗留的石墩、石础，是古建筑遗留的大殿基础，都是具有重要价值的保护性文物。如今这里俨然成为十分受欢迎的音乐公园，长期有人在这里活动，这些文物成为石凳、石桌，大家在此排练歌曲（图6-34）。

由于古老的午朝门门洞内声效显著，于是在有"禁止演奏"的标牌提示的前提下，依然有不少音乐爱好者在门洞内奏乐、练声（图6-34）。人们富有生活气息的行为使得这里充满了活力，也使得这里从一个严肃的缺乏基础休闲设施的遗址公园成为充满活力的"市井"公园，市民们的活动内容及互动方式赋予这个小型公园以场所魅力和场所精神，同时赋予老城门新的用途，形成了全新的空间秩序。这个案例给我们很多的启发，空间总是为当代人服务的，从生活需求而来的场所情境，总是能更加动人。场地的潜质也应当是在人们活动行为充分融入后，才能得到充分挖掘并激发出文化价值。

3. 观景行为的空间秩序

在景观环境中，观景行为无处不在，无时无刻不在发生。人们在环境中观景也观人，既因为人也是一道人文风景，也因为"人看人"是人们养成的一种社会效应。在西湖十景之一的花港观鱼，数千尾金鳞红鱼成为主要的观赏对象。人们观鱼，可以坐着看、走着看，也可以顺便观赏荷花等水生植物，这一连串的行为发生主要因为水中有鱼，鱼成为一个景点，成为一个能够引导人的活动的景点，这是一个典型的视觉引导型景观。

郭熙提出的"可行，可望，可游，可居"的想法，从本质上看，"可望"对应于观景行为，关键在于对象的可识别性；"可行"对应于游憩行为，重点

图6-34 午朝门园内自发形成活动空间

是可达性；"可游""可居"，可以迂回，或进入其间，更强调交互性行为。景观环境里的行为有时候并不局限于某个特定的空间场所，或者说该场所并不以空间容纳为准，观景行为就是这样的行为。大多数公园中占据制高点的标志性景点，都具有强烈的视觉引导性，如苏州虎丘灵岩寺塔、颐和园的佛香阁、南京古林公园中的四方八景阁等，都是这样一个具有标志性的观景对象，几乎在全园各处都存在被观赏的可能性。如果参考凯文·林奇的行为场所的定义："指一个场所，物质环境与重复的行为模式在这一场所中始终保持密切的关系。"我们发现观景行为其实质已经形成了心理"行为场"，形成了隐含的场所秩序。行为场也具有层次尺度分级，观鱼、观人是小尺度行为场，虎丘灵岩寺塔显然是一个全园范围内的大尺度行为场。而这样的景观标志物并不一定就局限在公园内，比如说拙政园借景北寺塔的传统手法，园外的北寺塔形成的视觉可视范围，就是隐性的场所范围。

以扬州五亭桥为例，表面上看，五亭桥的物质形体只占据了很小的空间（图6-35），但由于周边水面开阔，人们在周边行进的过程中，可以形成无数个观景视点（图6-36）。如果把人们拍照的行为看做观景行为的强化版，那么瘦西湖增设的拍照点就是隐性的场所边界的一个驻点。围绕五亭桥，周边在视线可及的范围内，实际形成了具有影响力和结构性的隐性场所，场所的核心是五亭桥，场所的范围是五亭桥具有的可视域，观看五亭桥的行为构建了心理"行为场"。

路径作为景观空间的结构体系，其与景观节点之间的关系有四种组织方式（图6-37），经过式、趋近式、穿越式、环绕式。从观景的位置看过去，包含了可视域和视距。其中，可视域越大越好，隐性的场所控制性越强；视距包含了从感知开始的接近距离，变化幅度越大，可感知性就越强。

此外，观景行为也能够加强场所空间的氛围，如我们坐在水边、坡地、广

驻点位置Ⓐ

驻点位置Ⓒ

驻点位置Ⓑ

瘦西湖增设的拍照点

图6-35 扬州五桥亭

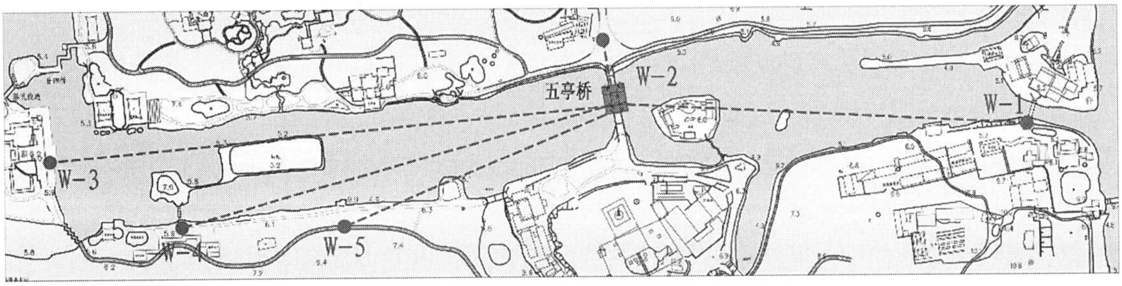

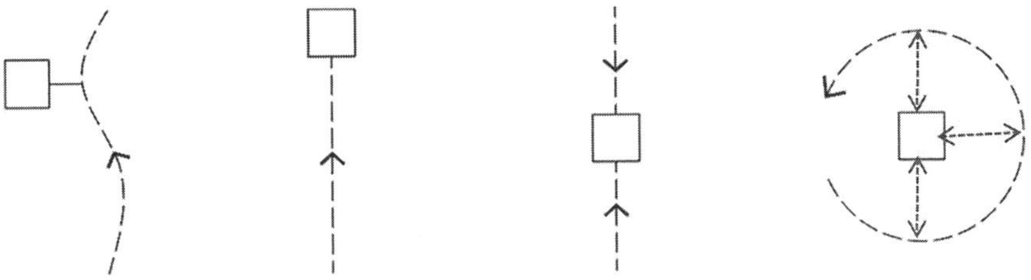

图 6-36　扬州五桥亭的观景视点（上）

图 6-37　路径与场所之间的关系（下）

场等任何场所空间中，观景行为是产生两者互动的基础，包括人与人、人与场所之间的互动，能够促进交互行为场的形成。2006 年，纽约时代广场（Times Square）建造了一个规模很小的售票亭（图 6-39），这是百脑汇音乐剧当日折扣票售票点（tkts，就是 Tickets 的意思），通过来自 31 个国家的 683 个参赛作品的竞标，最终澳洲 Choi Ropiha 事务所的设计作品中标，这是一个契合狭小的时代广场地形的红色玻璃楼梯，下方才是具有 23 个售票窗口的售票亭，内部以深达 135m 的 5 口井作为制冷供暖系统。这个阶梯可同时容纳 1500 人，人们可以在此拾级而上，坐着、站着、躺着的人群，面对的是来往的人群，以及时代广场周边的不停变幻的电子屏。这个设计巧妙地改变了时代广场的部分属性，形成可驻留的观景台地，同时强化了时代广场的观景方式，扩大原有休憩空间，让一个复杂狭长多交叉口的时代广场，真正成为一个可留住人的交互场所。值得指出的是，这个项目从策划到完成历经了 8 年时间。

6.3.3　景观行为的多元评价

图 6-38　纽约时代广场售票亭

1. 数据采集与分析

从定性到定量，从基于文字的描述、解释到基于数据的分析，是当代学科研究的一大方向。在 6.1 节我们学会了从环境中通过观察与调研获取信息。除了这种方法以外，我们还可以通过网络、媒体的问卷方式采集到更多的信息。由于信息源是多方面的，也可以将这部分信息统称为多源数据，比如日常研究中我们还可以通过便携式眼动仪、皮电仪获得人们在景观环境中的感知过程与心理动态。

当代各种大数据也是信息源的一部分，比如智能手机的内嵌 GPS 定位芯片使得人们能够方便将移动轨迹、地理标记照片、视频等分享到公共社交平台，从而能够获取人们在景观环境中的时空数据。地理标记照片内除了拍照时自动存储的地理位置信息外，还可以获得游客对旅游景观的关注度与评价。以地理标记照片为数据样本，可以针对游客的移动数据展开研究[1]，同时可以针对旅游景点热度[2]、时空行为[3]、游客地理兴趣点（POI，Point of Interest）等相关方面展开研究。其中，兴趣点是指电子地图上对人们有用的或者人们感兴趣的地理位置点，用以表示某一个地标、景点、商业点（商场、饭店、加油站等），主要是指与人们生活日益相关的地理实体，如学校、银行、饭店、超市等[4]。通过 PYTHON 之类的软件可以自动获取 POI 数据，结合 ArcGIS、Excel 等相关软件，还能进一步展开更多研究方向。

在采集到足够多的数据后，可以结合相关软件展开分析研究。定量的数据分析，包括统计分析和借助软件的推理分析。常用的软件有统计学软件 SPSS 和 Office Excel。这两者各有偏向，对于初学者来说，SPSS 具有大量现成的函数、公式，而 Excel 则可以根据统计学或数学的原理，自行定义或编辑函数关系。

其他的数据分析软件还有很多，比如定性（质性）分析软件 Nvivo，是支持定性和混合方式搜索的软件，主要用于整理、分析和找到非结构化或定性数据（例如：采访、开放式调查回答、文章、社交媒体和网页内容）。广泛用于护理、公共健康、心理学、教育等研究领域。图形可视化和数据分析软件有 Origin、Matlab、Mathmatica 和 Maple 等，其中 Origin 简单易用，其他需要一定的计算机编程知识和矩阵知识，并熟悉其中大量的函数和命令。

2. 行为层面评价

景观的视觉评价主要针对自然风景，共有四个学派[5]。专家学派，以利顿（Litton，1974）[6] 为代表，强调形式美的相关原则；认知学派或心理学派，以卡普兰（Kaplan，1972）[7] 为代表，以公众的审美偏好为研究方向；心理物理学派，

① Girardin F，Fiore F D，Ratti C，et al. Leveraging explicitly disclosed location information to understand tourist dynamics：a case study [J]. Journal of Location Based Services，2008，2（1）：41-56.

② 陈宁，彭霞，黄舟. 社交媒体地理大数据的旅游景点热度分析 [J]. 测绘科学，2016，41（12）：167-171.

③ 李春明，王亚军，刘尹，等. 基于地理参考照片的景区游客时空行为研究 [J]. 旅游学刊，2013，28（10）：30-36.

④ YUAN Q，CONG G，MA Z，et al. Time-aware point-of-interest recommendation [C]. Proceedings of the 36th International ACM SIGIR Conference on Research and Development in Information Retrieval. New York：ACM，2013：363-372.

⑤ Zube E H，Sell J L，Taylor J G. Landscape Perception：Research Application and Theory [J]. Landscape Planning，1982，9（1）：1-33.

⑥ Litton R B. Visual vulnerability of forest landscapes [J]. Journal of Forestry，1974，72（7）：392-397.

⑦ Kaplan S，Kaplan R，Wendt J S. Rated preference and complexity for natural and urban visual material [J]. Perception & Psychophysics，1972，12（4）：354-356.

以丹尼尔（Daniel T C, Boster R S., 1976）[1] 和布雅夫（Buhyoff G J, 1978）[2] 等为代表，提出了美景度的评价方法；经验学派，以洛文塔尔（Lowental D., 1975）[3] 为代表，以公众主观判断为依据。

景观环境中以行为为基础的判断标准并没有相应的体系，因此，基于人们在景观环境中的感知过程，在行为层面思考景观对象的评价，应当充分考虑心理交互与行为交互的景观体验过程，又可以细分为知觉层面交互、情感层面交互、行为层面交互。

1）美景度

景观体验始于人们对景观对象的知觉体验，其中视觉的感知占主导地位，因此四大学派的景观评价的原理都有操作空间，其中丹尼尔的美景度是应用最广泛的方法，美景度的评价方法主要用于风景环境。

1976 年由美国环境心理学家丹尼尔（Daniel）等提出的美景度评估法（scenic beauty estimation，简称 SBE），基本思想是把风景与风景审美的关系理解为刺激—反应的关系，主张以群体的普遍审美趣味作为衡量风景质量的标准。主体对于美景度评估可靠性的影响很长时间以来都是景观资源美学评价以及评价方法研究的内容之一[4]。美景度评估以拍摄的照片为常用媒介，以评价人群的平均偏好作为景观质量的评价值。评价过程分为三个步骤：①依据公众的视觉感知来获取景观的美景度量值；②分解影响植物景观的不同因子并对其赋值度量；③建立美景度量值与各要素量值之间的数学关系模型。

通常应用美景度法评估时，还会结合语义分析法（Semantic Differential，简称 SD 法），又被称为感受记录法。相对于美景度法使用照片，SD 法倾向于使用语言来测定评价者的心理感受，该方法能够对景观要素解析评价，能够更好地把握景观视觉感知中的评价因子。SD 法评价过程也分为三个步骤：①设定并筛选出相关的形容词对；②设定评判尺度，通常设定二到三个等级；③利用因子分析法进行分析判定景观评分值。

美景度评价的应用性研究很多，目前风景园林学科的研究大多针对森林、绿地、植物等展开。如章志都[5] 等研究了北京市郊野公园内不同绿地、杨鑫霞

① Daniel TC，Boster RS. Measuring Landscape Aesthetics：The Scenic Beauty Estimation Method [R]. USDA Forest Service Research Paper RM-167. Fort Collins，CO：Rocky Mountain Forest and Range Experiment Station，1976.

② Buhyoff G J，Leuschner W A. Estimating psychological disutility from damaged forest stands [J]. Forest Science，1978，24（3）：424-432.

③ Lowenthal D. Past time，present place-Landscape and memory[J]. The Geographical Review，1975，65（1）：9-18.

④ Daniel TC，Michael MM. Representational validity of landscape visualizations：The effects of graphical realism on perceived scenic beauty of forest vistas [J]. J. Environ. Psychol. 2001，21：61-72.

⑤ 章志都，徐程扬，龚岚，等．基于 SBE 法的北京市郊野公园绿地结构质量评价技术 [J]. 林业科学，2011，47（8）：53-59.

等[①]研究了长白山森林、周春玲等[②]针对居住区、翁殊斐等[③]针对公园植物作了美景度评价。

2）满意度

人们在知觉层面感知景观之后，因景观对象的刺激而产生情绪的波动，这一过程会涉及对记忆的唤醒以及主观的判断过程，属于情感交互层面。满意度的评价，是从情感交互层面开始，但又跨越了情感交互的全方面的价值判断，通常包括针对内容的功能满意度、针对体验的游憩满意度以及针对运营的管理满意度。满意度的评价方法大多是针对旅游目的地、公园环境等的整体评价。

满意度模型缘起于 20 世纪 60 年代国外对顾客消费提出的满意度模型，Oliver 和 Linda（1981）认为顾客满意是"一种心理状态，顾客根据消费经验所形成的期望与消费经历一致时而产生的一种情感状态"[④]。针对满意度的研究，先后有瑞典（SCSB）模型、美国（ACSI）模型、欧盟（ECSI）模型等。针对景观环境提出的满意度是游客满意度（Tourist satisfaction Index，TSI），指游客通过旅游活动过程的感知和事先预期的对比，对旅游区的旅游景观、基础设施、服务质量等方面是否满足其需求的综合评价。

这方面的相关研究较多。如在针对风景环境的研究中，蔡伯勋（1986）[⑤]发现游客受年龄层、教育程度、游伴性质、以前活动经验、游憩停留时间、花费及重游意愿等因素的影响，对游憩需求及认知有显著差异；波斯克和马丁（Bosque，Martín，2008）[⑥]提出了游客满意度的认知—情感模型，这是针对旅游者心理变量之间相关关系的模型，他们采访了 807 个志愿者，针对期望值与忠诚度展开研究；

在针对城市公园的研究中，科尔蒂（Corti，1996）等通过定性研究发现，步行和自行车道路、适宜孩子的休闲娱乐设施、烧烤设施、美学满意度、绿色景观等因素是影响公众来公园进行锻炼的主要因素[⑦]；贝迪莫（Bedimo-Rung，

① 杨鑫霞，亢新刚，杜志. 基于 SBE 法的长白山森林景观美学评价 [J]. 西北农林科技大学学报：自然科学版，2012（6）：86-90.

② 周春玲，张启翔，孙迎坤. 居住区绿地的美景度评价 [J]. 中国园林，2006，4：62-67.

③ 翁殊斐，柯峰，黎彩敏. 用 AHP 法和 SBE 法研究广州公园植物景观单元 [J]. 中国园林，2009，4：78-81.

④ Oliver, R.L., Linda, G. Effect of Satisfaction and its Antecedents on Consumer Preference and Intention [J]. Advances in Consumer Research，1981（8）：88-93.

⑤ 蔡伯勋. 游憩需求与满意度分析之研究——以狮头山风景游憩区实例调查 [J]. 台湾大学园艺学研究所，1986：67-79.

⑥ Bosque I R D, Martín H S. Tourist satisfaction a cognitive-affective model [J]. Annals of Tourism Research，2008，35（2）：551-573.

⑦ Corti B, Donovan R J, D'Arcy C, et al. Factors influencing the use of physical activity facilities：Results from qualitative research [J]. Health Promotion Journal of Australia，1996，6：16-21.

2005）① 等从公园对身体锻炼和公共健康的重要性角度指出公园结构、设施条件、可达性、美学、安全性和政策是影响公园使用的相关因素；卜燕华（2011）② 等以紫竹院公园为例对开放性公园中的游人行为进行了研究对比；毛小岗（2013）③ 等认为需要提升公园的可达性、开放性以及服务设施的质量。

3）交互性

美国心理学家坎特（Kantor）提出交互行为主义，他认为个体与世界之间的相互作用构成了心理事件的行为场。人与环境之间是相互依赖、相互影响的。基于此，从心理感知上升到交互行为，才能既满足人们的景观体验，也能够体现出人们在景观环境中受到景观对象的刺激产生应激反应。人们融入景观，形成行为层面的交互性是当前景观设计的重要方向。交互性并非一个成熟的评价方法，而是一个重要的评价和设计方向。

从景观形态带来的视觉美感，到强调交互行为的互动式景观体验，充分体现了景观环境营造中的人文关怀，以体验、互动、参与为设计目标，能够在更多方面满足公众需求。从感知、心动到行动，反应的是在行为心理上的深度与整体性。

在设计领域，交互设计的概念是 IDEO 创始人被称为现代笔记本之父的比尔·莫格里奇（Bill Moggridge，1943—2012）在 1984 年提出的。艾伦·库伯（Alan Cooper）的定义是："交互设计是人工制品、环境和系统的行为，以及传达这种行为的外观元素的设计和定义。而从用户角度来说，交互设计是一种如何让产品易用、有效并让使用者愉悦的技术。"

当前，人与环境之间的交互重点体现在与人之间的多感交互，包含对视觉、听觉、嗅觉、触觉、味觉五种感觉以及完整知觉的各个方面，例如用各种软件结合 iPad、手机等实现的虚实结合的交互对象，如"Pokemon Go"游戏；用传感器控制带来的自动交互方式，如感知到人的到来，自动完成播放音乐、打开照明等。杰夫·马诺格（Geoff Manaugh④）在"景观未来"（Landscape Future）一书中列举了网络设备、传动装置、无线电、卫星等一系列工具来说明现有技术影响着人们对景观系统的固有理解。

美国芝加哥千禧公园中的皇冠喷泉（图 6-39），利用 LED 驱动的视频屏幕，结合数字技术在 15m 高的屏幕上显示大约 1000 名芝加哥人的特写面孔。当屏

① Bedimo-Rung A L, Mowen A J, Cohen D A. The significance of parks to physical activity and public health : A conceptual model[J]. American Journal of Preventive Medicine, 2005, 28（2, Supplement 2）: 159-168.
② 卜燕华，曾凡臣，任斌斌. 北京开放性公园游人行为痕迹四季对比研究——以紫竹院公园为例 [J]. 北京农学院学报，2011，26（4）: 38-41.
③ 毛小岗，宋金平，冯徽徽，等. 基于结构方程模型的城市公园居民游憩满意度 [J]. 地理研究，2013（1）: 166-178.
④ Allen, L. J., M. Smout. Landscape Futures: Instruments, Devices and Architectural Inventions [M]. Actar, 2013 : 15.

图 6-39 皇冠喷泉

幕上的面孔噘起嘴唇时，水从嘴里喷出，受到人们的一致好评。将人和喷泉构成一个交互设计系统，不仅为参与者带来愉悦的氛围，还构成了由技术驱动的人与环境之间的交互活动。孩子们特别喜欢在喷泉下嬉戏。

明尼阿波里斯市大型情绪交互装置（Minneapolis Interactive Macro-Mood Installation, MIMMI）[1] 是一个通往明尼阿波利斯的情感门户（图 6-40），可以让居民和游客有机会体验并成为城市的集体情绪，同时也构成了虚拟和实质上的社区。这是一个巨大的像云一样的充气雕塑，从人们的网络信息中收集情感信息，并通过分析形成灯光显示，灯光的颜色根据人们的情绪转换，在白天则通过喷雾强度来反映情绪，同时对场地降温，调节微气候。

3. 使用后评价

使用后评价方法（Post-Occupancy Evaluation，简称 POE）在 20 世纪 50 年代末逐渐系统化，在 20 世纪 60 年代的欧美开始普及，研究范围包括环境行为学、环境心理学、社会学等学科领域，以及设计领域，侧重于行为心理方面的考察。20 世纪 70 年代，POE 的理论与方法开始成熟。同期我国 POE 领域在实践上仍处于理论研究及摸索阶段。到 20 世纪 90 年代逐

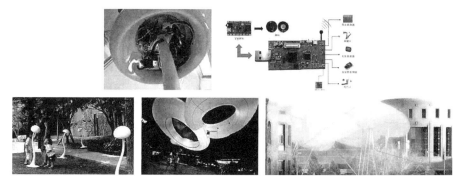

图 6-40 情绪交互装置

---

① Cantrell, Bradley E., Justine Holzman. Responsive Landscapes : Strategies for Responsive Technologies in Landscape Architecture [M]. Routledge，2015：209-218.

渐成熟，其研究范围已从建筑扩展到城市设计、规划设计、室内设计，以及风景园林范围内的公园、广场、绿地等户外环境。从 20 世纪 60 年代开始，专业的 POE 评估机构开始出现，如美国总务署（GSA）、美国加利福尼亚政府的 DGS 研究中心、英国的建筑设计合作组织（BDP，Building Design Partnership）、澳大利亚的保护健康咨询服务机构（Health Care Consulting Services，简称 HCCS）等。

POE 是指从使用者的角度出发，对建成设计项目的在使用之后进行的系统评价，主要用于检验策划设计阶段所做决策的正确性[①]，并检验其实际使用情况是否达到预期设想。POE 关注项目的生命周期之中设计、决策及使用服务的质量，主要通过收集使用者对项目使用反馈评价的数据信息，提高设计的综合效益和质量的方法论。从内容上看 POE 主要由两个部分组成，一是硬性的项目物理环境的测定，用以评价技术、构造、材料方面的绩效；二是为项目柔性的行为心理调查和测定[②]。在 POE 中，需要综合考察技术、功能和行为三方面因素，把对设计成果的检验和前期计划及设计衔接起来，使设计过程经历"评估—计划—设计—实施—使用—使用后评价"的循环过程，以一种规范、系统的方法对使用场地进行综合评价，将所得结论与原设计目标比对，找出设计上的问题，从而为以后类似的项目提供有力的科学依据。设计者可以不断地从"人—环境"相互作用的大系统中吸收新的信息，使设计程序更为合理化、科学化。

POE 研究过程中，常用的采集数据方法有以下 10 种：访问法、问卷调查法、行为观察法、参与观察法、影像分析法、准实验法、量表法、行为痕迹分析法、认知地图法、文档资料分析法[③]。POE 是环境行为学研究的重要理论与方法体系，因此，上述这些方法也可以看做是环境行为学的基础调研方法。通过这些方法对项目使用者（个人、群体）进行动态效果（物理的、心理的）验证，全面地鉴定项目设计在多大程度上满足了使用群体的需要，从而发现问题，对未来的项目策划、建设及设计、管理等提出反馈。

在信息分析阶段，针对项目的不同特征通常采用不同的方法和技术。例如量表法主要包括李克特量表法和语义分析法（SD 法）、层次分析法（Analytic Hierarchy Process，简称 AHP）、模糊综合评价法、统计分析法（采用相关统计软件，如 SPSS 等）等，严格意义上讲后面几种均属于采用了统计分析的原理展开的数据分析。当大数据时代来临，又出现了通过网络信息采集进行分析的

---

① Bechtel R. B.，Marans R. W.，Michelson W. Methods in environmental and behavior research [M]. New York：Van Nos trand Reihold Company，1987.

② 罗玲玲，陆伟. POE 研究的国际趋势与引入中国的现实思考 [J]. 建筑学报，2004（8）：82-83.

③ 陆书玉. 环境影响评价 [M]. 北京：高等教育出版社，2001.

方法[①], [②]。

景观环境中的使用后评价，就是指在景观环境中的环境行为发生之后，对景观环境的功能、环境效益、社会效益以及使用者的心理感受等做出的综合评价，评价的结果作为信息反馈可以对未来的设计提供借鉴。

当前针对城市公园的 POE 研究基本分为四类，①对公园使用人群研究[③]；②对特定公园使用状况的研究[④]；③对某一类型的公园、绿地的使用状况调查[⑤]；④对公园绿地某一方面进行研究[⑥], [⑦]。

针对风景区的 POE 研究通常为整体评价[⑧], [⑨]。此外，也有针对某一方面的研究创意，如胡传东等[⑩]通过网络照片和内容分析方法对重庆磁器口景区照相指数的特征及成因进行研究，从景观照片分析中发现，人群活动主要集中区域以及游客认同感；邵隽等[⑪]利用网络数据、文本分析和语义分析，结合 GIS 空间表达对华山景区游客行为模式进行研究。

在其他类型的景观环境，如住宅区、办公园区、商业区、城市广场、校园环境、城市道路等方面均有较多案例。其中，杨士敏等[⑫]采用逐点录像与定点录像相结合的方法对厦门明发购物中心的公共空间进行评价，在方法上具有新意，其余研究未见在理论与技术方面能有所突破的。

综上可知，使用后评价实际是个系统性研究工程，与当前的 BIM、LIM 的理念，以及景观绩效理念等均有类似之处，是全方面地结合了策划、设计、使用及反馈等各个层面的科学研究体系，具有长远的研究价值。

---

① 马越 . 基于网络信息分析的公众 POE 新方法 [J]. 新建筑，2017（6）.

② 王鑫，李雄 . 基于多源大数据的北京大型郊野公园的影响可视化研究 [J]. 风景园林，2016（2）：44-49.

③ 胡金龙，周志翔，张晓来 . 武汉市城市公园使用后评价（POE）研究 [J]. 浙江农业学报，2013，25（1）：83-88.

④ 徐艳玲，李迪华，俞孔坚 . 城市公园使用状况评价应用案例研究——以秦皇岛汤河公园为例 [J]. 新建筑，2011（1）：114-117.

⑤ 王磊 . 城市公园使用后评价（POE）应用案例研究——以上海市区公园绿地内相关设施为例 [J]. 中外建筑，2017（6）：180-182.

⑥ 陶赞，傅碧天，车越 . 基于游憩行为偏好的城市公园环境设施空间优化 [J]. 城市环境与城市生态，2016，29（2）：21-26.

⑦ 吴健生，司梦林，李卫锋 . 供需平衡视角下的城市公园绿地空间公平性分析——以深圳市福田区为例 [J]. 应用生态学报，2016，27（9）：2831-2838.

⑧ 孟妍君，秦鹏，王伟烈 . 白云山风景区摩星岭景观使用后评价研究 [J]. 湖北农业科学，2015，54（16）：4100-4103.

⑨ 何君洁，王伟 . 城市型风景名胜区使用后评价（POE）研究——以滁州市琅琊山风景名胜区为例 [J]. 上海交通大学学报（农业科学版），2018，36（4）：72-78.

⑩ 胡传东，张曼，黄亚妍，等 . 基于网络照片的旅游景区照相指数研究——以磁器口景区为例 [J]. 重庆师范大学学报（自然科学版），2017，34（2）：120-127.

⑪ 邵隽，常雪松，赵雅敏 . 基于游记大数据的华山景区游客行为模式研究 [J]. 中国园林，2018，34（3）：18-24.

⑫ 杨士敏，高力峰 . 购物中心的公共休憩空间设计探讨——以厦门明发商业广场为例 [J]. 福建建筑，2013（5）：16-19.

图片索引

d=OIP.NmRqXW_sTiI3ogNYdZAiewHaE8&mediaurl=http%3a%2f%2fpic.lvmama.
com%2fuploads%2fpc%2fplace2%2f2014-12-16%2fa7797522-c0ca-44a6-9010-
91dcbfe9da37.jpg&exph=683&expw=1024&q= 灵隐飞来峰 &simid=608006542866
842106&selectedIndex=44&qft=+filterui%3aimagesize-large&ajaxhist=0)

第 3 章图片索引

第 5 章图片索引

第 6 章图片索引

参考文献

中文参考文献

[1] Carl G Jung Jungian. 荣格著作集·第 9 卷 [M]. 北京：国际文化出版公司，1968：384.

[2] Dopress Books. "心"景观：景观设计感知与心理 [M]. 武汉：华中科技大学出版社.2014：148-153.

[3] FRANCIS D.K.CHING. 建筑：造型·空间与秩序 [M]. 王德生，等译. 台北：六合出版社，1986：186.

[4] 阿尔伯特 J. 拉特利奇. 大众行为与公园设计 [M]. 王求是，等译. 北京：中国建筑工业出版社，1990：1，49，135，167-172.

[5] 阿摩斯·拉普卜特. 建成环境的意义——非言语表达方法 [M]. 黄兰谷，等译. 北京：中国建筑工业出版社，2003：60-65.

[6] 阿诺德·伯林特（Arnold Berleant）. 生活在景观中：走向一种环境美学 [M]. 湖南：湖南科学技术出版社，2006：10-11.

[7] 艾伦·卡尔松. 自然与景观 [M]. 陈李波，译. 长沙：湖南科学技术出版社，2006：9，56.

[8] 艾森克，基恩. 认知心理学 [M]. 高定国，何凌南，等译.5 版. 上海：华东师范大学出版社，2009：83，516，641，662.

[9] 安东尼·德·圣 - 埃克苏佩里. 小王子 [M]. 周克希，译. 上海：上海译文出版社 2001：2.

[10] 柏春. 城市气候设计——城市空间形态气候合理性实现的途径 [M]. 北京：中国建筑工业出版社，2009：102-103，114-116.

[11] 包云轩. 气象学 [M]. 北京：中国农业出版社，2002：118，126.

[12] 保罗·贝尔等. 环境心理学 [M].5 版. 北京：中国人民大学出版社，2009：5，8.

[13] 保罗·戈比斯特，杭迪. 西方生态美学的进展：从景观感知与评估的视角看 [J]. 学术研究，2010（4）：2-14，159.

[14] 北岛. 城门开 [M]. 北京：生活·读书·新知三联书店，2015.

[15] 贝尔等. 环境心理学 [M]. 朱建军，等译. 北京：中国人民大学出版社，2009：139-156.

[16] 贝斯特. 认知心理学 [M]. 黄希庭，译. 北京：中国轻工业出版社，2000：374.

[17] 卜燕华，曾凡臣，任斌斌. 北京开放性公园游人行为痕迹四季对比研究——以紫竹院公园为例 [J]. 北京农学院学报，2011，26（4）：38-41.

[18] 布莱恩·劳森. 空间的语言 [M]. 北京：中国建筑工业出版社，2003：23.

[19] 蔡伯勋. 游憩需求与满意度分析之研究——以狮头山风景游憩区实例调查 [J]. 台湾大学园艺学研究所，1986：67-79.

[20] 常怀生. 建筑环境心理学 [M]. 北京：中国建筑工业出版社，1990：1.

[21] 陈爽，王丹，王进. 城市绿地服务功能的居民认知度研究 [J]. 人文地理，2010（4）：

55-59.

[22] 陈铭，李汉川.基于空间句法的南屏村失落空间探寻 [J].中国园林，2018，34（8）：
68-73.

[23] 陈宁，彭霞，黄舟.社交媒体地理大数据的旅游景点热度分析 [J].测绘科学，2016，
41（12）：167-171.

[24] 陈睿智，董靓.基于游憩行为的湿热地区景区夏季微气候舒适度阈值研究——以成都
杜甫草堂为例 [J].风景园林，2015（6）：57-59.

[25] 戴维·迈尔斯.社会心理学 [M].北京：人民邮电出版社，2006：172.

[26] 蒂利，朱涛，美国亨利·德赖弗斯事务所编.人体工程学图解 [M].北京：中国建筑工
业出版社，1998.

[27] 冯纪忠.人与自然——从比较园林史看建筑发展趋势 [J].中国园林，2010，26（11）：
25-30.

[28] 冯维波.城市游憩空间分析与整合研究 [D].重庆：重庆大学，2007.

[29] 高原荣重.杨增志等译.城市绿地规划 [M].南京：中国建筑工业出版社，1983.

[30] 汉斯·罗易德，斯蒂芬·伯拉德.开放空间设计 [M].北京：中国电力出版社，2007.

[31] 何君洁，王伟.城市型风景名胜区使用后评价（POE）研究——以滁州市琅琊山风景
名胜区为例 [J].上海交通大学学报（农业科学版），2018，36（4）：72-78.

[32] 胡传东，张曼，黄亚妍，邹德春.基于网络照片的旅游景区照相指数研究——以磁器口
景区为例 [J].重庆师范大学学报（自然科学版），2017，34（2）：120-127.

[33] 胡春姿.美国的小径系统及其借鉴意义 [J].世界林业研究，2008（1）：68-71.

[34] 胡金龙，周志翔，张晓来.武汉市城市公园使用后评价（POE）研究 [J].浙江农业学报，
2013，25（1）：83-88.

[35] 环境行为学概论 [M].北京：清华大学出版社，1999-3：114.

[36] 加洛蒂.认知心理学：认知科学与你的生活（原书第5版）[M].吴国宏，译.北京：
机械工业出版社，2015：875.

[37] 贾培义，李春娇.城市公共开放空间的防卫性景观设计研究 [J].中国园林，2015，
31（1）：110-113.

[38] 姜少凯，梁进龙.环境心理学的学科发展与研究现状 [J].心理技术与应用，2014（1）：
7-10.

[39] 姜玉艳，周官武.可防卫空间与城市公共环境设计 [J].重庆建筑大学学报，2005（1）：
18-22.

[40] 凯瑟琳加洛蒂.认知心理学：认知科学与你的生活 [M].吴国宏，等译.北京：机械工
业出版社，2015.

[41] 坎特威茨等.实验心理学——掌握心理学的研究 [M].郭秀艳，等译.上海：华东师范
大学出版社，2001：510-513.

[42] 克莱尔·库珀·马库斯，卡罗琳·弗朗西斯.人性场所——城市开放空间设计导则 [M].
俞孔坚译.北京：中国建筑工业出版社，2001：22-23.

[43] 李斌.环境行为理论和设计方法论 [J].西部人居环境学刊，2017，32（3）：1-6.

[44] 李春明，王亚军，刘尹等.基于地理参考照片的景区游客时空行为研究 [J].旅游学刊，
2013，28（10）：30-36.

[45] 李大厦.路易·康 [M].北京：中国建筑工业出版社，1993，8：23.

[46] 李道增.环境行为学概论 [M].北京：清华大学出版社，1999：1-4.

[47] 李德胜，邹琳，曹帆等.不同光源的显色性比较试验研究 [J].照明工程学报，2012，
23（5）：43-46.

[48] 李国棋.Soundscape通告：声音景观研究 [J].北京联合大学学报，2001，7，15（增1）：
98-99.

[49] 李洪玉，林崇德.中学生空间认知能力结构的研究 [J].心理科学，2005，28（2）：269-271.

[50] 李志明.基于空间句法的南京瞻园空间结构研究 [A].中国风景园林学会.中国风景园林学会 2011 年会论文集（上册）[C].中国风景园林学会：中国风景园林学会，2011：4.

[51] 理查德·格里格，菲利普·津巴多.心理学与生活 [M].王垒，王甦，译.北京：人民邮电出版社，2003：111，140.

[52] 梁萧统.昭明文选纂注评林·第 22 卷 [M].杭州：华宝斋书社，2002.

[53] 林玉莲，胡正凡.环境心理学 [M].北京：中国建筑工业出版社，2000：74，8-9，188.

[54] 刘爱利，刘福承，邓志勇等.文化地理学视角下的声景研究及相关进展 [J].地理科学进展，2014，33（11）：1452-1461.

[55] 刘滨谊，范榕.景观空间视觉吸引要素量化分析 [J].南京林业大学学报（自然科学版），2014，38（4）：149-152.

[56] 刘滨谊，司润泽.基于数据实测与 CFD 模拟的住区风环境景观适应性策略——以同济大学彰武路宿舍区为例 [J].中国园林，2018，34（2）：24-28.

[57] 刘滨谊.现代景观规划设计 [M].2 版.南京：东南大学出版社，2005：1.

[58] 芦原义信.外部空间设计 [M].北京：中国建筑工业出版社，1985：30-35.

[59] 鲁道夫·阿恩海姆.视觉思维：审美直觉心理学 [M].滕守尧，译.成都：四川人民出版社，1998：23，30.

[60] 鲁敏，刘振芳.风景园林发展的现状与未来 [J].山东建筑大学学报，2010（6）：25.

[61] 陆书玉.环境影响评价 [M].北京：高等教育出版社，2001.

[62] 罗玲玲，陆伟.POE 研究的国际趋势与引入中国的现实思考 [J].建筑学报，2004（8）：82-83.

[63] 罗哲贤.人类活动与气候变化 [M].北京：气象出版社，1993：13.

[64] 马越.基于网络信息分析的公众 POE 新方法 [J].新建筑，2017（6）.

[65] 迈克·戈德史密斯.吵 - 噪声的故事 [M].赵祖华，译.北京：时代华文出版社，2014：1.

[66] 毛小岗，宋金平，冯徽徽，等.基于结构方程模型的城市公园居民游憩满意度 [J].地理研究，2013（1）：166-178.

[67] 梅尔，王晓俊，钱筠，玛莎·施瓦茨 [M].南京：东南大学出版社，2002.

[68] 梅欹，刘滨谊.上海住区风景园林空间冬季微气候感受分析 [J].中国园林，2017，33（4）：12-17.

[69] 孟妍君，秦鹏，王伟烈.白云山风景区摩星岭景观使用后评价研究 [J].湖北农业科学，2015，54（16）：4100-4103.

[70] 米歇尔·希翁.声音 [M].张艾弓，译.北京：北京大学出版社，2013：54，64.

[71] 缪小春.新兴的心理学分支——环境心理学 [J].应用心理学，1989（4）：1-9.

[72] 穆尼等."心"景观：景观设计感知与心理 [M].武汉：华中科技大学出版社，2014：212-223.

[73] 穆晓雪.浅析国家步道的概念及发展 [N].中国旅游报，2013：8-28.

[74] 奈杰尔·C.班森（Nigel C.Benson）.心理学 [M].北京：生活·读书·新知三联书店，2016.2：147-151.

[75] 宁夏新闻网"暖心！银川交警手绘高考出行地图"记者：胡俊 [EB/OL]，http：//www.nxnews.net/yc/jrww/201706/t20170603_4282193.html，2017-06-03.

[76] 帕特里克·米勒，刘滨谊，唐真.从视觉偏好研究：一种理解景观感知的方法 [J].中国园林，2013，29（5）：22-26.

[77] 潘云新.基于空间句法理论的高校校园绿化景观格局研究——以江西理工大学为例 [J].中外建筑，2016（9）：126-128.

[78] 彭 Proshanky H，M.Ittelxon W. 环境心理学——建筑之行为因素 [M]. 台北：境与象出版社，2003.

[79] 乾正雄. 环境心理学 [C]. 日本建筑学会秋季大会建筑计划研究协议会资料，1983.

[80] 让－保罗·萨特. 想象心理学 [M]. 褚朔维，译. 北京：光明日报出版社，1988：29-35，123.

[81] 茹斯·康罗伊·戴尔顿，窦强. 空间句法与空间认知 [J]. 世界建筑，2005（11）：33-37.

[82] 汝涛涛等. 暖色光能让人感觉心理暖吗——不同色温光环境对个体亲社会行为的影响 [A]. 中国心理学会. 第十八届全国心理学学术会议摘要集——心理学与社会发展 [C]. 中国心理学会：中国心理学会，2015：1.

[83] 邵隽，常雪松，赵雅敏. 基于游记大数据的华山景区游客行为模式研究 [J]. 中国园林，2018，34（3）：18-24.

[84] 史蒂文·布拉萨. 景观美学 [M]. 彭峰，译. 北京：北京大学出版社，2008：3，4，12，23.

[85] S·阿瑞提. 创造的秘密 [M]. 钱岗南，译. 沈阳：辽宁人民出版社，1987：48.

[86] 水滔滔等. 底部架空住区风环境风洞试验研究 [J]. 建筑科学，vol33，2017 No.2.

[87] 汤姆林逊，汪洋. 二十世纪的园林设计：始于艺术 [J]. 中国园林，1988（2）：48-49.

[88] 陶弘景. 答谢中书书. 第 46 卷.

[89] 陶赟，傅碧天，车越. 基于游憩行为偏好的城市公园环境设施空间优化 [J]. 城市环境与城市生态，2016，29（2）：21-26.

[90] 特雷弗·考克斯，陈蕾. 声音的奇境——一段探寻世界好声音的科学长征 [J]. 杨亦龙译. 北京：新世界出版社，2015：168-169，240-242.

[91] 王光祈. 声音心理学 [J]. 中华教育界. 1927，17（15）.

[92] 王磊. 城市公园使用后评价（POE）应用案例研究——以上海市区公园绿地内相关设施为例 [J]. 中外建筑，2017（6）：180-182.

[93] 王其亨. 风水理论研究 [M]. 天津：天津大学出版社，1992：121-122.

[94] 王祥荣. 生态与环境——城市可持续发展与生态环境调控新论南京 [M]. 南京：南京大学出版社，2000.

[95] 王鑫，李雄. 基于多源大数据的北京大型郊野公园的影响可视化研究 [J]. 风景园林，2016（2）：44-49.

[96] 翁殊斐，柯峰，黎彩敏. 用 AHP 法和 SBE 法研究广州公园植物景观单元 [J]. 中国园林，2009，4：78-81.

[97] 吴家骅. 景观形态学：景观美学比较研究 [M]. 北京：中国建筑工业出版社，1999：6.

[98] 吴健生，司梦林，李卫锋. 供需平衡视角下的城市公园绿地空间公平性分析——以深圳市福田区为例 [J]. 应用生态学报，2016，27（9）：2831-2838.

[99] 吴敬梓. 儒林外史 [M]. 天津：天津人民出版社，2016：195.

[100] 吴启焰. 大城市居住空间分异研究的理论与实践 [M]. 北京：科学出版社，2001：22.

[101] 吴应箕. 留都见闻录、金陵待征录——南京稀见文献丛刊 [M]. 南京：南京出版社，2009.

[102] 希缪 E，斯坎伦 R. 风对结构的作用——风工程导论 [M]. 刘尚培，译. 上海：同济大学出版社，1992：352.

[103] 新华报业网－扬子晚报（南京）[EB/OL]，http：//news.163.com/15/1104/06/B7IBDA7600014AED.html，2015-11-04.

[104] 新华字典 [M]. 5 版. 北京：商务印书馆，1979，12：355，387，401.

[105] 徐艳玲，李迪华，俞孔坚. 城市公园使用状况评价应用案例研究——以秦皇岛汤河公

园为例 [J]. 新建筑，2011（1）：114-117.

[106] 亚历山大·楚尼斯等. 批判性地域主义：全球化世界中的建筑及其特性 [M]. 王丙辰
等译. 北京：中国建筑工业出版社，2007：20.

[107] 杨·盖尔. 交往与空间 [M]. 何人可，译. 北京：中国建筑工业出版社，1991：2，76.

[108] 杨柳. 建筑气候学 [M]. 北京：中国建筑工业出版社，2010，4.

[109] 杨锐. 风景园林学的机遇与挑战 [J]. 中国园林，2011（5）：18-19.

[110] 杨士敏，高力峰. 购物中心的公共休憩空间设计探讨——以厦门明发商业广场为例 [J].
福建建筑，2013（5）：16-19.

[111] 杨鑫霞，亢新刚，杜志. 基于 SBE 法的长白山森林景观美学评价 [J]. 西北农林科技
大学学报：自然科学版，2012（6）：86-90.

[112] 杨治良. 成人个人空间圈的实验研究 [J]. 心理科学通讯，1988（2）.

[113] 余琪. 现代城市开放空间系统的建构 [J]. 城市规划汇刊，1998.（6）：49-56.

[114] 俞国良，王青兰. 环境心理学 [M]. 北京：人民教育出版社，1999：109-112.

[115] 约翰霍斯顿. 动机心理学 [M]. 孟继群，等译. 沈阳：辽宁出版社，1990：195-197.

[116] 翟炳哲，林波荣，毛其智，等. 郑州小区形态与微气候的实验研究 [J]. 动感：生态城
市与绿色建筑，2014（3）：119-124.

[117] 詹姆斯·科纳. 论当代景观建筑学的复兴 [M]. 北京：中国建筑工业出版社，2008：7.

[118] 詹姆斯·希契莫夫，刘波，杭烨. 城市绿色基础设施中大规模草本植物群落种植设计
与管理的生态途径 [J]. 中国园林，2013（3）：16-26.

[119] 张国泰. 环境保护概论 [M]. 北京：中国轻工业出版社，1999：136.

[120] 张红，王新生，余瑞林. 空间句法及其研究进展 [J]. 地理空间信息，2006，4（4）：
37-39.

[121] 张磊，孟庆林，赵立华，等. 湿热地区城市热环境评价指标的简化计算方法 [J]. 华南
理工大学学报，2008（11）：96-100.

[122] 张腾霄，韩布新. 照明与心理健康 [J]. 照明工程学报，2013（24）：27-30.

[123] 章志都，徐程扬，龚岚等. 基于 SBE 法的北京市郊野公园绿地结构质量评价技术 [J].
林业科学，2011，47（8）：53-59.

[124] 赵玮. 原野之光 [J]. 景观设计，2010，1：93.

[125] 赵晓龙，卞晴，赵冬琪，张波. 寒地城市公园春季休闲体力活动强度与植被群落微气
候调节效应适应性研究 [J]. 中国园林，2018（2）：42-47.

[126] 郑绩. 梦幻居画学简明 [M]. 杭州：浙江人民美术出版社，2017.

[127] 周春玲，张启翔，孙迎坤. 居住区绿地的美景度评价 [J]. 中国园林，2006，4：62-67.

[128] 周淑贞等. 气象学与气候学（第三版）[M]. 北京：高等教育出版社，1997.

[129] 周祥平. 声音的听觉心理特性 [J]. 音响技术，1999，5：27-29.

[130] 庄晓林，段玉侠，金荷仙. 城市风景园林小气候研究进展 [J]. 中国园林，2017（4）：
23.

外文主要参考文献

[1] A.B.Grove，R.W.Cresswell, City Landscape[M]. UK：Construction Industry
Conference Centre，1983：1.

[2] Aiello，J. R. Human spatial behavior [J]. In D. Stokols & 1. Altman（Eds.）. Handbook
of Environment Psychology. New York：Wiley Interscience，1987：505-531.

[3] Alan F. Westin. Privacy and Freedom [M].The Bodley Head Ltd，1970.

[4] Alan W. Meerow. Robert J.Black. Energy Informaiton Handbook，Energy Information
Document1028，a series of the Florida Energy Extension Service，Florida Cooperative

Extension Service[M]. Institute of Food and Agricultural Sciences, University of Florida. 1991.

[5] Allen, L. J., M. Smout. Landscape Futures：Instruments, Devices and Architectural Inventions [M]. Actar, 2013：15.

[6] ALTMAN I, ROGOFF B.World views in psychology：trait, interactional, organismic, and transactional perspectives[M]. STOKOLS D, ALTMAN I. Handbook of environmental psychology. New York：John Wiley & Sons, 1987：7-40.

[7] Altman, I. The environment and social behavior：Privacy, personal space, territory and crowding [M]. Monterey, CA.：Brooks/Cole, 1975.

[8] Altman, I., & Chemers, M. Culture and Environment [M]. Monterey, CA：Brooks/ Cole, 1980.

[9] Appleton J. The experience of landscape[J]. Journal of Aesthetics & Art Criticism, 1975, 34（3）：367.

[10] Appleton, J. Landscape in the arts and the sciences[M]. Uk：University of Hull, 1980：14.

[11] Appleton, J. The Experience of Landscape.London[M]. Uk：Wiley, 1975.

[12] Appleyard D. Styles and methods of structuring a city[J]. Environment and behavior, 1970, 2（1）：100-117.

[13] Argyle, M., & Dean, J. Eye-contact, distance and affiliation[J].Sociometry, 1965（28）：289-304

[14] Arline L. Bronzaft.Reflecting on the lack of acoustic considerations at ground Zero[J]. Soundscape, 2005：26-27.

[15] Arnulf Luchinger. Structrualism in Architecture and Urban Planning [M].Stuttgart：Karl Kramer Verlag, 1981：27.

[16] Arthur P, Passini R. Wayfinding：people, signs, and architecture[M]. McGraw-Hill：1st Edition, 1992.

[17] Ashrae Standard. Thermal Environmental Conditionsfor Human Occupancy[S]. Atlanta：American Society of Heating, R efrigerating Air-Conditioning Engineer, Inc, 2013：55-2013.

[18] Badia, P., et al.Bright light effects on body temperature, alertness, EEG and behavior[J]. Physiology & behavior, 1991, 50（3）：583-588.

[19] Barbier E B, Acreman M C, Knowler D. Economic valuation of wetlands：a guide forpolicy makers and planners [R]. Switzerland：Rams ar Convention Bureau, Gland, 1997：116.

[20] Barker R G. Ecological psychology：Concepts and methods for studying the environment of human behavior[J]. Stanford, Calif：Stanford University Press, 1968：10-11.

[21] Bechtel R. B., Marans R. W., Michelson W. Methods in environmental and behavior research [M]. New York：Van Nos trand Reihold Company, 1987.

[22] Bedimo-Rung A L, Mowen A J, Cohen D A. The significance of parks to physical activity and public health：A conceptual model[J]. American Journal of Preventive Medicine, 2005, 28（2, Supplement 2）：159-168.

[23] Bell, P., Greene, T., Fischer, J. & Baum, A. Environmental Psychology[M]. Orlando：Harcourt College Publishers, 2001.

[24] Biederman I, Glass A L, Stacy E W. Searching for objects in real-world scenes[J]. Journal of experimental psychology, 1973, 97（1）：22-27.

[25] Biederman I. Recognition-by-components：a theory of human image understanding[J]. Psychological review, 1987, 94（2）：115-147.

[26] Bosque I R D, Martín H S. Tourist satisfaction a cognitive-affective model[J]. Annals of Tourism Research, 2008, 35 (2) : 551-573.

[27] Brentano F. Psychology from an Empirical Standpoint (1874) . English edition edited by LL McAlister[J]. London : Routledge & Kegan Paul.1973 : 22-23.

[28] Broadbent D E . Perception and communication.[J]. Nature, 1958, 182 (4649) : 1572-1572.

[29] Brown RD, Gillespie TJ. Microclimate landscape design [M]. New York : Wiley, 1995 : 123.

[30] Brunswik E. Perception and the representative design of psychological experiments[M]. Berkeley : Univ of California Press, 1956.

[31] Brunswik E. The conceptual framework of psychology[J]. Psychological Bulletin, 1952, 49 (6) : 654-656.

[32] Buhyoff G J, Leuschner W A. Estimating psychological disutility from damaged forest stands[J]. Forest Science, 1978, 24 (3) : 424-432.

[33] Burgess J, Harrison C M, Limb M. People. Parks and the Urban Green : A Study of Popular Meanings and Value for Open Spaces in the City[J]. Urban Studies, 1988, (25) : 455-473.

[34] Calhoun, J.B. Population density and social pathology[J]. Scientific American. 1970, 113 (5) : 54.

[35] Calhoun, J.B. : The social use of space. In Mayer, W. and Van Gelder, eds. Physiological Mammalogy[M], New York : Vol.1. Academic Press, 1964.

[36] Canter D. Applying psychology[R]. Augural lecture at the University of Surrey, 1985.

[37] Canter, D. The Psychology of Place [M]. London : Architectural Press : 1977.

[38] Canter, D. The Purposive Evaluation of Places : A Facet Approach [J]. Environment and Behavior15.6, 1983 : 659-698.

[39] Canter, David V. Psychology for Architects [M], Giza : Applied Science, 1974.

[40] Cantrell, Bradley E., Justine Holzman. Responsive Landscapes : Strategies for Responsive Technologies in Landscape Architecture [M]. London : Routledge, 2015 : 209-218.

[41] Catherine Docherty, Andrew Kendrick, Paul Sloan, et al.Designing with Care. Interior Design and Residential ChildCare[J]. Final Report by Farm 7 Scottish institute forResidential Child Care, 2006.

[42] Charles Waldheim, The Landscape Urbanism Reader[M].New York : Princeton Architectural, 2006 : 39.

[43] Corti B, Donovan R J, D'Arcy C, et al. Factors influencing the use of physical activity facilities : Results from qualitative research[J]. Health Promotion Journal of Australia, 1996, 6 : 16-21.

[44] Cosgrove, D. Social formation and symbolic landscape[M]. Totowa, NJ : Barnes and Noble, 1984 : 13.

[45] Daniel TC, Boster RS. Measuring Landscape Aesthetics : The Scenic Beauty Estimation Method[R]. USDA Forest Service Research Paper RM-167. Fort Collins, CO : Rocky Mountain Forest and Range Experiment Station, 1976.

[46] Daniel TC, Michael MM. Representational validity of landscape visualizations : The effects of graphical realism on perceived scenic beauty of forest vistas[J]. J. Environ. Psychol. 2001, 21 : 61-72.

[47] Daniel, T C. Whither scenic beauty Visual landscape quality assessment in the 21st

century[J]. Landscape and Ur-ban Planning, 54 (1-4): 267-281.

[48] Daniel, T.C. Measuring the quality of the natural environment: A psychophysical approach [J]. American Psychologist 45 (1990): 633-637.

[49] Daniel, T.C., and Boster, R.S. Measuring Landscape Esthetics: The Scenic Beauty Estimation Method [Z]. Research Paper RM-167. Fort Collins, CO: USDA Forest Service Rocky Mountain Forest and Range Experiment Station, 1976.

[50] Daugstad K. Negotiating landscape in rural tourism[J]. Annals of Tourism Research, 2008, 35 (2): 402-426.

[51] David Marr, Tomaso A. Poggio, Shimon Ullman, Vision: A Computational Investigation into the Human Representation and Processing of Visual Information [M]. Cambridge, MA: MIT Press, 1982.

[52] Derek Clements-Croome. Creating the productive workplace[M]. New York: Taylor & Francis, 2006.

[53] Downs, R & Stea, D. Image and environment: Cognitive mapping and spatial behavior[M]. NJ: Transaction Publishers, 1974.

[54] Edward. T. Hall. The Hidden Dimension [M]. New York: Doubleday, 1966.

[55] Edward. T. Hall.The Silent Language [M]. New York: Doubleday, 1959: 187.

[56] Endel Tulving, Wayne Donaldson, Organization of memory[M]. New York: Academic Press, 1972: 386.

[57] Endel Tulving. Episodic memory:from mind to brain[J]. Rev Neurol, 2004, 53 (4 Pt 2): S9.

[58] F. Fricke. Sound attenuation in forests[J]. Journal of sound and vibration, 1984, 92 (1): 149-158.

[59] F. van Klingeren. "De Drontener Agora." [J]. Architectural Design. 1969, 7 (3): 58-62.

[60] Fabos J G. Greenways: The beginning of an international movement[J]. Landscape Urban Plan, 1995, 33: 1-481.

[61] Fanger PO. Thermal comfort[M]. New York: Mc Graw Hill, 1972.

[62] Figueiro, M. G., et al. On light as an alerting stimulus atnight[J]. Acta neurobiologiae experimentalis, 2007, 67 (2): 171.

[63] Finke, R. A. Principles of imagery[M]. Cambridge, MA: MIT Press, 1989.

[64] Fodor J A, Pylyshyn Z W. How direct is visual perception? Some reflections on Gibson's "ecological approach." [J]. Cognition, 1981: 139-196.

[65] Francis Ferguson. "Architecture.Cities and Systems Approach", 1975.// 刘光华. 建筑·环境·人 [J]. 世界建筑, 83-1, 1983: 8-17.

[66] Francis T., McAndrew, and Anderson Craig A. "A Broad Approach to Environmental Psychology." [J]. Psyc CRITIQUES, No. 8, 1995: 781. EBSCO host, doi: 10.1037/003889.

[67] Fraser E D G, Kenney W A. Cultural Background and Landscape History as Factors Affecting Perceptions of the Urban Forest [J]. Journal of Arboriculture, 2000, 26, (2): 106-113.

[68] Fry G, Tveit M S, Ode Å, et al. The ecology of visual landscapes: Exploring the conceptual common ground of visual and ecological landscape indicators[J]. Ecological Indicators. 9 (5): 933-947.

[69] Gärling T, Böök A, Lindberg E. Spatial orientation and wayfinding in the designed environment: A conceptual analysis and some suggestions for postoccupancy evaluation[J]. Journal of architectural and planning research, 1986: 55-64.

[70] Gary T. Moore, Robert W. Marans. Toward the Integration of Theory, Methods, Research, and Utilization (Advances in Environment, Behavior and Design Book 4) [M]. New York : Springer, 1997.

[71] Gary T. Moore. New Directions for Environment-Behavior Research in Architecture [J]. James C. Snyder, ed. Architectural Research. New York : Van Nostrand Reinhold, 1984 : 105-107.

[72] Geffrey and Susan Jellicoe.The landscape of man : shapeing the environment from prehistory to the present day[M]. London : Thames and Hudson, 1987 : 8.

[73] Gibson E J, Walk R D. The "visual cliff." [J]. Scientific American, 202, 1960 : 67-71.

[74] Gibson, J. J. The ecological approach to visual perception[J]. Boston, MA, US. Houghton Mifflin and Company, 1979.

[75] Gibson, J. J. The perception of the visual world[J]. Oxford, England : Houghton Mifflin, 1950.

[76] Gibson, J. J. The senses considered as perceptual systems[J]. Oxford, England : Houghton Mifflin, 1966.

[77] Gifford R. Environmental psychology : Principles and practice [J]. Environmental Psychology Principles & Practice, 1987 (4) : 53.

[78] Girardin F, Fiore F D, Ratti C, et al. Leveraging explicitly disclosed location information to understand tourist dynamics : a case study[J].Journal of Location Based Services, 2008, 2 (1) : 41-56.

[79] Gobster Paul H. Urban Parks as Green Walls or Green Magnets Interracial Relations in Neighborhood Boundary Parks[J]. Landscape and Urban Planning, 1998, (41) : 43-55.

[80] Gobster, P.H., Nassauer, J.I., Daniel, T.C., and Fry, G., The shared landscape : What does aesthetics have to do withecology [J]. Landscape Ecology 22.7 (2007) : 959-972.

[81] Golledge R G. Environmental Cognition. Altman[J]. Handbook of environmental psychology, 1987 : 131-174.

[82] Gregory R L. Cognitive contours[J]. Nature, 1972, 238 (5358) : 51-52.

[83] Hall, E. T. The hiddern dimension[M]. New York : Doubleday, 1969.

[84] Hall, E. T. The silent language[M]. New York : Anchor ; Reissue, 1973.

[85] Hanyu K, Itsukushima Y. Cognitive distance of stairways : Distance, traversal time, and mental walking time estimations[J]. Environment and Behavior, 1995, 27 (4) : 579-591.

[86] Hayduk LA. Personal space : An evaluative and orienting overview [J]. Psychological Bulletin. 1978 : 85, 117-134.

[87] Hediger, H. Wild anlmals in captivity[M]. London : Butterworlh, 1950.

[88] Heft H. Affordances and the body : An intentional analysis of Gibson's ecological approach to visual perception[J]. Journal for the theory of social behaviour,1989,19(1): 1-30.

[89] Heft H. An examination of constructivist and Gibsonian approaches to environmental psychology[J]. Population and Environment, 1981, 4 (4) : 227-245.

[90] Heinrich Wölfflin, Prolegomena zu einer Psychologie der Architektur[EB/OL], 1886, University of Munich// https : //en.wikipedia.org/wiki/Heinrich_Wölfflin

[91] Hensel H. Thermoreception and temperature regulation[J].Monographs of the Physiological Society, 1981, 38 (1) : 1-321.

[92] Hillier, B., Hanson, J. The Social Logic of Space [M]. Cambridge：Cambridge University Press, 1984.

[93] Houghten F C, Yaglou C P. Determining lines of equal comfort [J]. Transactions of the American Society of Heating and Ventilating Engineers, 1923, 29：165-176.

[94] Hoyle H., Hitchmough J, Jorgensen A. Attractive, climate-adapted and sustainable Public perception of non-native planting in the designed urban landscape[J]. Landscape and Urban Planning, 2017, 164：49-63.

[95] Hubel D H, Wiesel T N. Receptive fields and functional architecture of monkey striate cortex[J]. The Journal of physiology, 1968, 195（1）：215-243.

[96] Hubel D H, Wiesel T N. Receptive fields, binocular interaction and functional architecture in the cat's visual cortex[J]. The Journal of physiology, 1962, 160（1）：106-154, 195, 215-243.

[97] Humphry Osmond, Function as the Basis of Psychiatric Ward Design [J]. Mental Hospitals, 1957, 8：23-30.

[98] Husserl. E. Erfahrung und Urteil. Untersuchungenzur Genealogie der Logik [M]. Hamburg：Meiner. 1999：89.

[99] Husserl. E. Gesammelte Werk Band XXI, Ding und Raum. Vorlesungen 1907 [M]. Ulrich Claesges（Herausgeber, Einleitung）, Den Haag：Martinus Nijhoff, 1973：121.

[100] Ittelson H W, Proshansky H M, Rivlin L G, et al. An Introduction to Environmental Psychology[M]. New York：Holt, Rinehart and Winston, Inc. U. S. A, 1974：102-125.

[101] J.k.Pag：Application of building climatology to the problems of housing and building for human settlements[J]. world Meteorological Organization, WMO-NO, 1976：441.

[102] J.R.Kantor, The origin and evolution of interbehavioral psychology[SW]. Mexican Journal of Behavior Analysis, 1976（2）：120-36.

[103] Jane Jacobs.The Death and Life of Great American Cities[M].New York：The Modern Library, 1961.

[104] Jay Appleton. The experience of landscape [M], New York：John Wiley and Sons Ltd, 1975：68-80.

[105] Johann Wolfgang von Goethe, Deane B. Judd. Theory of Colours[M], Cambridge：MIT Press, 1994.

[106] John Brinckerhoff Jackson. The Almost Perfect Town[J].Landscape 1952, 2（1）：2-8.

[107] John Zacharias, Ted Stathopoulos, Hanqing Wu. Spatial behavior in San Francisco's plazas：The Effects of Microclimate, Other People, and Environmental Design [J]. Environment and Behavior, 2004, 7（36）：638-658.

[108] Jonge, Derk de. Applied Hodology[J]. Landscape. 17, No.2（1967—1968）：10-11.

[109] Junge X, Lindemann-Matthies P, Hunziker M, et al. Aesthetic preferences of non-farmers and farmers for different land-use types and proportions of ecological compensation areas in the Swiss lowlands[J]. Biological Conserva-tion, 144（5）：1430-1440.

[110] Kang Jian. Soundscape：Current progress and future development[J]. New Architecture, 2014,（5）：4-7. // 康健. 声景：现状及前景 [J]. 新建筑, 2014,（5）：4-7.

[111] Kantor, J. R. Inter behavioral psychology [M]. Bloomington, IN：Principia Press, 1958.

[112] Kaplan R, Kaplan S. The Experience of Nature[M]. Cambridge：Cambridge University Press, 1989B：340.

[113]Kaplan A, TasKın T, ÖNençç A. Assessing the Visual Quality of Rural and Urban-fringed Landscapes surrounding Livestock Farms[J]. Biosystems Engineering. 2006, 95 (3): 437-448.

[114]Kaplan S, Kaplan R, Wendt J S. Rated preference and complexity for natural and urban visual material[J]. Perception & Psychophysics, 1972, 12 (4): 354-356.

[115]Kaplan S. Concerning the Power of Content-Identifying Methodologies[C]//Daniel T C, Zube E H. (eds.) . Assessment of Amenity Resource Values, U.S.D.A. Forest Service, Rocky Mountain Forest and Range Experiment Station: Fort Collins, Colorado, 1979: 4-13.

[116]Katz, P. Animals and men[J]. New York: Longmans, Creen, 1937.

[117]Kellert S R, Wilson E O. The Biophilia Hypothesis[M]. Washington, DC: Island Press, 1993.

[118]Kenneth Craik. Environmental Psychology[J]. Annual Reviews of Psychology, 1973.

[119]Kent C. Bloomer, Charles W. Moore. Body, Memory and Architecture [M]. New Haven: Yale University Press, 1977.

[120]Kinzel, A. F. Body-buffer zone in violent prisoners. American Journal of Psychiatry [J]. 127, 1970: 59-64.

[121]Kitchin R M. Methodological convergence in cognitive mapping research: investigating configurational knowledge [J]. Journal of Environmental Psychology, 1996, 16: 163-185.

[122]Korpela, K. M. "Place-identity as a Product of Environmental Self-regulation" [J]. Journal of Environmental Psychology, 1989 (9): 241-256.

[123]Kuller R. Semantic description of environment[M]. Stockholm: Byggforskningsradet, 1975.

[124]Kurt L. Principles of topological psychology[M]. New York: Munshi Press, 2008.

[125]L.Mumford. What is a City[J].Architectural Record, 1937: 82.

[126]Laseau P. Graphic Thinking for Architects and Designers[J], [s.n.]1980.

[127]Lettvin J Y, Maturana H R, McCulloch W S, et al. What the frog's eye tells the frog's brain[J]. Proceedings of the IRE, 1959, 47 (11): 1940-1941.

[128]Lewin, Kurt. Principles of Topological Psychology [M]. New York: McGraw-Hill. 1936: 4-7.

[129]Lewin, K. Formalization and progress in psychology. In D. Cartwright (Ed.), Field theory in social science[M]. New York: Harper, 1951.

[130]Lin T. Thermal Perception, Adaptation and Attendance in a Public Square in Hot and Humid Regions[J]. Building and Environment, 2009 (44): 2017-2026.

[131]Linn M C, Petersen A C. Emergence and characterization of sex differences in spatial ability: A meta-analysis[J]. Child development, 1985: 1479-1498.

[132]Little C E. Greenways for America[J]. Baltimore and London: The Johns Hopkins, 1990: 7-20.

[133]Litton R B. Visual vulnerability of forest landscapes[J]. Journal of Forestry,1974,72(7): 392-397.

[134]Loo, C. The effects of spatial density on the social behavior of children [J]. Journal of Applied Social Psychology, 1972 (4): 372-381.

[135]Lothian, Lothian A. Landscape and the philosophy of aesthetics landscape quality inherent in the landscape or in the eye beholder [J]. Landscape and Urban Planning, 1999, 31: 57-79.

[136]Louis Wirth.Urbanism as a Way of Life[J].American Journal of Sociology，1938.

[137]Lowenthal D. Past time，present place-Landscape and memory[J]. The Geographical Review，1975，65（1）：9-18.

[138]Mace B L，Corser G C，Zitting L，et al. Effects of overflights on the national park experience[J]. Journal of Environmental Psychology，2013，35：30-39.

[139]Macia，A. Visual perception of landscape：sex and personality defferences[J]. G.H. Elsner and R.C. Smardon，eds.，Proceedings of Our National Landscape：a conference on applied techniques for analysis and management of the visual resource，USDA Forest Service Technical Report PSW-35，Pacific Southwest Forest and Range experiment Station，Berkeley，Ca. 1979：279.

[140]Marr D. Vision：A computational investigation into the human representation and processing of visual information[J]. Cambridge，MA：MIT Press，1982.

[141]McDougall，W. Introduction to social psychology [M]. London：Methuen，1908.

[142]McGee M G. Human spatial abilities：Psychometric studies and environmental，genetic, hormonal, and neurological influences[J]. Psychological bulletin,1979,86（5）：889-918.

[143]Mehrabian，A. Public Places and Private Spaces：The Psychology of Work，Play，and Living Environments[M]. New York：Basic Books，1976.

[144]Mehrabian. A.，Russell J.A. An approach to Environmental Psychology [M]. Cambridge，MA：MIT Press，1974：65-77.

[145]Michael W B. The Description of Spatial-visualization Abilities [J]. Education & Psychological Measurement，1956，（17）：185-199.

[146]Milgram S，Jodelet D. Psychological maps of Paris. Proshansky HM，Ittelson WH，Rivlin LG（eds.）：Environmental psychology[J]. 1976：104-124.

[147]Miller G A. The magical number seven，plus or minus two：Some limits on our capacity for processing information[J]. Psychological review，1956，63（2）：81-97.

[148]Moore G T. Environment and behavior research in North America：History，developments，and unresolved issues[M]//STOKOLS D，ALTMAN I. Handbook of environmental psychology. New York：John Wiley and Sons，1987：1359-1410.

[149]Moore R L，Scott D. Place attachment context：comparing a park and a trail within [J]. Forest Science，2003，49（6）：877-884.

[150]Mumford L. What is a city[J]. Architectural record，1937，82（5）：59-62.

[151]Nassauer J.I. Cultural sustainability：Aligning aesthetics and ecology [A].Nassauer，J.I. ed.，Placing Nature：Culture and Landscape Ecology [C]. Washington，DC：Island Press，1997：65-83.

[152]National Park Service. What is a rail[EB/OL]. http：//www.nps.gov/nts/nts_faq.html，2014-06-03.

[153]Nelson T O. Consciousness and metacognition[J]. American psychologist,1996,51（2）：102.

[154]Newcombe N S，Huttenlocher J. Development of spatial cognition[J]. Handbook of child psychology，V.1. New York：John Wiley & Sons，2006：734-776.

[155]Nikolopoulou M，Steemers K. Thermal Comfort and Psychological Adaptation as A Guide for Designing Urban Spaces [J]. Energy and Buildings，2003，35（1）：95-101.

[156]Norberg-Shulz，C. Gehius Loci：Toward A Phenomenology of Architecture[M].New York：Rizzoli，1979.

[157]Ode Å，Tveit M S，Fry G. Capturing landscape visual character using indicators：

Touching base with landscape aesthetic theory[J]. Landscape Research, 33 (1) : 89-117.

[158]Oliver, R.L., Linda, G. Effect of Satisfaction and its Antecedents on Consumer Preference and Intention[J]. Advances in Consumer Research, 1981 (8) : 88-93.

[159]Oscar Newman. Defensible Space : Crime Prevention Through Urban Design [M]. Macmillan Publishing, 1973.

[160]P.S.FRY. The person-environment congruence model : Implications and applications for adjustment counselling with older adults[J]. International Journal for the Advancement of Counselling 1990 (13) : 87-106.

[161]Palmer E. The effects of contextual scenes on the identification of objects[J]. Memory & Cognition, 1975, 3 : 519-526.

[162]Palmer J F, Hoffman R E. Rating reliability and representation validity in scenic landscape assessments[J]. Landscape and Urban Planning, 2001, 54 (1-4) : 149-161.

[163]Panagopoulos T. Linking forestry, sustainability and aesthetics[J]. Ecological Economics, 2009, 68 (10) : 2485-2489.

[164]Parkinson B, Totterdell P . Classifying Affect-regulation Strategies[J]. Cognition & Emotion, 1999, 13 (3) : 277-303.

[165]Pashler H E, Sutherland S. The psychology of attention[M]. Cambridge, MA : MIT Press, 1998.

[166]Pestinger L, Schachter S, Back K. Social pressures in informal groups[M]. New York : Harper & Row, 1950.

[167]Pinheiro J Q. Determinants of cognitive maps of the world as expressed in sketch maps[J]. Journal of Environmental Psychology, 1998, 18 (3) : 321-339.

[168]Porteous, J.D. Urban environmental aesthetics, in B. Sadler and A. Carlson, eds., Environmental aesthetics : essays in interpretation[M]. Western Geographical Series Vol. 20, Department of Geography, University of Victoria, Victoria, BC.

[169]Proshansky, H. M. The pursuit of understanding:An Intellectual History. In I. Altman & K. Christensen (Eds.), Environment and behavior studies : Emergence of Intellectual Traditions[J]. New York : Plenum, 1990.

[170]Proshansky, H. M., "City and Self-identity" [J]. Environmental and Behavior, 1978(10): 147-169.

[171]Proshansky, H. M., Fabian, A.K., Kaminonff, R., "Place Identity : Physical World Socialization of the Self" [J]. Journal of Environmental Psychology, 1983 (3) : 57-83.

[172]R.Rces. The scenery cult, changing landscape tastes over three centuries [J].Landscape, 1975, volume 19.

[173]Raimbault M, Dubois D. Urban soundscape : Experiences and knowledge[J]. Cities, 2005, 22 (5) : 339-350.

[174]Relph, E., Place and Placeless [M]. London : Pion Limited, 1976.

[175]Richard T.LeGates & F.Stout Edit. The City Reader[M].London and New York : Routledge, 1996 : 82, 183.

[176]Robert Sommer. Personal space : the behavioral basis of design[J]. American Sociological Review, 1970, 35 (1) : 164.

[177]Roger G. Barker. Ecological Psychology : Concepts and Methods for Studying the Environment of Human Behavior [J]. Stanford, Calif : Stanford University Press, 1968 : 9-11, 856-858.

[178]Roger Trancik. Finding Lost Space[M].USA : Van Nostrand Reinhold Company Inc, 1986 : 15.

[179]Ross, E. A. Social psychology [M]. New York : Macmillan, 1908.

[180]Ruback, R B., & Snow. Territoriality and non-conscious racism at water fountains : Intruders and drinkers (blacks and whites) are affected by race [J]. Environment and Behavior, 1993, 25 : 250-267.

[181]Russell J A, Snodgrass J. Emotion and the environment[J]. Handbook of environmental psychology, 1987, 1 (1) : 245-280.

[182]Russell, J.A., & Ward, L. M. Environmental Psychology [J]. Annual Review of Psychology, 1982, 33 : 651-688.

[183]Sadalla E K, Magel S G. The perception of traversed distance[J]. Environment and Behavior, 1980, 12 (1) : 65-79.

[184]Sadalla E K, Staplin L J. An information storage model for distance cognition[J]. Environment and Behavior, 1980, 12 (2) : 167-193.

[185]Sanders R A. Estimating Satisfaction Levels for a City's Vegetation [J]. Urban Ecology, 1984, (8) : 269-283.

[186]Sauer, C.O. The morphology of landscape in J. Leighly, Ed., Land and life : a selection from the writings of Carl Ortwin Sauer [M]. university of California Press, Berkeley, 1963 : 321.

[187]Schafer R M. The Soundscape : Our Sonic Environment and the Tuning of the World[M]. New York : Alfred Knopf, 1997 : 10-200.

[188]Seibert P S, Anooshian L J. Indirect expression of preference in sketch maps[J]. Environment and behavior, 1993, 25 (4) : 607-624.

[189]Shariful Shikder. Therapeutic lighting design for the elderly : a review [J]. Perspectives in Public Health, 2012, 132 : 282.

[190]Shaw, M. E. Group dynamics : The psychology of small group behavior[M]. New York : McGraw-Hill, 1981 : 314.

[191]Shepard, P. Man in the landscape : a historic view of the esthetics of nature [M].Knopf, New York, 1967 : 124.

[192]Sher, L. Role of endogenous opioids in the effects of lighto mood and behavior[J]. Medical hypotheses, 2001, 57 (5) : 609-611.

[193]Sitte Camillo. City planning according to artistic principles [M], 1965.

[194]Sommer, R. Personal Space : The Behavioral Basis of Design[M]. Englewood Cliffs : NJ : Prentice-Hall, 1969.

[195]Sonit Bafna. Space Syntax : A Brief Introduction to Its Logic and Analytical Techniques [J]. Environment and Behavior, 2003, 35 (1) : 17-29.

[196]Sparshott, F.E. Figuring the ground : notes on some theoretical problems of the aesthetic environment[J]. Journal of Aesthetic Education, 6 (3) : 11-23.

[197]Stokols D. Environmental psychology[J]. Annual review of psychology, 1978, 29 (1): 253-295.

[198]Stokols, D. Environmental Psychology. Annual Review of Psychology[J]. 1978, 29 : 253-259. http : //dx.doi.org/10.1146/annurev.ps.29.020178.001345.

[199]Stokols, D. On the distinction between density and crowding : Some implications for further research [J]. Psychological Review, 1972 (79) : 275-277.

[200]Stokols, D., Shumaker, S. People in places : A transactional view of settings [M]. In J. Harvey (Ed.), Cognition, social behavior, and the environment. Hillsdale, NJ : Lawrence Erlbaum, 1981 : 441-488.

[201]Tarr M J. Visual pattern recognition[J]. Encyclopedia of psychology, Washington, DC :

American Psychological Association.2000：1-4.

[202]Tarrant M，Haas G，Manfredo M. Factors affecting visitor evaluations of aircraft overflights of wilderness[J]. Society and Natural Resources，1995，8（4）：351-360.

[203]The Environmental Design Research Association. EDRA fact sheet 2016[EB/OL]，https：//c.ymcdn.com/sites/www.edra.org/resource/resmgr/docs/EDRA_fact_sheet_2016.pdf

[204]Thorndyke P W. Distance estimation from cognitive maps[J]. Cognitive psychology，1981，13（4）：526-550.

[205]Thorsson S，Lindqvist M，Lindqvist S. Thermal Bioclimatic Conditions and Patterns of Behaviour in an Urban Park in Goteborg[J]. International Journal of Biometeorology，2004（48）：149-156.

[206]Thurstone L L. Some Primary Abilities [M]. New York：Praeger Publishers，1979.

[207]Tolman E C. Cognitive maps in rats and men[J]. Psychological review，1948，55（4）：189-208.

[208]Tom Turner. City as landscape[M].Oxford：Great Britain at the Alden Press.E&FN SPON，1996：142.

[209]Tom Turner. Open Space Planning in London [J]. Town Planning，1994，3.

[210]Trevor L，Janine B. Color：art and science[M].London：Cambridge university press，2000.

[211]Tuan Y F. Space and Place：the Perspective of Experience [M].Minneapolis：University of Minnesota Press，1977：8-18，118-148.

[212]Tuan Y F. Topophilia：A Study of Environmental Perception，Attitudes and Values[M]. Englewood Cliffs NJ：Prentice-Hall Inc，1974：260.

[213]Tuan，Y.-F. Review of The experience of landscape[J]. Jay Appleton，in Professional Geographer，1976，28（1）：104-5.

[214]Tveit M S. Indicators of visual scale as predictors of landscape preference：A comparison between groups[J]. Journal of Environmental Management，90（9）：2882-2888.

[215]Tveit M，Ode Å，Fry G. Key concepts in a framework for analysing visual landscape character[J]. Landscape Research，31（3）：229-255.

[216]Tversky，B. Visuospatial reasoning. In K. Holyoak and R. Morrison（Editors）. The Cambridge handbook of thinking and reasoning[J]. Cambridge：Cambridge University Press，2005：209-241.

[217]Unwin K I. The relationship of observer and landscape in landscape evaluation [J]. Transactions of the Institute of British Geographers，1975（66）：130-133.

[218]Warren W H. Perceiving affordances：Visual guidance of stair climbing[J]. Journal of experimental psychology：Human perception and performance，1984，10（5）：683.

[219]Weisman J. Evaluating architectural legibility：Way-finding in the built environment[J]. Environment and behavior，1981，13（2）：189-204.

[220]Westen D. The scientific legacy of Sigmund Freud：Toward a psychodynamically informed psychological science[J]. Psychological Bulletin，1998，124（3）：333-371.

[221]Whyte W H. The social life of small urban spaces[M]. Washington，DC：The Conservation Foundation，1980.

[222]William whyte. The design of Spaces.City：Rediscovering the Center[M].New York：Doubleday，1988.

[223]Williams D R，Roggenbuck J W. Measuring place attachment：some preliminary results[Z]. Proceeding of NRPA Symposium on Leisure Research，San Antonio，TX，1989.

[224] Wolf B. Brunswik's original lens model[J]. University of Landau，Germany，2005，9.

[225] Yantis S. Goal-directed and stimulus-driven determinants of attentional control[J]. Attention and performance，2000，18：73-103.

[226] Yantis S. Stimulus-driven attentional capture[J]. Current Directions in Psychological Science，1993，2（5）：156-161.

[227] Yi-Fu Tuan，Topophilia. A study of environmental perception，attitudes，and values[J]. Englewood Cliffs：Prentice Hall，1974：132-133.

[228] YUAN Q，CONG G，MA Z，et al. Time-aware point-of-interest recommendation [C] // Proceedings of the 36th International ACM SIGIR Conference on Research and Development in Information Retrieval. New York：ACM，2013：363-372.

[229] Zube E H，Sell J L，Taylor J G. Landscape Perception：Research Application and Theory [J]. Landscape Planning，1982，9（1）：1-33.

[230] Zube，E.H，Gary T. Moore Advance in Environment，Behavior，and Design Volume 2 [M]. New York：Plenum Press，1989.

[231] Zube，E.H. Study of the visual and cultural environment. North Atlantic Regional Water Resources Study [Z]. Amherst，MA：Research Planning and Design Associates，1970.

[232] Zube，E.H. The advance of ecology [J]. Landscape Architecture，1986：58-67.

[233] Zube，E.H.，and Carlozzi C. Selected Resources of the Island of Nantucket [Z]. Publication 4. Amherst，MA：University of Massachusetts Cooperative Extension Service，1966.

[234] 増井幸惠，今田寛. 認知地図研究における方法論の問題—認知地図の外在化関する一考察 [J]. 人文論究，1992，43：65-81.